普通高等教育国家级规划教材

有色金属材料加工

主 编　刘楚明
副主编　林高用　邓运来　胡其平

U0332037

中南大学出版社

内 容 简 介

　　本书为普通高等教育国家级规划教材，根据材料科学与工程学科新编教学大纲的基本要求编写。本书系统地阐述了金属塑性加工的基本原理，重点介绍了有色金属材料加工的各种成形技术和方法。主要内容包括：有色金属板带箔材、有色金属管棒型材、有色金属线材及有色金属锻冲成形和特种加工技术等部分。该书层次清楚，重点突出，深入浅出，通俗易懂，可供大专院校材料科学与工程专业及相近学科的大学生作为教材用书或参考书，也可供从事材料加工研究或生产的工程技术人员参考。

序　言

本教材属于普遍高等教育国家级规划教材，根据材料科学与工程专业新编本科生教学大纲要求及有色金属方面的研究特色，由长期从事相关课程教学的教师编写而成。本书系统地阐述了金属塑性加工的基本方法与原理，重点介绍有色金属材料的加工成形技术及其发展趋势。主要内容包括：有色金属板带箔材、有色金属管棒型材、有色金属线材及有色金属锻冲成形和特种加工技术等部分。为便于教学和自学，书后附有思考题和习题。

本教材主要参考了马怀宪主编的《金属塑性加工学——挤压、拉拔与管材冷轧》、傅祖铸主编的《有色金属板带材生产》和娄燕雄主编的《有色金属线材生产》这三本教材。在编写过程中编者还参考了近期国内外出版的多种金属塑性加工原理和技术等方面的有关著作和文献，并根据长期从事塑性加工技术教学和科研工作的体会与经验，在体系上做了新的调整，在有色金属特种成形技术、难变形金属挤压、有色金属线材加工、拉拔配模技术等问题的阐述方面反映了编者自己的教学和科研成果与见解。

本教材可供大专院校材料科学与工程专业及相近学科的大学本、专科生作为教学用书或参考书，教学课时数约 80～120 学时；本教材也可供从事材料加工领域研究开发或生产的工程技术人员参考。

本教材由中南大学材料科学与工程学院刘楚明教授任主编，林高用教授、邓运来副教授和胡其平副教授为副主编。全书分 5 章：绪论和第 1、3 章及习题由刘楚明教授编写，第 2 章由胡其平副教授编写，第 4 章由邓运来副教授编写，第 5 章及其他部分由林高用教授编写。全书由彭大暑教授和傅祖铸教授审定。

本教材根据国家教育部"21 世纪初高等教育教学改革工程"本科教育教改立项项目"材料科学与工程类人才培养方案的综合改革与实践"（编号：1282B10042）的改革新要求进行了认真的审定，并在此项目的推动和资助下出版。此外，在编写和出版过程中，得到了中南大学材料科学与工程学院和中南大学出版社的大力支持。在此深表感谢！

由于编者水平有限，加之编写时间仓促，难免有错误和疏漏之处，敬请广大读者批评指正。

编者

2010 年 2 月

目 录

绪　论

材料是人类赖以生存和从事一切活动的物质基础。现代工业、农业、国防建设及科学技术的高速发展和人民生活水平的提高，对材料的种类、功能和效用提出了越来越高的要求。现在人们把材料、能源和信息科学看作是现代技术的三大支柱，新材料更被视为新技术革命的基础和先导。材料主要分为金属材料、无机非金属材料、高分子材料和复合材料。任何材料的使用都要经过加工成形，因此材料成形加工在国民经济中占有极为重要的地位，同时也在一定意义上标志着一个国家的工业、农业、国防和科学技术水平。材料成形的主要任务是解决材料的几何成形及其内部组织性能控制的问题，以获得所需几何形状、尺寸和质量的毛坯或零件。在选择成形工艺方法时，需要综合考虑材料的种类、性能、零件的形状尺寸、工作条件及使用要求、生产批量和制作成本等多种因素，以达到技术上可行、质量可靠和成本低廉。

1　材料塑性成形及其特点

所谓成形有两种含义：一是成形(forming)，指自然生长或加工后而具有某种形状，一般为固态金属或非金属材料在外力作用下成形；二是成型(molding)，指工件、产品经过加工，成为所需要的形状，一般为液态或半液态的金属或非金属原料在模型或模具中成形。本书所讨论的主要是前者，即固态金属材料在外力作用下成形。为方便起见，本书在未特别说明的情况下所用的"材料"均指"金属材料"。

金属材料分为黑色金属和有色金属。黑色金属主要指铁碳合金，如碳素结构钢、铸钢、铸铁及各种合金钢等。有色金属指除黑色金属以外的其他金属，如铝及铝合金、铜及铜合金、镁及镁合金、钛合金等。从原理上理解，黑色金属和有色金属的成形过程是相同的或相似的，但由于材料本质上的差别，其成形的具体方法与工艺是不同的。本书重点以有色金属为例，介绍金属材料成形的基本原理与技术。

材料的成形工艺通常有液态金属成形、塑性成形、连接成形等。每种成形工艺都有其各自的特点。

塑性成形是利用金属的塑性，在外力作用下成形为所需形状、尺寸、组织和性能的毛坯或零件的一种成形方法，因而也称为金属塑性加工或金属压力加工。根据加工时工件的受力和变形方式，基本的塑性成形方法有轧制、挤压、拉拔、锻造、冲压和旋压等几类。它们的成形特点简单概括如下：

（1）坯料在热变形过程中可能发生了再结晶或部分再结晶，粗大的树枝晶组织被打破，疏松和孔隙被压实、焊合，内部组织和性能得到了较大的改善和提高。

（2）塑性成形主要是利用金属在塑性状态下的体积转移，而不是靠部分的切除体积，因而材料的利用率高，流线分布合理，提高了制品的强度。

（3）可以达到较高的精度。近年来，应用先进的技术和设备，有些零件可达到少切削，甚至无切削的近净成形精度。

（4）具有较高的生产率。随着成形技术的发展，制品的生产率有很大的提高，尤其是金属材料的轧制、拉拔和挤压等更为明显。

但是，塑性成形能耗高，并且不适宜加工形状特别复杂的制品及脆性材料。

2　材料塑性成形的基本问题

材料塑性成形属质量不变过程，材料的状态一般为固态，主要的基本过程为机械过程——塑性变形，能量类型可为机械能、电能和化学能，能量传递介质一般为刚性介质——工模具，形状信息由工模具（含有一定的形状信息量）和加工材料与工模具的相对运动共同产生。这样，尽管塑性成形的具体方法多种多样，所要生产的零件或零件毛坯五花八门，但都可以从上述的共同特征中引申出一些基本问题。

（1）材料对塑性变形的适应能力——塑性。材料的塑性是塑性成形的前提条件，塑性好预示着对具体成形方法的选择和形状信息增量（塑性变形量）的确定的有利性；如果材料没有塑性，则塑性成形无从谈起。塑性除与材料本身的性质有关外，还与外部变形条件（变形温度、变形速度和应力状态）有密切关系。因此，研究不同变形条件下材料的塑性行为、塑性变形的物理本质和机理以及塑性变形所引起的组织性能的变化就很有必要。

（2）塑性成形需要输入能量，即对加工材料施加外力和做功。只有对所需成形力和功的大小做出准确评价，才能正确选用加工设备和设计成形模具，并且通过对成形力的影响因素的分析，可为减小成形力和降低能耗提供依据。求解所需的成形力，从根本上说就是确定工件内部的应力场。因为应力场的确定，自然包括与工模具接触表面处应力分布的确定，进而就可求得成形力及模壁的压力分布。此外，应力场的确定，对于分析工件内部裂纹的产生和空洞的愈合等也是必不可少的。

（3）加工材料受到外力作用而发生塑性变形时，材料内部会存在位移场、应变场。这些物理场变量的确定，一方面可以用来分析材料的瞬时流动状态和形状尺寸的变化规律，为合理选择原毛坯、设计中间毛坯及模具模膛的形状提供依据；另一方面可以用来分析工件的内部性能，如硬度分布、锻造流线的形成、化合物的破碎和再结晶晶粒度的变化等。将应变场与应力场相配合，再利用必要的判据则可进一步预测工件内部可能产生的缺陷，从而为控制产品质量提供依据。

（4）塑性成形需要输入形状信息，这些信息由含有形状信息量的工模具和加工材料与工模具的相对运动共同产生。对于给定的塑性成形件，形状信息分几个阶段输入，与其相应的模具结构和形状参数如何确定，设备系统如何选择和控制等，都将是十分重要的。

3　金属塑性成形技术的发展趋势

金属塑性成形工艺有着悠久的历史，近年来在计算机的应用、先进技术和设备的开发和应用等方面均已取得显著进展，并正向高科技、自动化和精密成形的方向发展。

1）计算机技术的应用

（1）塑性成形过程的数值模拟。计算机技术已应用于模拟和计算工件塑性变形区的应力场、应变场和温度场。已可预测金属充填模腔情况、锻造流线的分布和缺陷产生情况；可分析变形过程的热效应及其对组织结构和晶粒度的影响；可掌握变形区的应力分布，以便于分析缺陷产生原因和设计模具结构；可计算出各工步的变形力和能耗，为选用或设计设备提供依据。

（2）塑性成形过程的控制和检测。计算机控制和检测技术已广泛应用于自动生产线。塑性成形柔性加工系统（FMS）在发达国家已应用于生产。图 0 - 1 所示为冲压柔性加工系统示例。

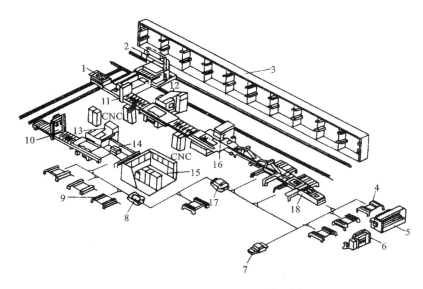

图 0 - 1　冲压柔性加工系统示例

1—装料台车；2—堆剁机；3—仓库；4—板料平台；5、6—折弯机；
7、8、17—自动运输车；9—焊接平台；10、11—装料器；12、13—压力机；
14—挪料机；15—中央控制室；16—剪切机；18—分拣装置

2）先进成形技术的开发和应用

（1）精密塑性成形技术。高精度、高效、低耗的冷锻技术逐渐成为中小型精密锻件生产的发展方向，发达国家轿车生产中使用的冷锻件比重逐年提高。温锻的能耗低于热锻，而锻件的精度和力学性能接近冷锻，对于大型锻件及高强度材料的锻造较冷锻有更广阔的发展前景。精密锻造、精压、精密冲裁等少、无屑工艺能直接得到或接近获得零件的实际形状和尺寸，其应用正在日益扩大。

（2）复合工艺和组合工艺。粉末锻造（粉末冶金＋锻造）、液态模锻（铸造＋模锻）等复合工艺有利于简化模具结构，提高坯料的塑性成形性能，应用越来越广泛。采用热锻 - 温整形、温锻 - 冷整形、热锻 - 冷整形的组合工艺，有利于大批量生产高强度、形状复杂的锻件，正在得到开发和应用。

3）塑性成形设备及生产自动化

（1）塑性成形设备。传统的锻压设备正在得到改造，以提高其生产能力和锻件质量。在开发高效、高精度、多工位的加工设备中，综合应用了计算机技术、光电技术等先进技术，以提高其可靠性和对加工过程的监控能力。高效、节能的新型螺旋压力机正在取代传统的摩擦压力机；高效、节能、锻件精度高的热模锻机械压力机有逐步取代大吨位模锻锤的趋势。生产效率高、能耗低、变形力小、使用寿命长的各类轧机近年来已在我国推广应用。

（2）塑性成形的自动化。在大批量生产中，自动线的应用已日益普遍，其发展趋势，一是提高综合性，除备料、加热、制坯、模锻、切边外，还将包括热处理、检验等工序自动化；二是实现快调、可变，以适应多品种、小批量生产；三是进一步发展自动锻压车间或自动锻压工厂，采用计算机进行生产控制和企业管理。近年我国自主开发的汽车前桥全自动线，由一系列新型加工设备、转送机器人、机械手等组成，代表了我国锻造生产自动化的发展新水平。

（3）超大吨位挤压设备。我国已拥有自主研发的 100 MN 油压双动铝挤压机生产线，可生产高速轨道交通系统所需要的大型铝合金型材。

（4）高精度热连轧设备。我国已从国外引进多条热、冷连轧机组，最大单卷重可达 30 t。

4）配套技术的发展

（1）模具生产技术。用于大批量生产的模具正向高效率发展；用于小批量生产的模具正向简易化发展，如采用钢皮冲模、薄板冲模、柔性模等。正在大力改进模具的结构、材料和热处理工艺，以提高模具的使用寿命。模具的制造精度将得到进一步提高，以适应精密成形工艺的需要。将加快开发并应用计算机辅助设计和制造系统（CAD/CAM），发展高精度、高寿命模具和简易模具（柔性模、低熔点合金模等）的制造技术以及开发通用组合模具、成组模具、快速换模装置等，以适应冲压产品的更新换代和各种生产批量的要求。

（2）坯料加热方法。火焰加热方式较经济、工艺适应性强，仍是国内外主要的坯料加热方法。生产效率高、加热质量和劳动条件好的电加热方式的应用正在逐年扩大。各类少、无氧加热方法和相应设备将得到进一步开发和扩大应用。

（3）大规格锭坯的熔炼铸造方法。为提高生产效率及适应大型材、管材和大厚板的加工成形，大规格锭坯的熔炼与铸造技术正在被引进和开发。例如国内某大型企业已拥有 82.5 t 大容量圆形固定式熔炼炉，熔化速率可达 18.2 t/h，热效率 $\geqslant 50\%$。炉底配有电磁搅拌器，既可提高熔化速度、减少和降低金属烧损，还可在短期内使加入的合金元素分布均匀。铝扁锭半连续铸造机可铸造最大单锭重达 34 t，同时可铸 5 块锭坯，扁锭规格可达到 350 ~ 640 mm × 950 ~ 2130 mm × 5500 × 9150 mm（厚 × 宽 × 长）。

此外，今后着重发展的配套技术还有满足精密模锻需要的高效精密下料技术，适合不同温度区间、无污染的润滑材料和涂覆方法以及制件的检测技术等。

第 1 章　有色金属材料塑性加工方法

1.1　基本塑性加工方法

本节主要介绍五种基本塑性成形方法(即挤压、轧制、拉拔、锻造和冲压)的基本概念、分类方式、优缺点以及与之相关的较新工艺。关于运用这五种成形方法时的成形条件、力学特点、力的计算、制品的组织性能与质量控制、基本工艺计算等,将在第 2、3、4、5 章详细介绍。

1.1.1　挤　压

1. 挤压的概念及分类

所谓挤压,就是对放在容器(挤压筒)中的锭坯一端施加压力,使之通过模孔成形的一种压力加工方法。

按成形时的温度,挤压可分为热挤压、温挤压和冷挤压三种。其中热挤压主要用于大型坯锭,以获得具有相当长度的棒材或各种型材的半成品;温挤压和冷挤压则主要采用小型坯锭,可获得成品零件或只需进行少量机械加工的半成品件。

根据金属的流动方向与挤压轴运动方向的关系,挤压又可分为正挤压、反挤压、复合挤压和侧向挤压,如图 1-1 所示。

正挤压时,金属的流动方向与挤压轴的运动方向相同,其最主要的特征是金属与挤压筒内壁间有相对滑动,故存在很大的外摩擦,摩擦力的作用方向与金属运动方向相反。正挤压与反挤压相比较有以下优点:更换工具简单、迅速;辅助时间少;制品表面品质好;对铸锭表面品质没有严格要求;设备简单,投资费用少;制品外接圆直径大。由于正挤压具有上述许多优点,因而目前绝大多数有色金属型、棒材都是采用正向挤压法生产的。然而正挤压也有许多缺点:因铸锭表面和挤压筒内衬内壁发生剧烈摩擦,消

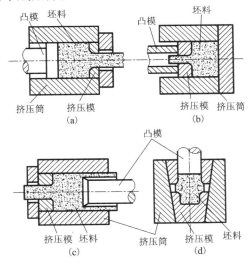

图 1-1　挤压类型

(a)正挤压;(b)反挤压;(c)复合挤压;(d)侧向挤压

耗总压力高达 30% ~40%;因摩擦作用机械能转换为热能,使铸锭升温,因而制品头、尾温度不一致(头端低,尾端高),致使尺寸不均匀,精度下降;因摩擦作用,表层金属发生剧烈的剪切变形,这层金属流入制品表层,热处理后形成粗大晶粒层-粗晶环,粗晶环区力学性能差;因摩擦作用,使金属流动不均匀,中心流速较边部的快,为避免挤压表层产生裂纹必

须降低挤压速度，挤压残料厚。

反挤压时的金属流动方向与挤压轴的运动方向相反，反挤压可分为挤压杆动反挤压和挤压筒动反挤压。其特点是除靠近模孔附近处之外，金属与挤压筒内壁间无相对滑动，故无摩擦。反挤压的这一特点使之与正挤压相比具有所需挤压力小（约小 30% ~ 40%），制品尺寸精度高，力学性能均匀，组织均匀，挤压速度高，成品率和生产率高等优点。反挤压法的缺点是，由于受空心挤压轴强度的限制，使反挤压制品的最大外接圆尺寸比正挤压的小 30% 左右，铸锭表面品质要求严，设备一次投资费用比正向挤压机高 20% ~ 30%，辅助时间长。因反挤压具备以上许多优点，所以它特别适应于挤压硬合金型、棒、管材以及要求尺寸精度高、组织细密无粗晶环的制品。

反挤压法也可用于生产空心制品。所用的锭坯有空心的也有实心的。这取决于所用的设备结构和金属的性质以及其他方面的要求。挤压时，穿孔针与模孔形成环形间隙，在挤压轴压力的作用下，金属由此间隙中流出挤成管材。

反挤压法生产管材一般有两种方式：①采用空心锭坯与不动的芯棒进行反挤压。挤压时，压力加于可动的挤压筒上，金属则由芯棒与安装在不动的挤压杆端部的模子所形成的环形孔中流出而成管材；②采用实心锭坯与可动的挤压杆进行反挤压。挤压时，金属由挤压垫片与挤压筒构成的间隙挤出，形成大型管材。

2. 挤压的优、缺点

作为生产管、棒、型材以及线坯的挤压法与其他加工方法，如型材轧制和斜轧穿孔相比具有以下一些优点：

（1）具有比轧制更为强烈的三向压应力状态，金属可以发挥其最大的塑性，因此可以加工用轧制或锻造加工有困难甚至无法加工的金属材料。对于要进行轧制或锻造的脆性材料，如钨和钼等，为了改善其组织和性能，也可采用挤压法先对锭坯进行开坯。由于挤压法的应力状态非常有利于发挥塑性，因而金属可以一次承受很大的塑性变形。在许多情况下，热挤压比（挤压筒截面面积与制品断面面积之比）可达 50 或更大一些，而在挤压纯铝时可高达1000 以上。

（2）挤压法不只是可以在一台设备上生产形状简单的管、棒和型材，而且还可以生产断面极其复杂的，以及变断面的管材和型材。这些产品一般用轧制法生产非常困难，甚至是不可能的，或者虽可用滚压、焊接和铣削等加工方法生产，但是很不经济。

（3）具有极大的灵活性。在同一台设备上能够生产出很多的产品品种和规格。当从一种品种或规格改换成生产另一种品种或规格的制品时，操作极为方便、简单，只需要更换相应的模具即可，而所占的工作时间很短。因此，挤压法非常适合于生产小批量、多品种和多规格的产品。

（4）产品尺寸精确、表面质量高。热挤压制品的尺寸精确度和光洁度介于热轧与冷轧、冷拔或机械加工之间。用挤压法可以生产出的型材最小断面尺寸可达 2 mm，最小壁厚可达 0.2 mm 以下，其尺寸偏差为名义尺寸的 +0.5%，制品的表面粗糙度 R_a 可达 1.6 ~ 2.5 μm。

（5）实现生产过程自动化和封闭化比较容易。目前建筑铝型材的挤压生产线已实现完全自动化操作，操作人员数已减少到 2 人。在生产一些具有放射性的材料时，挤压生产线比轧制生产线更容易实现封闭化。

挤压法虽具有上述优点，但也存在一些缺点，这就是：

（1）金属的固定废料损失较大。在挤压终了时要留压余和存在挤压缩尾。在挤压管材时还有穿孔料头的损失。压余量一般可占锭坯重量的 10% ~ 15%。此外，正挤压时的锭坯长度受一定的限制，一般锭长与直径之比不超过 3 ~ 4，不能通过增大锭坯长度来减少固定的压余损失，故成品率较低。然而，用轧制法生产时没有此种固定的废料，轧件的切头尾损失仅为锭重的 1% ~ 3%。

（2）加工速度低。由于挤压时的一次变形量和金属与工具间的摩擦都很大，而且塑性变形区又完全为挤压筒所封闭，使金属在变形区内的温度升高，从而有可能达到某些合金的脆性区温度，引起挤压制品表面出现裂纹或开裂而成为废品。因此，金属流出的速度受到一定的限制。在轧制时，由于道次变形量和摩擦都比较小，因此生成的变形热和摩擦热皆不大。在此条件下，金属由塑性区温度升高到脆性区温度的可能性非常小，所以一般金属的轧制速度实际上是不受限制的。此外，在一个挤压周期中，由于有较多的辅助工序，占用时间较长，生产率比轧制时的低。

（3）沿长度和断面上制品的组织和性能不够均一。这是由于挤压时，锭坯内外层和前后端变形不均匀所致。

（4）工具消耗较大。挤压法的突出特点就是工作应力高，可达到金属变形抗力的 10 倍。挤压垫上的压力平均为 400 ~ 800 MPa，有时可达 1000 MPa 或更高。此外，在高温和高摩擦的作用下，使得挤压工具的使用寿命比轧辊的低得多。同时，由于加工制造挤压工具的材料皆为价格昂贵的高级耐热合金钢，所以对挤压制品的成本有不可忽视的影响。

综上所述可知，挤压法非常适合于生产品种、规格和批数繁多的有色金属管、棒、型材以及线坯等。在生产断面复杂的或薄壁的管材和型材、直径与壁厚之比趋近于 2 的超厚壁管材，以及脆性的有色金属和钢铁材料方面，挤压法是唯一可行的压力加工方法。

3. 其他挤压工艺

1）静液挤压

静液挤压又称为高压液体挤压，它是一种新的挤压工艺，其工作原理如图 1 - 2 所示。挤压时，锭坯借助于其周围的高压液体的压力（达 1000 ~ 3000 MPa）由模孔中挤出，实现塑性变形。高压液体的压力可以直接用一个增压器将液体压入挤压筒中，或者用挤压轴压缩挤压筒内的液体获得，后一种方式由于技术简单而得到最广泛应用。

与通常的挤压方法相比，静液挤压具有下列优点：

（1）锭坯与挤压筒内壁不直接接触，无摩擦，故金属变形极为均匀，产品质量也比较高。

（2）锭坯与模具间处于流体动力润滑状态，故摩擦力很小，模子磨损少，制品表面光洁度高。

（3）制品的机械性能在断面上和长度上都很均匀，而且在强度特性与机械挤压相似的情况下，其塑性指标则高于后者。

（4）由于锭坯与挤压筒间无摩擦，在其他条件相同情况下，静液挤压时的挤压力比正向机械挤压的小 20% ~ 40%，

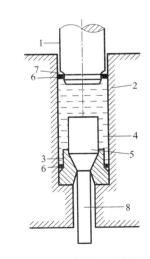

图 1 - 2　静液挤压工件原理图

1—挤压轴；2—挤压杆；3—模子；
4—高压液体；5—锭坯；6—O 形密封环；
7—斜切密封环；8—制品

从而可充分地利用挤压力，采用大挤压比。一般根据材料的不同，挤压比为 2～400，对纯铝可达 20000 甚至更大。

（5）可以实现高速挤压。

静液挤压除具有上述一些优点外，当然也存在一些问题有待解决：

（1）在高压下挤压轴、模子的密封材料和结构问题。锭坯一端必须事先加工成锥形，以便与模孔很好地配合，防止液体泄漏。

（2）挤压工具，如挤压筒、挤压轴承受的压力极高，材料选择与结构设计如何保证强度问题。

（3）作为传压介质的液体选择问题。以便保证挤压制品的表面质量、精度和工作的稳定性。

2）CONFORM 连续挤压法

CONFORM 连续挤压法是英国能资源管理局于 20 世纪 70 年代初研制成功的一种新的铝合金连续挤压法。CONFORM 挤压法的特点是，利用送料辊和坯料之间的接触摩擦力产生挤压力，同时将坯料温度提高到 500℃ 左右。图 1-3 为 CONFORM 法单辊及双辊挤压示意图。

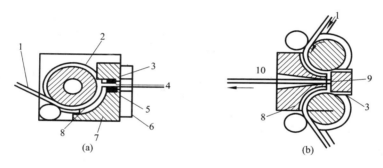

图 1-3　CONFORM 挤压法

（a）单辊；（b）双辊

1—毛坯；2—带模槽的送料辊；3—限制器；4—挤压制品；5—挤压模；

6—模座支架；7—模座；8—扇形体模槽；9—挤压模和芯棒；10—挤压管

毛坯被送入送料辊，通过送料辊与毛坯之间的摩擦作用使毛坯升温并迫使毛坯沿着模槽（槽长约为送料辊周长的 1/4）方向前进，然后进入模具。CONFORM 挤压法有单辊送料和双辊送料两种方法。图 1-3（a）为单辊送料，图 1-3（b）为双辊送料。双辊送料时，两辊按顺、逆时针方向旋转，两根毛坯从两边进入挤压模。CONFORM 挤压法的优点为：可以生产出尺寸小、壁薄的型材、管材；成品率高，一般可达到 98.5%；毛坯无须加热；设备造价低；可以连续生产，生产效率高。早期的 CONFORM 只适用于小规格的软铝制品的连续挤压，而现在已发展到可以连续挤压紫铜、黄铜、锌合金、镁合金等多种规格的有色金属材料管、棒、线、排制品。

3）无压余挤压

无压余挤压是铝及铝合金润滑挤压的较高发展阶段。因此在无压余挤压时，必须遵守润滑挤压时的条件，其中最基本的是锭坯表面能在工具表面上均匀地滑动，以防止形成滞留区和消除分层、起皮、压入等缺陷。

　　无压余挤压的特点是，后面的锭坯与前一个
锭坯结合处是一个一定的曲面，它在挤压后变成
垂直于制品轴线的面。图 1 - 4 所示为无压余挤压
过程示意图。

1.1.2　轧制

　　1. 轧制的概念及分类

　　所谓轧制是指在旋转的轧辊间，借助轧辊施
加的压力使金属发生塑性变形的过程。轧制方法
有多种分类。

　　(1)根据轧辊的配置、轧辊的运动特点和产品
形状，轧制可分为三类，即纵轧、横轧和斜轧，如
图 1 - 5 所示。

　　纵轧的特点是两轧辊轴心线平行，旋转方向
相反，轧件作垂直于轧辊轴心线的直线运动，进出
料靠轧辊运动完成。

　　横轧的特点是两辊轴心线平行，旋转方向相
同，轧件作平行于轧辊轴心线并与轧辊旋转方向

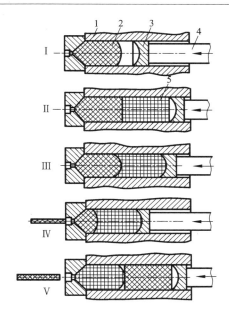

图 1 - 4　无压余挤压过程示意图
1—挤压筒；2—锭坯；
3—凹垫片；4—挤压轴；5—锭坯

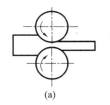 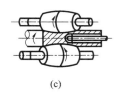

　　(a)　　　　　　(b)　　　　　　(c)

图 1 - 5　轧制的三种方式
(a)纵轧；(b)横轧；(c)斜轧

相反的旋转运动，进出料需靠专门的装置。

　　斜轧的特点是两辊的轴心线交叉一个不大的角度，旋转方向相同，轧件在两个轧辊的交
叉中心线上作旋转前进运动，与纵轧一样进出料靠轧辊自动完成。

　　(2)根据轧制时轧件的温度，轧制可分为热轧与冷轧。

　　热轧是金属在再结晶温度以上的轧制过程。金属在该过程中无加工硬化，所以热轧时金
属具有较高的塑性和较低的变形抗力，这样可以用较少的能量得到较大的变形。因此，大多
数有色金属都要进行热轧，只有少数的有色金属，由于在高温时塑性较低而不适于进行热
轧。一般来说，金属热轧时的温度比较高，远远高于室温，但也有个别有色金属热轧温度比
较低，如铅由于在温室时就能再结晶，因此，铅在室温下轧制也属于热轧。

　　与冷轧相比热轧有以下特点：

　　①热轧可以把塑性较低的铸造组织过渡到塑性较高的变形组织，改善金属的加工性能；

　　②热轧时金属的变形抗力较低，这样能显著地减少能量消耗；

③热轧时金属的塑性较高，因此金属加工性能比较好，这样减少了金属的裂边和断裂损失，提高了成品率；

④由于热轧时金属有较高的塑性和较低的变形抗力，因而可以采用大铸锭，这样不仅提高了生产率和成品率，而且为轧制过程的连续化和自动化创造了条件。

但热轧也有不足之处：其制品尺寸不够精确，表面粗糙甚至有金属氧化物，而且制品的强度指标也比较低。因此，在有色金属板带材生产中，热轧很少直接出成品，多半是给冷轧提供坯料。

冷轧是金属在再结晶温度以下的轧制过程，因此轧制不发生再结晶过程，只产生加工硬化，即金属的强度和变形抗力提高，同时塑性降低。冷轧较热轧有如下几个优点：

①板材厚度尺寸精确；

②板材表面光洁、平坦，缺陷少；

③板材的性能优越，有良好的机械性能和承受再加工的性能；

④可以轧制热轧不可能轧出的薄带和箔材。

冷轧也有一些不足，如冷轧使金属变形抗力增大，因此道次压缩率比较小，能量消耗大。所以在有色金属板带材生产过程中，冷轧与热轧相互配合，很少单独采用。

（3）根据轧辊的形状，轧制又可分为平辊轧制与型辊轧制。

轧辊为均匀的圆柱体，则被称为平辊，用平辊进行的轧制称为平辊轧制。平辊轧制主要用于生产板、带、条、箔等半成品。由于其方法简单、生产率高、产品成本低等特点，因此在有色金属塑性加工中得到了广泛的应用。

在刻有轧槽的轧辊中轧制各种型材则称为型辊轧制。在由轧槽组成的孔型中轧制时，轧件在沿其宽度上的压下量一般来说是不同的，所以变形更加复杂。与平辊轧制板材相比，不均匀变形是其显著特点之一。

2. 其他轧制工艺

1）铝带的无锭轧制

使液态金属直接在辊间结晶和变形而获得带材的方法称为带材的无锭轧制，也称连续铸轧。由于无锭轧制是液态金属连续不断地在辊间发生结晶和变形过程，所以它与一般轧制方法相比有如下一些优点：

①缩短了工艺流程，提高了成品率，节省劳动力；

②节约设备费用和生产占地面积；

③改善了劳动条件；

④有利于实现过程的自动化。

无锭轧制按液态金属向辊件的供给方式可分为下注式、上注式和侧注式，常用的是下注式和侧注式，如图 1－6 所示。

2）粉末轧制

粉末轧制是将金属粉末通过轧制而成形的一种方法，如图 1－7 所示。

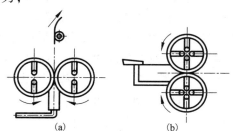

图 1－6　无锭轧制

（a）下注式；（b）侧注式

粉末轧制的方法之所以引起人们的重视和得到很大发展，乃是由于粉末轧制可以生产用一般轧制法无法生产的一些产品，如各种多孔的板带材、各种粉末致密的板带材，以及双层或多层的金属材料等。

粉末轧制的优点是：①设备投资少；②产品性能与表面质量好；③能生产各向同性的产品；④生产成本低，工序少；⑤金属消耗少，成材率高。

粉末轧制的缺点是：①轧制板带厚度有限（不超过 10 mm），宽度也较窄，制品形状简单；②金属粉末成本高。所有这些缺点又限制了这种方法的大规模应用。

粉末轧制带材的工艺基本有三种：

（1）粉末直接轧制（图 1-7）。将粉末装入送料漏斗直接轧制成带材，然后在保护气氛中烧结。此法设备简单，操作方便，能轧制多种金属和合金粉末，目前应用较广泛。

（2）粘结粉末轧制。将金属粉末加入悬浮液，铸成带坯，干燥后在保护气氛下烧结，然后进行轧制。此法可用较高的轧制速度和得到较均匀密度的带材，但需要用较昂贵的细粉末和粘结剂。

以上两种方法均是在室温下进行轧制，所以一般称为粉末冷轧。

（3）粉末热轧。将金属粉末预热到离金属熔化温度一半左右进行轧制。由于金属粉末温度的提高导致一系列有益的效果，如提高了金属粉末的摩擦系数，有利于金属粉末喂入辊间；降低了金属粉末中的气体密度，同时又降低了成形区逸出气体对粉末的反向阻力。另外，温度较高也使粉末轧制时所需的变形力相应降低。这些都有利于提高轧制速度，增加带材的密度和强度，而且也不必像粉末冷轧那样再进行烧结。但此法设备制造复杂，投资费用较大。

3）不对称轧制

所谓不对称轧制（图 1-8）是指在不对称的轧制条件下进行的轧制过程。不对称轧制条件有：两个工作辊直径不相等，或两个工作辊的圆周速度不相等，或上下工作辊的传动方式不相同等。不对称轧制中最主要的是两个工作辊的圆周速度的不相等，即 $v_2 > v_1$，所以又称它为异步轧制。

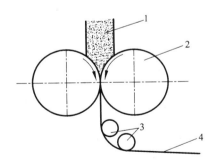

图 1-7　粉末轧制示意图
1—粉末；2—轧辊；3—导向辊；4—带材

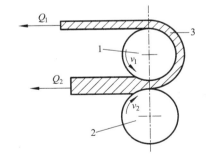

图 1-8　不对称轧制
1—上辊（快速辊）；2—下辊（慢速辊）；3—带材

不对称轧制的优点在于它能显著降低轧制力。这主要是在轧件上下接触表面有着不同方向的摩擦力，使整个轧制变形区变成了一个"搓轧区"。即快速辊与轧件接触表面间只有后滑，而慢速辊与轧件接触表面间只有前滑，这样消除了摩擦力的有害作用，使轧制力降低。同时轧机的弹性变形减少，相当于提高轧机的刚度，从而提高轧制精度。

不对称轧制很早就在实践中得到应用，如在单辊传动的二辊轧机上迭轧薄板，在三辊劳特式轧机上轧制板材等都属于不对称轧制，不过当时没被人们自觉地上升到理论上来认识罢了。只是近几十年来，人们才进行大量的理论研究和实验研究，这些工作都有力地证明了不对称轧制是提高轧机生产率、缩短生产周期、强化轧制过程、降低轧制能量消耗、改善轧制精度的新工艺，同时也为在普通四辊轧机上轧制极薄带材开辟了道路。

　　4）金属复合轧制

　　复合轧制法是指将两种或两种以上物理、化学性能不同的金属（基体材料和复层材料），通过轧制使它们在整个接触表面上，相互牢固地结合在一起的加工方法。复合轧制生产的板带材具有比组成材料更好的特殊性能。复合板的轧制，其坯料的结合形式分为夹层型［图 1 − 9（a）］和表面复合型［图 1 − 9（b）］两种。复合轧制法可采用冷轧或热轧，冷轧是将多层金属板直接叠合轧制；热轧则多经组合后焊合边部缝隙，再进行加热轧制。

　　复合轧制生产的双层金属复合材料有钢 − 钢、铜 − 钢、铝 − 铝合金、铝 − 铜、钢 − 钛、铝 − 锌等等。复合轧制法具有生产灵活，工艺简单，产品尺寸精度高，性能稳定，质量好，可实现机械化、自动化及连续化生产，生产效率高，成本低，节约贵金属等优点。

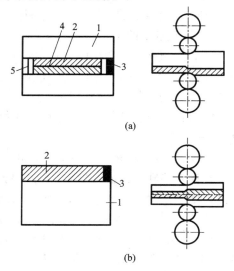

(a)

(b)

图 1 − 9　复合板轧制法

（a）夹层型；（b）表面复合型
1—基体材料；2—复层材料；
3—焊接；4—隔离体；5—挡板

1.1.3　拉拔

　　1. 拉拔的概念及分类

　　对金属坯料施以拉力，使之通过模孔以获得与模孔尺寸、形状相同的制品的塑性加工方法称为拉拔，如图 1 − 10 所示。拉拔是管材、棒材、型材以及线材的主要生产方法之一。

　　按制品截面形状拉拔可分为实心材拉拔与管材拉拔。

　　1）实心材拉拔

　　实心材拉拔主要包括棒材、型材及线材的拉拔。

　　2）空心材拉拔

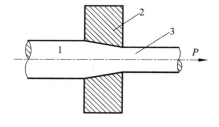

图 1 − 10　拉拔示意图

1—坯料；2—模子；3—制品

　　空心材拉拔主要包括管材及空心异型材的拉拔。空心材拉拔有如图 1 − 11 所示的几种基本方法。

　　（1）空拉。拉拔时管坯内部不放芯头，通过模孔后外径减小，管壁一般会略有变化，如图 1 − 11（a）所示。经多次空拉的管材，内表面粗糙，严重者产生裂纹。空拉适用于小直径管材、异型管材、盘管拉拔以及减径量很小的减径与整形拉拔。

　　（2）长芯杆拉拔。将管坯自由地套在表面抛光的芯杆上，使芯杆与管坯一起拉过模孔，以实现减径和减壁的方法称之为长芯杆拉拔,如图1-11(b)所示。芯杆的长度应略大于管子的长度,在拉拔一道次之后,需要用脱管法或滚轧扩径的方法取出芯杆。长芯杆拉拔的特点是道次加工率较大,但由于需要准备很多不同直径的长芯杆并且增加脱管工序,因此通常在生产中很少采用。长芯杆拉拔适用于薄壁管材以及塑性较差的钨、钼管材的生产。

(3)固定短芯头拉拔。拉拔时将带有芯头的芯杆固定,管坯通过模孔实现减径和减壁,如图1-11(c)所示。固定短芯头拉拔的管材内表面质量比空拉的好,此法在管材生产中应用得最为广泛,但拉拔细管比较困难,而且不能生产长管。

(4)游动芯头拉拔。在拉拔过程中,芯头靠本身所特有的外形建立起来的力平衡被稳定在模孔中,如图1-11(d)所示。此法是管材拉拔较为先进的一种方法,非常适用于长管和盘管生产,它对提高拉拔生产率、成品率和管材内表面质量极为有利。但是与固定短芯头拉拔相比,游动芯头拉拔难度较大,工艺条件和技术要求较高,配模有一定限制,故不可能完全取代固定短芯头拉拔。

(5)顶管法。此法又称之为艾尔哈特法,将芯杆套入带底的管坯中,操作时管坯连同芯杆一同由模孔中顶出,从而对管坯进行加工,如图1-11(e)所示。在生产大直径管材时常采用此种方法。

(6)扩径拉拔,如图1-11(f)所示,管坯通过扩径后,直径增大,壁厚和长度减小。这种方法主要是在设备能力受到限制而不能生产大直径的管材时采用。拉拔一般在冷状态下进行,但对一些在常温下强度高、塑性差的金属材料,如某些合金钢和铍、钨、钼等,则采用温拉。

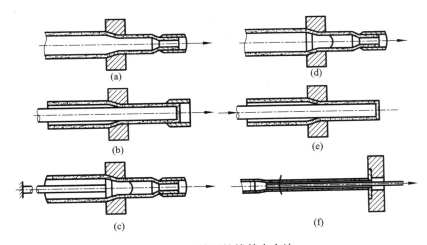

图1-11　管材拉拔基本方法

(a)空拉;(b)长芯杆拉拔;(c)固定芯头拉拔;(d)游动芯头拉拔;(e)顶管法;(f)扩径法

此外,对于具有六方晶格的锌和镁合金,为了提高其塑性,也需采用温拉。

2. 拉拔法的优、缺点

拉拔与其他压力加工方法相比较具有以下一些优、缺点:

(1)拉拔制品的尺寸精确,表面光洁。

(2)拉拔生产的工具与设备简单,维护方便,在一台设备上可以生产多种品种与规格的制品。

（3）拉拔道次变形量和两次退火间的总变形量受到拉拔应力的限制。一般道次加工率在20%～60%，过大的道次加工率将导致拉拔制品的尺寸、形状不合格，甚至频繁地被拉断，过小的道次加工率会使拉拔道次、退火和酸洗等工序增多，成品率和生产率降低。

（4）最适合于连续高速生产断面非常小的长制品。

3．其他拉拔工艺

1）无模拉拔

此种拉拔过程如图1-12所示。首先将棒料的一端夹住不动。另一端用可动的夹头拉拔，用感应线圈在拉拔夹头附近对棒料边局部加热边拉拔，直到该处出现局部细颈为止。当细颈达到所要求的减缩尺寸时，将热源与拉拔夹头作相反方向移动，棒料的减缩率取决于前二者的相对速度。假定拉拔夹头以 V_1 速度向右运动，加热线圈以 V_r 速度向左运动，则为了使变形区固定在空间某一位置不动，需再给予整个系统一个向右的运动速度 V_r。

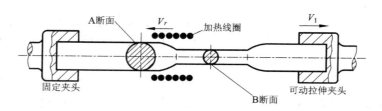

图1-12　无模拉拔示意图

这样，棒料的原始断面 A 以 V_1 速度移入变形区，拉拔后的 B 断面以 $V_1 + V_r$ 速度离开变形区。根据秒体积不变规律，则 $AV_1 = B(V_r + V_1)$。

$$\frac{A}{B} = \frac{V_r + V_1}{V_1} = 1 + \frac{V_r}{V_1}$$

如果 $V_1 = V_r$，则延伸系数为2。据对钛合金的实验，其断面减缩率可达80%以上，这是由于钛在该加热温度下具有超塑性之故。在国外，已有用此法生产长的钛管，并且在软钢与合金钢的开坯方面取得一定的成功。

无模拉拔的速度低，它取决于在变形区内保持稳定的热平衡状态，此状态与材料的物理性能和电、热操作过程有关。为了提高生产率，可以用多夹头和多加热线圈同时拉拔数根料。拉拔负荷很低，故不必用笨重的设备。制品的加工精度可达 ±0.013 mm。这种拉拔方法特别适合于具有超塑性的金属材料。

2）玻璃膜金属液抽丝

这是一种利用玻璃的可抽丝性由熔融状态的金属一次制得超细丝的方法（图1-13）。首先将一定量的金属块或粉末放入玻璃管内，用高频感应线圈加热金属，后者熔化后将热传给旋转的玻璃管使之软化。利用玻璃的可抽丝性，从下方将它引出、冷却并绕在卷取机上，从而得到表面覆有玻璃膜的超细金属丝。通过调整和控制工艺参数，则可获得丝径1～150 μm、玻璃膜厚2～20 μm 的制品。

玻璃膜超细金属丝是近代精密仪表和微型电子器件所必不可少的材料。在不需要玻璃膜时，可在抽丝后用化学或机械方法将其除掉。目前用此法生产的金属丝有铜、锰铜、金、银、铸铁和不锈钢等。通过调整玻璃的成分，有可能生产高熔点金属的超细丝。

3）集束拉拔

所谓集束拉拔，就是将二根以上断面为圆形或异型的坯料同时通过圆的或异型孔的模子进行拉拔，以获得特殊形状的异型材的一种加工方法。目前，已将此种方法发展为生产超细丝的一种新工艺。图 1 – 14 所示，为生产不锈钢超细丝的集束拉拔法示意图。

将不锈钢线坯放入低碳钢管中进行反复拉拔，从而得到双金属线。然后将数十根这种线集束在一起再放入一根低碳钢管中进行多次的拉拔。在这样多次的集束拉拔之后，将包覆的金属层溶解掉，则可得直径达 0.5 μm 的超细不锈钢丝。

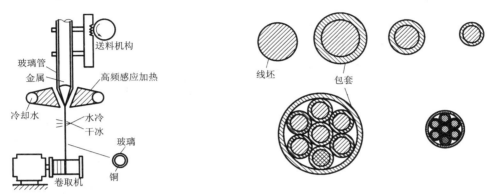

图 1 – 13　玻璃模金属液抽丝工作原理图　　　　　图 1 – 14　超细丝集束拉拔法

管子的壁厚为管径的 10% ~ 20%，线坯的纯度应高，非金属夹杂物尽可能少。用集束拉拔法制得的超细丝虽然价格低廉，但是若要将这些丝分成一根根使用时则很困难，另外丝的断面形状有些扁平呈多角形，这也是其缺点。

4）静液挤压拉线

通常的拉拔，由于拉应力较大，故道次延伸系数很小。为了获得大的道次加工率，发展了静液挤压拉线的方法。将绕成螺管状的线坯放在高压容器中，并施以比纯挤压时的压力低一些的压力。在线材出模端加一拉拔力进行静液挤压拉线。用此法生产的线径最细达 20 μm。由于金属与模子间很容易地得到流体润滑状态，故适用于易黏模的材料和铅、金、银、铝、铜一类软的材料。目前，国外已有专门的静液挤压拉线机。为了克服在高压下传压介质黏度增加而使挤压拉拔的速度受到的限制，该机采用了低黏度的煤油并加热到 40℃。设备的技术特性为：最大压力 15 kPa；拉丝速度 1000 m/min；线坯重 1.5 kg（铜）；成品丝径 0.5 ~ 0.02 mm；设备的外形尺寸 1.25 m × 1.65 m × 2.5 m。

1.1.4　锻造

1. 锻造的概念及分类

锻造是利用锻造设备使金属塑性变形以得到一定形状的制品，同时提高金属机械性能的一种加工方法。负荷大、工作条件严格的关键零件，如汽轮发电机组的转子、主轴、叶轮、护环、汽车和拖拉机的曲轴、连杆、齿轮，巨大的水压机立柱，高压缸和冷、热轧辊等，都是锻造加工而成的。

汽车、造船、电站设备、重型机械以及新兴的宇航和原子能工业的发展，对锻造加工提出了越来越高的要求，例如要求提供巨型的大锻件、少或无切屑的精密锻件、形状复杂和机械性能很高的大小锻件等。锻造的一般方法有自由锻、开式模锻和闭式模锻(图1-15)。特殊的锻造方法最近也有了很大发展。

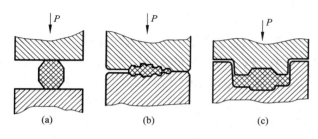

图1-15　一般锻压方法
(a)自由锻；(b)开式模锻；(c)闭式模锻

1)自由锻

使用自由锻设备及通用工具，如砧子、型砧、胎模等直接使坯料变形以获得所需几何形状及内部质量锻件的锻造方法称为自由锻。其基本工序有镦粗、拔长、冲孔、扩孔、弯曲、切割、扭转、错移、锻接等几种。除基本工序外还有辅助工序和修整工序(见表1-1)。

表1-1　自由锻工序简图

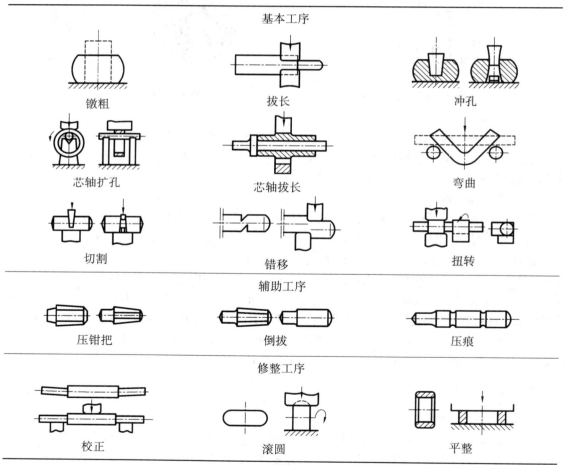

2)模锻

利用模具使毛坯变形以获得锻件的锻造方法称为模锻。根据锻件生产批量和形状复杂程度，可在一个或数个模膛中完成变形过程。模锻生产率高，机械加工余量小，材料消耗低，操作简单，易实现机械化和自动化，适用于中批量、大批量生产。模锻还可提高锻件质量。模锻常用设备有有砧座和无砧座模锻锤、热模锻造机、平锻机、螺旋压力机等。

模锻虽比自由锻和胎模锻优越，但它也存在一些缺点：模具制造成本高，模具材料要求高；每个新的锻件的模具，由设计到制模生产是较复杂又费时间的，而且一套模具只生产一种产品，其互换性小。所以模锻不适合小批量或单件生产，适合大批量生产。另一个缺点是能耗大，选用设备时要比自由锻的设备能力大。

模锻已发展了多种新工艺。

(1) 精密模锻。它是一种效率高而又精密的压力加工方法，模锻件尺寸与成品零件的尺寸很接近，因而可以实现少切削或无切削加工。这样就可节约大量金属材料。它的工艺流程与热模锻比较，通常要增加精压工序，并且需要有制造精密锻模、无氧化或少氧化加热和冷却的手段；对坯料制备和后续切削加工常有特殊要求；一般用于难于切削加工或费工时的零件，以及对使用性能有较高要求的零件，例如齿轮、涡轮扭曲叶片、航空零件、电器零件等。

精密模锻可采用模锻锤、高速锤、热模锻造机、摩擦压力机和无砧座锤等。在模锻锤上精密模锻叶片时，模具应加适当导向以提高上、下模的对中性；为减小模锻时的侧推力，模膛要与水平面倾斜适当角度。当用高速锤模锻时，锻坯表面润滑是个很重要的问题，必要时对坯料表面还得电镀很薄一层减摩金属，再涂以高效润滑剂。精密模锻前的坯料表面清理工作是保证最后锻件质量的重要因素，清理后的坯料表面不允许有油污、氧化皮、夹渣点、碰伤和大的凹坑等缺陷。精密模锻的模膛和普通锻模的形式一样，只是模膛表面光洁度较高，尺寸精确一些。精密模锻的余量要适当：余量太大，模具寿命低；余量太小，精锻后锻件表面不很光滑。一般比较合适的精锻余量在 0.5 ~ 1.2 mm 范围。

(2) 多向模锻。它是在模具内，用几个冲头自不同方向同时或依次对坯料加压以获得形状复杂的精密锻件(图 1 - 16)。多向模锻是近十年来才迅速发展起来的，它综合了模锻和挤压的优点，克服了模锻锤及其他老式锻造设备加工的局限性和生产、劳动条件较差等一系列的缺点，改变了一般锻件余块大、余量大、公差大的落后状况；更重要的是可加工出其他锻造方法无法或较难生产的形状复杂的锻件。多向模锻为实现坯料精化、少切削或无切削加工，开辟了一条新的途径。目前国外已可锻出长 1.5 m、宽 1.2 m、圆筒直径 0.3 m、重 907 kg 的锻件。用多向模锻工艺加工曲轴具有操作简单、金属纤维能够连续分布与加工余量减少等明显的优点(图 1 - 17)。

(3) 液态模锻。它是利用液态金属直接进行模锻的方法，是在研究压铸的基础上逐步发展起来的。它的实质是把液体金属直接注入金属模内，然后在一定时间内以一定的压力作用于液态(或半液态)的金属上使之成形，并在该压力下结晶。因为结晶过程是在高压下进行的，改变了金属在正常状态下结晶的宏观和微观组织，由柱状晶体变为细小的等轴晶体。所以液态模锻又称为挤压铸造。

液态模锻作为一种特种成形方法，在本书的 1.2 节中有比较详细的介绍。

(4) 粉末模锻。它是将金属粉末先制成坯料，在保护气氛中加热到热锻温度，在成形模内一次锻成成品，取出后再经热处理或在保护气氛中冷却，以防止氧化。它与烧结法的区别在于：烧结法制坯的压制工序决定了零件的尺寸及所有性能，而粉末模锻则主要靠最后的热锻工序来控制它的尺寸和性能。粉末模锻也在 1.2 节中有较详细的介绍。

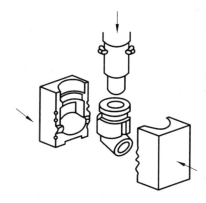

图 1-16　多向模锻示意图

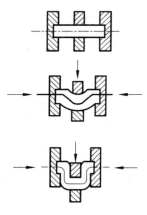

图 1-17　曲轴的多向模锻

2. 其他锻造工艺

1) 旋锻

旋锻实际上是模锻的特殊锻打形式。它的工作原理是：两块锻模一方面环绕锻坯纵向轴线高速旋转，同时另一方面又对锻坯进行高速锻打（它的锻打频率可达 6000～10000次/min），从而使锻坯变形（图 1-18）。

旋锻时变形区的主应力状态是三向压应力，主变形状态是二向压缩一向延伸。这种变形力学状态图有利于提高金属的塑性。旋锻过程中金属作多头螺旋式延伸，在工艺上则兼有脉冲锻打和多向锻打的特性。由于脉冲锻打具有

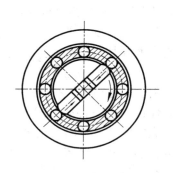

图 1-18　旋锻示意图

频率（等于滚子对数乘每分钟旋转次数）高、每次变形量较小的特点，因此使金属变形时摩擦阻力降低，减少变形功；同时，脉冲加载对提高锻件精度也是有利的。所以旋锻也很适用于低塑性的稀有金属加工（每次旋锻的变形程度可达 11%～25%）。

旋锻可进行热锻、温锻及冷锻。锻件的表面质量和内部质量都较好。目前旋锻的锻件尺寸范围很广，实心件可小到 $\phi 0.15$ mm，空心件（管子）可大到 $\phi 320$ mm。

2) 辊锻

辊锻是近几十年发展起来的方法，它既可作为模锻前的制坯工序，亦可直接辊制锻件。辊锻是使毛坯（冷态的或热态的金属）在装有圆弧形模块的一对旋转的锻辊中通过时，借助模槽使其产生塑性变形，从而获得所需要的锻件或锻坯（图 1-19）。目前已有许多种锻件或锻坯采用辊锻工艺来生产，如各类扳手、剪刀、锄板、麻花钻、柴油机连杆、履带拖拉机链轨节、涡轮机叶片等。辊锻变形过程是一个连续的静压过程，没有冲击和震动，它与一般锻造和模锻相比有以下特点：

①所用设备吨位小。因为辊锻过程是逐步的、连续的变形过程，变形的每一瞬间，模具只与坯料一部分接触，所以只需要吨位小的设备；

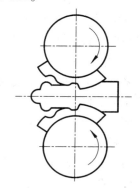

图 1-19　辊锻示意图

②劳动条件好，易于实现机械化和自动化；

③设备结构简单，对厂房和地基要求低；

④生产率高；

⑤辊锻模具可用球墨铸铁或冷硬铸铁制造，以节省价高的模具钢和减少模具机械加工量。

辊锻除有上述特点外，也有其工艺局限性，因而主要适用于长轴类锻件。对于断面变化复杂的锻件，成形辊锻后还需要在压力机上进行整形。

1.1.5　冲压

1. 冲压的概念

冲压是通过模具对板料施加外力，使之产生塑性变形或分离，从而获得一定尺寸、形状和性能的零件或毛坯的加工方法。因为通常是在常温条件下加工，故又称为冷冲压。只有当板料厚度超过 8 mm 或材料塑性较差时才采用热冲压。

2. 冲压成形的优缺点

（1）可制造其他加工方法难以加工或无法加工的形状复杂的薄壁零件。

（2）可获得尺寸精度高、表面光洁、质量稳定、互换性好的冲压件，一般不再进行机械加工即可装配使用。

（3）生产率高，操作简便，成本低，工艺过程易实现机械化和自动化。

（4）可利用塑性变形的冷变形强化提高零件的力学性能，在材料消耗少的情况下获得强度高、刚度大质量小的零件。

（5）冲压模具结构较复杂，加工精度高，制造成本高，因此板料冲压加工一般适用于大批量生产。

冲压生产的工艺和设备正在不断地发展，特别是精密冲压、多工位自动冲压以及液压成形、高能高速成形、超塑性冲压等各种冲压工艺的迅速发展，把冲压的技术水平提高到了一个新的高度。由于新型模具材料的采用和钢结硬质合金、硬质合金模具的推广，模具的各种表面处理技术的发展，冲压设备与模具结构的改善及其精度的提高，显著地提高了模具的寿命。采用低熔点合金模具后，对中小批量的拉延件的生产起了很好的推动作用。

3. 冲压的基本工序

冲压的基本工序可分为分离与成形两大类（表 1 - 2）。

表 1 - 2　冲压工序分类

分类	成形方法	简　图	特点及应用范围
分离工序	落料		用模具沿封闭轮廓曲线冲切，冲下部分是零件。用于制造各种形状的平板零件或为成形工序制坯
	冲孔		用模具沿封闭曲线冲切，冲下部分是废料。用于冲制各类零件的孔

续表

分类	成形方法	简　图	特点及应用范围
成 形 工 序	弯曲		把板料沿直线弯成各种形状,板料外层受拉伸长,内层受压缩短。可加工形状复杂的零件
	拉延		法兰区坯料在切向压应力、径向拉应力作用下向直壁流动,制成筒形或带法兰的筒形零件
	胀形		平板毛坯或管坯在双向拉应力作用下产生双向伸长变形,用于成形凸包、凸筋或鼓凸空心零件
	翻边		在预先冲孔的板料或未经冲孔的板料上,在双向拉应力作用下产生切向伸长变形。冲制带有竖直边的空心零件

1.2　特种塑性成形

1.2.1　超塑性成形

超塑性是指金属或合金在特定条件下,即低的形变速率($\dot{\varepsilon}=10^{-2}/s \sim 10^{-4}/s$)、一定的变形温度 $T \geqslant 0.5T_m$(T_m 为材料熔点温度)和均匀的细晶粒度(晶粒平均直径为 $0.2 \sim 5 \mu m$),其相对延伸率 δ 超过 100% 以上的特性。如钢超过 500%、纯钛超过 300%、锌铝合金超过 1000%。

超塑性状态下的金属在拉拔变形过程中不产生缩颈现象,变形应力可比常态下金属的变形应力降低几十倍。因此该金属极易成形,可采用多种工艺方法制出复杂零件。

目前常用的超塑性成形材料主要是锌铝合金、铝基合金、钛合金及高温合金。

1.超塑性成形工艺的应用

(1)板料冲压。如图 1 - 20 所示,零件直径较小,但很高。选用超塑性材料可以一次拉深成形,质量很好,零件性能无方向性。图 1 - 20(a)为拉深成形示

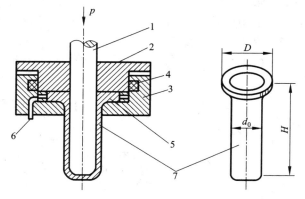

图 1 - 20　超塑性板料拉深

1—冲头(凸模);2—压板;3—凹模;
4—电热元件;5—坯料;6—高压油孔;7—工件

意图。

（2）板料气压成形。如图 1 - 21 所示，超塑性金属板料放于模具中，把板料与模具一起加热到规定温度，向模具内充入压缩空气或抽出模具内的空气形成负压，板料将贴紧在凹模或凸模上，获得所需形状的工件。该方法可加工的板料厚度为 0.4 ~ 4 mm。

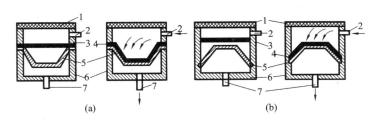

图 1 - 21　板料气压成形

（a）凹模内成形；（b）凸模内成形

1—电热元件；2—进气孔；3—板料；4—工件；5—凹（凸）模；6—模框；7—抽气孔

（3）挤压和模锻。高温合金及钛合金在常态下塑性很差，变形抗力大，不均匀变形引起各向异性的敏感性强，通常的成形方法较难成形，材料损耗极大，致使产品成本很高。如果在超塑性状态下进行模锻，就可克服上述缺点，节约材料，降低成本。

2. 超塑性模锻工艺特点

（1）扩大了可锻金属材料种类。如过去只能采用锻造成形的镍基合金，也可以进行超塑性模锻成形。

（2）金属填充模腔的性能好，可锻出尺寸精度高、机械加工余量小甚至不用加工的零件。

（3）能获得均匀细小的晶粒组织，零件力学性能均匀一致。

（4）金属的变形抗力小，可充分发挥中、小设备的作用。

1.2.2　旋压成形

旋压成形是利用旋压机使坯料和模具以一定的速度共同旋转，并在滚轮的作用下使坯料在与滚轮接触的部位上产生局部变形，获得空心回转体零件的加工方法（见图 1 - 22）。旋压根据板厚变化情况分为普通旋压和变薄旋压两大类。

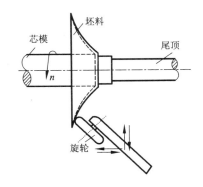

图 1 - 22　旋压加工

1. 普通旋压（普旋）

旋压过程中，板厚基本保持不变，成形主要依靠坯料圆周方向与半径方向上的变形来实现。旋压过程中坯料外径有明显变化是其主要特征。普通旋压分为拉深旋压[见图 1 - 23（a）]、缩径旋压[见图 1 - 23（b）]和扩口旋压[见图 1 - 23（c）]三种。

2. 变薄旋压（强力旋压、强旋）

旋压成形主要依靠板厚的减薄来实现。旋压过程中坯料直径基本不变。壁厚减薄是变薄旋压的主要特征。

变薄旋压分为锥形件变薄旋压（见图 1 - 24）、筒形件变薄旋压（见图 1 - 25）两种。其中

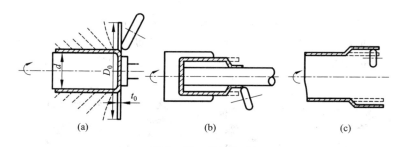

图 1 − 23　旋压加工

(a)拉深旋压(拉旋);(b)缩径旋压(缩旋);(c)扩口旋压(扩旋)

筒形件变薄旋压又有正旋[见图 1 − 25(a)]和反旋[见图 1 − 25(b)]之分。

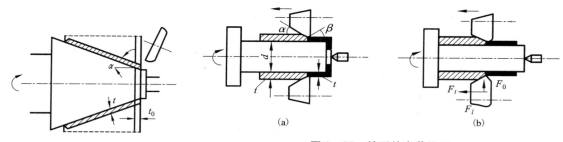

图 1 − 24　锥形体变薄旋压

图 1 − 25　筒形件变薄旋压

(a)正旋;(b)反旋

旋压成形主要有以下特点:

(1)旋压是局部连续塑性变形,变形区很小,所需成形力仅为整体冲压成形力的几十分之一,甚至百分之一。它是既省力效果又明显的塑性加工方法。因此,旋压设备与相应的冲压设备相比要小得多,设备投资也较低。

(2)旋压工装简单,工具费用低(例如,与拉深工艺比较,变薄旋压制造薄壁筒的工具费仅为其 1/10 左右),而且旋压设备(尤其是现代自动旋压机)的调整、控制简便灵活,具有很大的柔性,非常适用于多品种少量生产。根据零件形状,有时它也能用于大批量生产。

(3)有一些形状复杂的零件和大型封头类零件(见图 1 − 26)冲压很难甚至无法成形,但却适合于旋压加工。例如,头部很尖的火箭弹锥形药罩、薄壁收口容器、带内螺旋线的猎枪管以及内表面有分散的点状突起的反射灯碗、大型锅炉及容器的封头等。

(4)旋压件尺寸精度高,甚至可与切削相媲美。例如,直径为 610 mm 的旋压件,其直径公差可达 ± 0.025 mm;直径为 6 ~ 8 m 的特大型旋压件,直径公差可达 ± (1.270 ~ 1.542)mm。

(5)旋压零件表面精度容易保证。此外,经旋压成形的零件,抗疲劳强度好,屈服点、抗拉强度、硬度都有很大幅度提高。

由于旋压成形有上述特点,其应用也愈来愈广泛。旋压工艺已经成为回转壳体,尤其是薄壁回转体零件(图 1 − 27)加工的首选工艺。

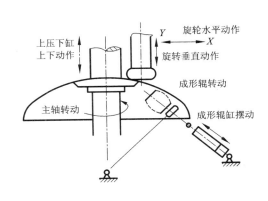

图 1 - 26　大型封头旋压

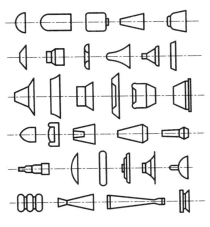

图 1 - 27　旋压件的形状

1.2.3　摆动碾压成形

摆动碾压是利用一个绕中心轴摆动的圆锥形模具对坯料局部加压的工艺方法(见图 1 - 28)。具有圆锥面的上模 1、中心线 OZ 与机器主轴中心线 OM 相交成 α 角,此角称为摆角。当主轴旋转时,OZ 绕 OM 旋转,使上模产生摆动。同时,滑块 3 在油缸作用下上升,对坯料 2 旋压。这样上模母线在坯料表面连续不断的滚动,最后达到使坯料整体变形的目的。图中下部阴影部分为上模与坯料的接触面积。

若上模母线为直线,则碾压的工件表面为平面;若母线为曲线,则能碾压出上表面为形状较复杂的曲面零件。

摆动碾压的优点是:

(1)省力,摆动碾压可以用较小的设备碾压出大锻件。摆动碾压是以连续的局部变形代替一般锻压工艺的整体变形,因此变形力大为降低。加工相同的锻件,其碾压力仅为一般锻压工艺变形力的 1/5 ~ 1/20。

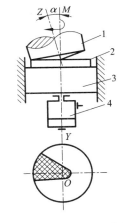

图 1 - 28　摆动碾压工作原理
1—摆头(上模);2—坯料;
3—滑块;4—进给油缸

(2)摆动碾压可加工出厚度为 1 mm 的薄片类零件。

(3)产品质量高,节省原材料,可实现少、无屑加工。如果模具制造精度高,碾压件尺寸误差可达 0.025 mm,表面粗糙度 R_a 值为 1.6 ~ 0.4。

(4)碾压中噪音及震动小,易实现机械化与自动化。

摆动碾压目前在我国发展很迅速。主要适用于加工回转体饼盘类或带法兰的半轴类锻件。如汽车后半轴、扬声器导磁体、止推轴承圈、碟形弹簧、齿轮和铣刀毛坯等。

1.2.4　粉末冶金锻造

粉末冶金锻造(简称粉锻)是粉末冶金与锻造工艺的结合。通过锻造,可以显著提高粉末冶金件的机械性能，同时又可保持粉末冶金的优点。因此，粉锻具有成形精确、材料利用率高、模具寿命长、成本低等特点，为制取高强度、高韧性的粉末冶金零件提供了一种新的加工方法，是现代粉末冶金技术的重要发展方向之一，也为精密锻造工艺开辟了一条新的途径。

1. 粉锻工艺过程

粉锻分为粉末热锻和粉末冷锻。冷锻包括锻造、复压和挤压，热锻有粉末锻造、烧结锻造和锻造烧结三种方法，如图 1-29 所示。

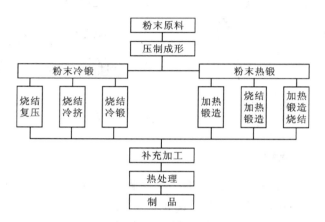

图 1-29　粉末冶金锻造的基本工艺过程

与普通锻造不同，粉锻毛坯采用的是粉末预制坯。由于冷锻难以提高坯料的密度，因而常采用热锻。图 1-30 为常用的粉末烧结锻造工艺过程示意图。前期工序为传统的粉末冶金生产方法，后期工序为锻造成形。

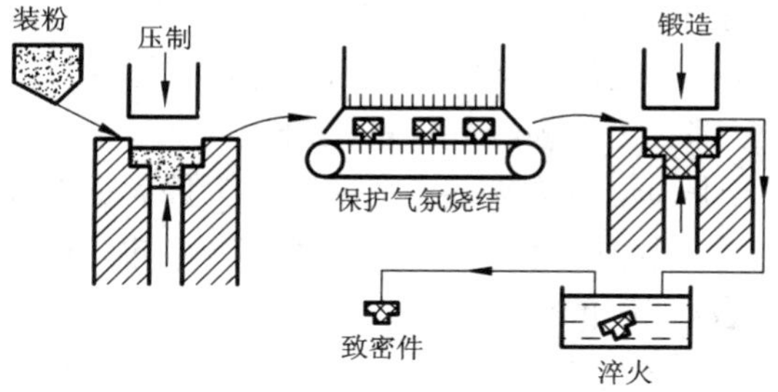

图 1-30　粉末烧结锻造示意图

2. 粉锻工艺的特点

1）粉末选择

粉末的类型、成分、杂质含量以及预合金化程度等，对粉锻工艺及零件的性能和成本影响很大。采用高性能、低杂质、低成本的粉末原料是粉锻的基本要求之一。

2）预制坯设计和成形

粉锻的变形方式、变形程度对塑性和变形抗力都有影响。因此，设计时应对锻件的复杂程度、变形特点、致密效果、制造的难易程度和成本的高低等予以考虑，以确定合理的预制坯形状、尺寸以及密度。

3）锻造变形与致密

锻造过程是粉锻成败的关键。锻件的成形与致密直接影响使用性能和产品质量。由于粉末预制坯的塑性低，锻造时应防止开裂。因此，要正确设计模具，确定合理的锻造压力、温度、变形方式等。

4）保护加热

粉末热锻的烧结及锻前加热需在保护加热的条件下进行，以防止多孔预制坯表面及心部的氧化。

粉末锻造在许多领域得到了应用。特别是在汽车制造业中的应用更为突出。表 1 - 3 给出了适于粉末锻造工艺生产的汽车零件。

表 1 - 3　适于粉末锻造工艺生产的汽车零件

发动机	连杆、齿轮、气门挺杆、交流电机转子、阀门、气缸衬套、环形齿轮
变速器（手动）	毂套、回动空转齿轮、离合器、轴承座圈同步器、各种齿轮
变速器（自动）	内座圈、压板、外座圈、制动装置、离合器凸轮、各种齿轮
底盘	后轴壳体端盖、扇形齿轮、万向轴、侧齿轮、轮毂、伞齿轮、环齿轮

1.2.5　液态模锻

液态模锻是将一定量的液态金属直接注入金属模腔，随后在压力的作用下，使处于熔融或半熔融状态的金属液发生流动并凝固成形，同时伴有少量塑性变形，从而获得毛坯或零件的加工方法。

液态模锻典型工艺流程如图 1 - 31 所示。此工艺包括金属液和模具准备、浇注、合模施压、开模取件四个步骤。

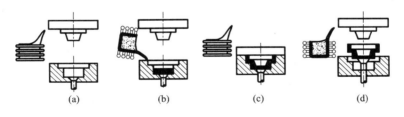

图 1 - 31　液态模锻工艺流程
（a）熔化；（b）浇注；（c）加压；（d）顶出

液态模锻工艺的主要特点如下：

（1）成形过程中，液态金属自始至终承受等静压，在压力下完成结晶凝固。

（2）已凝固金属在压力作用下产生塑性变形，使制件外表面紧贴模腔，保证尺寸精度。

（3）液态金属在压力作用下，凝固过程中能得到强制补缩，比压铸件组织致密。

（4）成形能力高于固态金属热模锻，可加工形状复杂的锻件。

适用于液态模锻的材料非常多。不仅铸造合金，而且变形合金、有色金属及黑色金属的液态模锻也已大量应用。液态模锻适用于各种形状复杂、尺寸精确的零件的制造，在工业生产中已广泛应用。如活塞、炮弹引信体、压力表壳体、波导弯头、汽车油泵壳体、摩托车零件等铝合金零件；齿轮、蜗轮、高压阀体等铜合金零件；钢法兰、钢弹头、凿岩机缸体等碳钢、合金钢零件。

1.2.6　高能率成形

高能率成形是一种在极短时间内释放高能量使金属变形的成形方法。高能率成形主要包括爆炸成形、电液成形和电磁成形等。

1. 爆炸成形

爆炸成形是利用爆炸物质在爆炸瞬间释放出巨大的化学能对金属坯料进行加工的高能率成形方法。

爆炸成形时，爆炸物质的化学能在极短时间内转化为周围介质（空气或水）中的高压冲击波，并以脉冲波的形式作用于坯料，使其产生塑性变形并以一定速度贴模，完成成形过程。冲击波对坯料的作用时间为微秒级，仅占坯料变形时间的一小部分。这种高速变形条件，使爆炸成形的变形机理及过程与常规冲压加工有着根本性的差别。爆炸成形装置如图1－32所示。

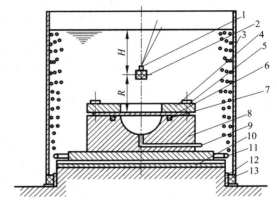

图1－32　爆炸成形装置
1—电雷管；2—炸药；3—水筒；4—压边圈；
5—螺栓；6—毛坯；7—密封；8—凹模；
9—真空管；10—缓冲装置；
11—压缩空气管路；12—垫环；13—密封

爆炸成形有如下主要特点：

（1）模具简单，仅用凹模即可，节省模具材料，降低成本。

（2）简化设备。一般情况下，爆炸成形无须使用冲压设备，使生产条件得以简化。

（3）能提高材料的塑性变形能力，适用于塑性差的难成形材料。

（4）适于大型零件成形。用常规方法加工大型零件，往往受到模具尺寸和设备工作台面的限制。而爆炸成形不需专用设备，且模具及工装制造简单，周期短，成本低。

爆炸成形目前主要用于板材的拉深、胀形、校形等成形工艺。此外还常用于爆炸焊接、表面强化、管件结构的装配、粉末压制等方面。

2. 电液成形

电液成形是利用液体中强电流脉冲放电所产生的强大冲击波对金属进行加工的高能率成形方法。

电液成形装置的基本原理如图1－33所示。该装置由两部分组成，即充电回路和放电回路。充电回路主要由升压变压器1、整流器2及充电电阻3组成。放电回路主要由电容器4、辅助开关5及电极9组成。来自网路的交流电经升压变压器及整流变压器后变为高压直流电并向电容器充电。当充电电压达到所需值后，点燃辅助间隙，高压电瞬时加到两放电电极所形成的主放电间隙上，并使主间隙击穿，产生高压放电，在放电回路中形成非常强大的冲击电流，结果在电极周围介质中形成冲击波及液流冲击而使金属坯料成形。

电液成形除了具有模具简单、零件精度高、能提高材料塑性变形能力等特点外，与爆炸成形相比，电液成形时能量易于控制，成形过程稳定，操作方便，生产率高，便于组织生产。

电液成形主要用于板材的拉深、胀形、翻边、冲裁等。

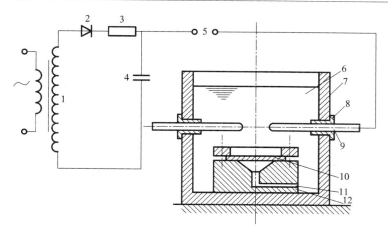

图 1 – 33 电液成形原理图

1—升压变压器；2—整流器；3—充电电阻；4—电容器；5—辅助间隙；6—水；

7—水箱；8—绝缘体；9—电极；10—毛坯；11—抽气孔；12—凹模

3. 电磁成形

电磁成形是利用脉冲磁场对金属坯料进行塑性加工的高能率成形方法。

电磁成形装置原理如图 1 – 34 所示。通过放电磁场与感应磁场的相互叠加，产生强大的磁场力，使金属坯料变形。与电液成形装置原理比较可见，除放电元件不同外，其他都是相同的。电液成形的放电元件为水介质中的电极，而电磁成形的放电元件为空气中的线圈。

电磁成形除具有一般的高能成形特点外，还无须传压介质，可以在真空或高温条件下成形，能量易于控制，成形过程稳定，再现性强，生产效率高，易于实现机械化和

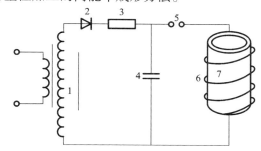

图 1 – 34 电磁成形装置原理图

1—升压变压器；2—整流器；3—限流电阻；

4—电容器；5—辅助间隙；6—工作线圈；7—毛坯

自动化。电磁成形典型工艺主要有管坯胀形[见图 1 – 35(a)]、管坯缩颈[1 – 35(b)]及平板毛坯料成形[见图 1 – 35(c)]。此外，在管材的缩口、翻边、压印、剪切及装配、连接等方面也有较多应用。

1.2.7 充液拉深

充液拉深是利用液体代替刚性凹模的作用所进行的拉深成形方法，如图 1 – 36 所示。

拉深成形时，高压液体将坯料紧紧压在凸模的侧表面上，增大了拉深件侧壁（传力区）与凸模表面的摩擦力，从而减轻了侧壁的拉应力，使其承载能力得到了很大程度的提高。

另一方面，高压液体进入凹模与坯料之间（见图 1 – 37），会大大降低坯料与凹模之间的摩擦阻力，减少了拉深过程中侧壁的载荷。因此，极限拉深系数比普通拉深时小很多，时常可达 0.4 ~ 0.45。

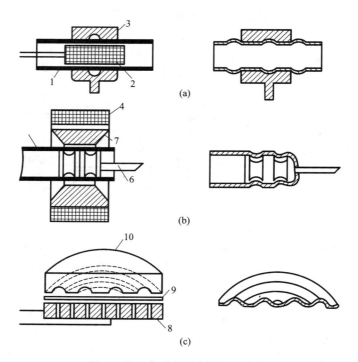

图 1－35　电磁成形典型加工方法

（a）管坯胀形；（b）管坯缩径；（c）平板毛坯成形
1、5、9—工件；2、4、8—线圈；3、6、7、10—模具

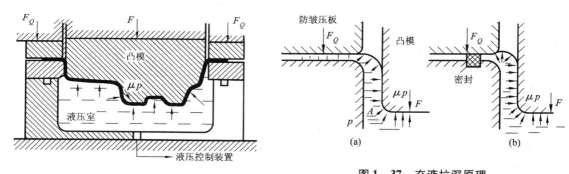

图 1－36　充液拉深成形装置

图 1－37　充液拉深原理

（a）不使用密封；（b）使用密封

与传统拉深相比，充液拉深具有以下特点：

（1）充液拉深时由于液压的作用，使板料和凸模紧紧贴合，产生"摩擦保持效果"，缓和了板料在凸模圆角处的径向应力，提高了传力区的承载能力。

（2）在凹模圆角处和凹模压料面上，板料不直接与凹模接触，而是与液体接触，大大降低了摩擦阻力，也就降低了传力区的载荷。

（3）能大幅度提高拉深件的成形极限，减少拉深次数。

（4）能减少零件擦伤，提高零件精度。

（5）设备相对复杂，生产率较低。

充液拉深主要应用于质量要求较高的深筒形件、锥形、抛物线形等复杂曲面零件、盒形件以及带法兰件的成形。近年来在汽车覆盖件的成形中也有应用。

1.2.8　聚氨酯成形

聚氨酯成形是利用聚氨酯在受压时表现出的高黏性流体性质，将其作为凸模或凹模的板料成形方法。聚氨酯具有硬度高、弹性大、抗拉强度与负荷能力大、抗疲劳性好、耐油性和抗老化性强、寿命长以及容易机械加工等特点，因此能够取代天然橡胶，被广泛应用于板料冲压生产。

目前常用的聚氨酯成形工艺有聚氨酯弯曲（见图 1 - 38）、聚氨酯冲裁（见图 1 - 39）以及聚氨酯拉深、聚氨酯胀形等。聚氨酯的不足之处是价格较贵，且成形时所需设备压力较大。

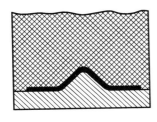

图 1 - 38　聚氨酯弯曲

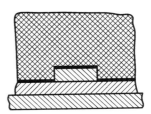

图 1 - 39　聚氨酯冲裁

第 2 章　有色金属板带箔材加工

2.1　简单轧制过程的基本概念

有色金属板带箔材的基本成形方法就是轧制。如第一章所述，轧制过程是轧辊和轧件（金属）相互作用时，轧件被摩擦力拉入旋转的轧辊间受到压缩发生塑性变形的过程。如果轧辊辊身为均匀的圆柱体，这种轧辊称为平辊，用平辊进行的轧制，称为平辊轧制。平辊轧制是生产板、带、箔材最主要的塑性加工方法。

2.1.1　简单轧制过程及变形参数

1. 简单轧制过程

为了研究方便，常常把复杂的轧制过程简化成理想的简单轧制过程。所谓简单轧制过程应具备下列条件：两个轧辊均为平辊，辊径相同，轴线平行，轧辊为刚性；两辊均为主传动辊，转速相同；轧件与轧辊上下接触表面状况相同，轧件除受轧辊作用外，不受其他任何外力（张力或推力）作用；轧件的性能均匀；轧件的变形与金属质点的流动速度沿断面高度和宽度分布均匀。总之，简单轧制过程对两个轧辊是完全对称的。

简单轧制过程是一种理想化的轧制模型。在实际生产中理想的简单轧制过程是不存在的。但为了讨论问题方便，常把复杂的轧制过程简化为简单轧制过程作为轧制理论研究的基础与基本对象。

2. 变形参数的表示法

当轧件高向受到轧辊压缩时，金属便朝纵向和横向流动。轧制后，轧件高向上厚度减小。而长度和宽度方向上尺寸增大。由于工具（轧辊）形状等因素的影响，金属主要是向纵向流动（称为延伸），而横向流动（称为宽展）则较少。

在工程上，对于轧件常用如下参数表示其变形量。

高向变形参数：轧前厚度 H 和轧后厚度 h 的差，称为绝对压下量 Δh（简称压下量）：

$$\Delta h = H - h \tag{2-1}$$

压下量 Δh 与轧前厚度 H 的百分比称为相对压下量（简称加工率或压下率）：

$$\varepsilon = \frac{\Delta h}{H} \times 100\% \tag{2-2}$$

忽略轧件的宽展，加工率即等于断面收缩率。

轧制时，轧件从进入轧辊至离开轧辊，承受一次压缩塑性变形，称为一个轧制道次。加工率分道次加工率 ε 和总加工率 ε_Σ 两种。道次加工率是指某一个轧制道次，轧制前后轧件厚度变化的计算值。总加工率有两种：一种是一个轧程（热轧阶段或冷轧两次退火间）的总加工率，另一种是一个轧程中至某轧制道次后的总加工率。它们可反映轧件累积变形程度或加工硬化的情况。

横向变形参数：轧制后宽度 B_h 与轧前宽度 B_H 的差 ΔB，称绝对宽展量，简称宽展：

$$\Delta B = B_h - B_H \qquad\qquad (2-3)$$

绝对宽展与轧前宽度 B_H 的百分比称为相对宽展或宽展率：

$$\varepsilon_b = \frac{\Delta B}{B_H} \times 100\% \qquad\qquad (2-4)$$

纵向变形参数：用轧件轧后长度 L_h 与轧前长度 L_H 之比表示，通常称为延伸系数 λ：

$$\lambda = \frac{L_h}{L_H} \qquad\qquad (2-5)$$

根据体积不变条件，延伸系数也可用轧件的轧前断面积 F_H 与轧后断面积 F_h 之比表示：

$$\lambda = \frac{F_H}{F_h} \qquad\qquad (2-6)$$

如忽略宽展，延伸系数也可以写成如下形式：

$$\lambda = \frac{H}{h} = \frac{1}{1-\varepsilon} \qquad\qquad (2-7)$$

多道次变形时，由上述式子不难得出，总变形量 λ_Σ 或 ε_Σ 与各道次变形量的关系为：

$$\lambda_\Sigma = \lambda_1 \cdot \lambda_2 \cdot \lambda_3 \cdots \lambda_n \qquad\qquad (2-8)$$
$$(1-\varepsilon_\Sigma) = (1-\varepsilon_1) \cdot (1-\varepsilon_2) \cdot (1-\varepsilon_3) \cdots (1-\varepsilon_n) \qquad\qquad (2-9)$$

2.1.2　变形区及参数

1. 轧制变形区

轧制时金属在轧辊间产生塑性变形的区域称为轧制变形区。在图 2-1 中，轧辊和轧件的接触弧（$\overset{\frown}{AB}$、$\overset{\frown}{A'B'}$），及轧件进入轧辊的垂直断面（AA'）和出口垂直断面（BB'）所围成的区域，称为几何变形区（图中阴影部分），或理想变形区。

实际上，在几何变形区之外出、入口断面附近局部区域内，轧件可能也有塑性变形存在，这两个区域称为非接触变形区。可见，实际轧制变形区包括几何变形区和非接触变形区。

在生产中，热轧头几道次，轧件很厚，变形不容易深透，甚至几何变形区内，也还有部分金属不产生塑性变形。

2. 变形区的主要参数

讨论简单轧制过程的基本概念，主要研究几何变形区。几何变形区的主要参数有：接触角 α；变形区长度 l

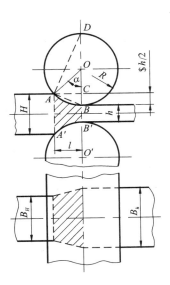

图 2-1　几何变形区图示

（接触弧 $\overset{\frown}{AB}$ 的水平投影长度）；变形区形状系数 $l/\bar{h}$ 和 $B/\bar{B}$，其中 $\bar{h} = (H+h)/2$。

（1）接触角 α。轧件与轧辊的接触弧所对应的圆心角 α，称为接触角。由图 2-1 可求得：

$$\cos\alpha = \frac{OC}{R} = \frac{R-BC}{R} = 1 - \frac{\Delta h}{2R}$$

即
$$\Delta h = D(1-\cos\alpha) \qquad\qquad (2-10)$$

在接触角比较小的情况下（$a < 10° \sim 15°$），由于，$1 - \cos\alpha = 2\sin^2\dfrac{\alpha}{2} \approx \dfrac{\alpha^2}{2}$

由前式可得：

$$\alpha = \sqrt{\dfrac{\Delta h}{R}} \qquad (2-11)$$

式中：R——轧辊半径。

接触角 α 是一个与接触弧长短有关的几何量。轧件和轧辊刚接触的瞬间，即轧件前棱和旋转轧辊的母线相接触时，α 为零；随着金属逐渐被拽入辊缝的过程中，α 逐渐增大；当金属完全充满辊缝，即轧件前端面到达两辊连心线 OO'，并继续进行轧制时，α 的大小按式（2-11）计算。

（2）变形长度 l。几何变形长度 l，是指接触弧 $\overset{\frown}{AB}$ 的水平投影长度，如图 2-1 所示，AC 是直角三角形 AOC 的一个直角边

$$l = AC = R\sin\alpha$$

根据几何关系可以求得 l 与轧辊半径 R 及压下量 Δh 的关系：

$$l^2 = R^2 - OC^2$$

$$OC = R - \dfrac{\Delta h}{2}$$

则得

$$l^2 = R^2 - (R - \dfrac{\Delta h}{2})^2 = R\Delta h - \dfrac{h^2}{4}$$

最后得出变形区长度的精确计算式为：

$$l = \sqrt{R\Delta h - \dfrac{h^2}{4}}$$

由于根号中的第二项比第一项小许多，可忽略不计，则 l 可近似地用下式表示：

$$l = \sqrt{R\Delta h} \qquad (2-12)$$

根据直角三角形 ABC 和 ABD 相似性，接触弧的弦长也恰为 $\overline{AB} = \sqrt{R\Delta h}$；若以弦代弧，式（2-12）亦可作为接触弧长度。

当两工作轧辊径不同时，

$$l = \sqrt{\dfrac{2R_1 R_2}{R_1 + R_2}\Delta h} \qquad (2-13)$$

式（2-12）、（2-13）均忽略了轧辊弹性压扁的影响。

（3）变形区几何形状系数。变形区形状系数 $l/\bar{h}$ 和 $B/\bar{h}$ 可用下式表示：

$$\dfrac{l}{\bar{h}} = \dfrac{\sqrt{R\Delta h}}{\dfrac{H + h}{2}} = \dfrac{2\sqrt{R\Delta h}}{H + h} \qquad (2-14)$$

$$\dfrac{B}{\bar{h}} = \dfrac{B}{\dfrac{H + h}{2}} = \dfrac{2B}{H + h} \qquad (2-15)$$

式中：B——轧件宽度（不计宽展）；

h——轧件平均厚度。

变形区形状系数反映了变形区的几何特征，对研究轧制时的金属流动、变形及应力分布等具有重要意义。$l/\bar{h}$ 和 $B/\bar{h}$ 分别反映了对轧制过程纵向和横向的影响。因为一般把轧制过程视为平面变形状态，所以，前者比后者更为重要。只要研究宽展等问题时，$B/\bar{h}$ 才有意义。

2.1.3　轧制过程建立的条件

1. 轧制的过程

在一个道次里，轧件的轧制过程（图 2 - 2）可以分为开始咬入、拽入、稳定轧制和轧制终了（抛出）四个阶段。

（1）开始咬入阶段。轧件开始接触到轧辊时，由于轧辊对轧件的摩擦力作用，而被轧辊咬入。开始咬入为一瞬间完成。

（2）拽入阶段。一旦轧件被旋转的轧辊咬入后，由于轧辊对轧件的作用力变化，轧件逐渐被拽入辊缝，直至完全充满辊缝，即轧件前端到达两辊连心线位置。这一过程时间很短，而且轧制变形、几何参数、力学参数等都在变化。咬入和拽入阶段也统称为轧入阶段或轧制建成阶段。

（3）稳定轧制阶段。轧件前端从辊缝出来后，轧制过程连续不断地稳定进行。主要轧制参数保持不变。

（4）轧制终了（抛出）阶段。从轧件后端进入变形区开始，轧件与轧辊逐渐脱离接触，变形区逐渐变小，直至轧件完全脱离轧辊被抛出为止。此阶段时间也很短，其变形和力学参数等均发生变化。

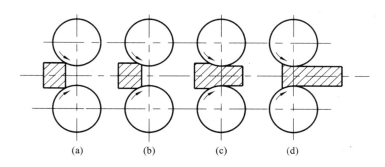

图 2 - 2　轧制过程图示
（a）开始咬入；（b）拽入；（c）稳定轧制；（d）抛出

在一个轧制道次里，轧件被轧辊开始咬入、拽入、稳定轧制和抛出的过程，组成一个完整的连续轧制过程。

稳定轧制是轧制过程的主要阶段。此阶段金属在变形区内的流动、变形与力的状况，及与此相关的工艺控制、产品质量与精度控制、设备设计等等，都是板带材轧制研究的主要对象。开始咬入阶段虽在瞬间完成，但它是关系到整个轧制过程能否建立的先决条件。所以，无论是制定工艺，还是设计轧辊等，都要对此高度重视。至于拽入和抛出亦在瞬间完成，通常不影响轧制过程，一般不予研究。

2. 轧件与轧辊接触瞬间的咬入条件

轧制过程能否建立,首先决定于轧件能否被旋转的轧辊咬入。咬入条件即轧件前端与轧辊接触时,轧辊把轧件拉入辊缝进行轧制所必须具备的条件。研究、分析轧辊咬入轧件的条件,具有重要的实际意义。

讨论咬入条件,应从轧件受力分析着手。

在简单轧制情况下[见图 2-3(a)],当轧件的前棱和旋转的轧辊母线相接触时,在接触点(A 和 A')上,轧辊作用在轧件上有径向正压力 N 和轧辊旋转方向一致的切向摩擦力 T。按库仑摩擦定律,$T = fN$。f 为咬入时轧辊和轧件之间的摩擦系数。

为了比较这些力的作用,将它们分解成水平方向的分力 N_x 和 T_x,垂直方向的分力 N_y 和 T_y(图 2-4)。

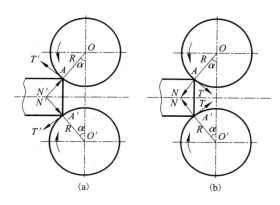

图 2-3　轧辊和轧件接触时的受力图
(a)轧辊受力图;(b)轧件受力图

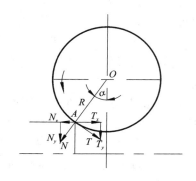

图 2-4　T 和 N 力的分解

作用在垂直方向上的分力 N_y 和 T_y,使轧件从上、下两个方向同时受到压缩,产生塑性变形。作用在水平方向上的分力 N_x 和 T_x,对轧件的咬入起着不同的作用,N_x 将轧件推出辊缝,T_x 将轧件拉入辊缝。在轧件上无其他外力作用的情况下,这两个力的大小决定了轧辊能否咬入轧件。显然,只有当 $T_x > N_x$ 时,轧件才能顺利被咬入,$T_x < N_x$,则不能咬入。即实现轧件咬入必须满足 $T_x \geqslant N_x$,$T_x = N_x$ 是咬入的临界条件。

咬入角 α[见图 2-3(b)]是指开始咬入时轧件和轧辊最先接触的点与两轧辊中心连线所构成的圆心角。其数值等于稳定轧制时的接触角(带料压下例外)。它亦按公式(2-10)或(2-11)计算。

由图 2-4 可知:　　　　　　　　　　$N_x = N\sin\alpha$,　$T_x = T\cos\alpha$

因为 $T = fN$,

由 $T_x \geqslant N_x$,有

$$fN\cos\alpha \geqslant N\sin\alpha$$

$$f \geqslant \tan\alpha \tag{2-16}$$

正压力 N 和摩擦力 T 的合力为 R(如图 2-5 所示)。根据物理概念,正压力 N 与合力 R 的夹角 β 称为摩擦角。因为 $\tan\beta = \dfrac{T}{N} = f$,即摩擦角 β 的正切就是摩擦系数 f,由式(2-16)

有：$$\text{tg}\beta \geqslant \text{tg}\alpha$$
即$$\beta \geqslant \alpha \tag{2-17}$$

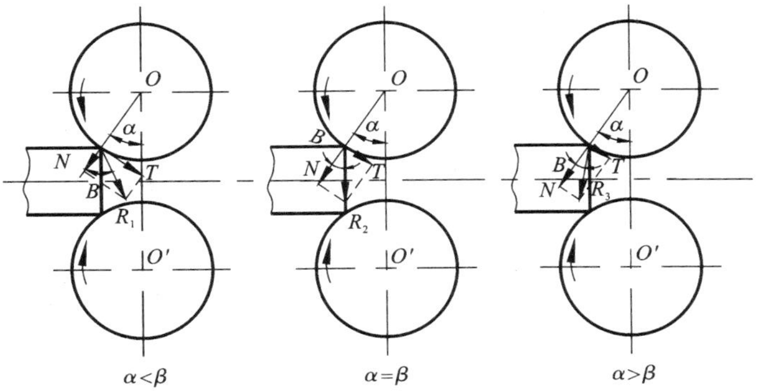

图 2 - 5 咬入角于摩擦角的三种关系

$\alpha < \beta$ 称为自然咬入条件，或咬入的充分条件，它表示当轧件只受到轧辊对轧件的作用力，而无其他外力作用时必须使咬入角小于摩擦角，轧件才能被轧辊自然咬入，这是咬入的充分条件。

$\alpha = \beta$ 为咬入的临界条件，把此时的咬入角 α 称为最大咬入角，用 $\alpha_{\max}$ 表示。最大咬入角取决于轧辊和轧件的材质、表面状态、尺寸大小，以及润滑条件和轧制速度等等。表 2 - 1 为几种有色金属热轧时最大咬入角和摩擦系数。

表 2 - 1 有色金属热轧时最大咬入角和摩擦系数

金属	轧制温度/℃	最大咬入角/(°)	摩擦系数
铝	350	20 ~ 22	0.36 ~ 0.40
铜	900	27	0.50
黄铜	850	21 ~ 24	0.38 ~ 0.45
镍	950	22	0.40
锌	200	17 ~ 19	0.30 ~ 0.35

$\alpha > \beta$ 时，轧件不能自然咬入，此时可实行强迫咬入。

3. 稳定轧制的建成条件

当轧辊咬入轧件后，随着轧辊的转动，金属不断地被拽入辊缝内。由于轧辊与轧件的接触面随轧件向辊间填充而逐渐增加，则轧辊对轧件的作用力的合力作用点也不断向出口方向移动。其结果是阻碍轧件进入辊缝的力 N_x 将相对减小，而拉入轧件进入辊缝的力 T_x 将相对增大。因此，使拽入过程较开始咬入时更有利。

当轧件完全填充辊间后，如果单位压力沿接触弧内均匀分布，则合压力作用点可假定在接触弧的中点，合压力与轧辊中心连线的夹角 φ 等于接触角 α 的一半。轧件填充辊间后，继续进行轧制的条件仍然应当是轧件的水平拉入力 T_x 大于水平推出力 N_x，$T_x \geqslant N_x$。如图 2 - 6

所示，此时

$$T\cos\varphi \geqslant N\sin\varphi$$

$$T/N = f \geqslant \tan\varphi \qquad (2-18)$$

式中：f——稳定轧制时轧辊与轧件之间的摩擦系数，通常比咬入时的摩擦系数小。注意到 $f = \tan\beta$，于是有

$$\tan\beta \geqslant \tan\varphi \qquad \beta \geqslant \varphi$$

考虑到 $\varphi = \dfrac{\alpha}{2}$，则有

$$2\beta \geqslant \alpha \qquad (2-19)$$

当 $\alpha = 2\beta$ 时为稳定轧制建成的临界条件；$\alpha < 2\beta$ 为稳定轧制建成的充分条件。

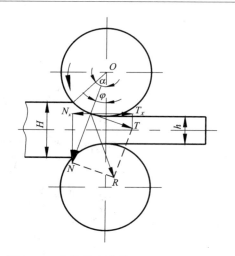

图 2－6　当轧件完全填充辊间后力的图示

根据上面分析可见，当 $\alpha < \beta$ 时，能顺利咬入，也能顺利轧制；当 $\beta < \alpha < 2\beta$ 时，能顺利轧制，但不能顺利地咬入，这时可实行强迫咬入，建立轧制过程；当 $\alpha \geqslant 2\beta$ 时，不但轧件不能自然咬入，而且在强迫咬入后也不能进行轧制。从金属被轧辊自然咬入时（$\alpha < \beta$）到稳定轧制时（$\alpha < 2\beta$）的条件变化，可得出如下结论：

开始咬入时所需摩擦条件最高（摩擦系数大）；咬入一经实现，当其他条件（润滑状况、压下量等）不变时，轧件就能自然向辊间填充，直至建立稳定的轧制过程。稳定轧制条件比咬入条件容易实现。

4. 改善咬入的措施

实现咬入是轧制过程建立的先决条件，尤其热轧或冷粗轧更为重要。根据咬入条件和式（2－11）可知，咬入角的大小与压下量和辊径有关。当咬入角等于摩擦角时，所对应的压下量为最大绝对压下量。由式（2－10），在制定压下制定或设计和选择轧辊直径时，为了实现轧制过程的咬入应满足如下条件：

$$\Delta h_{max} \leqslant D(1 - \cos\beta) \qquad (2-20)$$

或

$$D \geqslant \Delta h/(1 - \cos\beta) \qquad (2-21)$$

式中：D——轧辊直径；

　　　Δh_{max}——最大绝对压下量，由预定工艺确定；

　　　β——摩擦角，由咬入时摩擦条件确定。

在生产或工艺设计中，应根据工艺规程和设备，校核咬入条件。

生产中有时会遇到咬入困难的情况，需要改善咬入条件。

由咬入条件 $\alpha < \beta$ 可知，改善咬入条件的措施必须从两方面入手，即减小咬入角或增大摩擦角（摩擦系数）。

1）减小咬入角改善咬入的措施

（1）采用大辊径轧辊，可使咬入角减小，满足大压下量轧制；

（2）轧件前端做成锥形或圆弧形，以减小咬入角，拽入后达到所需的压下量；

（3）咬入时辊缝调大，减小了压下量从而减小了咬入角。稳定轧制过程建立后，可减小辊缝，加大压下量，即带负荷压下，充分利用咬入后的剩余摩擦力。

（4）减小道次压下量，可减小轧件原始厚度和增加轧出厚度的方法实现。但 Δh 减小，生

产率下降，这种方法不甚理想。

2）增加摩擦系数改善咬入的措施

（1）在粗轧机轧辊上打砂或粗磨，以增加摩擦系数，打砂比粗磨好，可延长轧辊寿命；

（2）咬入时不加或少加润滑剂，或喷洒煤油等涩性油剂，以增加咬入时的摩擦系数。

（3）低速咬入，以增加咬入时的摩擦系数，再高速稳定轧制，以提高生产率。

（4）热轧加热温度要适宜。在保证产品质量的前提下，温度高，轧件表面氧化皮可起润滑作用，从而降低摩擦系数。轧件温度过低，表面硬度大，摩擦系数也较小。

增加摩擦角，即增加摩擦系数，虽有利于咬入，但摩擦系数增加导致轧辊磨损，轧件表面质量变坏，而且增加了能耗。所以改善咬入的措施要根据不同的轧制情况、产品质量要求灵活选用。

另外，给轧件施以顺轧制方向的水平力，如利用推锭机、推力辊，或辊道运送轧件的惯性冲力，可实现强迫咬入。施加外推力不仅改善了力平衡条件，也使轧件前端被轧辊压扁，实际咬入角小，而且还使正压力增加，导致摩擦力增加，有助于轧件咬入。

2.1.4　轧制过程的基本特点

1. 变形特点

平辊轧制和平锤下塑压矩形件时金属的变形规律相类似，只是工具由平行平面换成圆弧面，变形体金属由相对静止变为连续运动。

在平行平锤高向塑压矩形件时，金属向两个方向流动，并以其垂直对称面作为分界面[图 2-7（a）]。如果压缩时，工具平面不平行[图 2-7（b）]，由于工具形状的影响，金属容易向 AB 方向流动，因此它的分界线（中性面）便偏向 CD 一侧。轧制时的情况与此类似，金属在两个反向旋转的等径轧辊之间

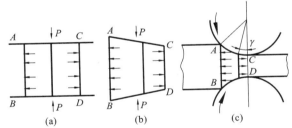

图 2-7　金属变形图示

受到连续压缩，因此在其纵向产生延伸，横向上出现宽展。同样，金属向入口侧流动容易，向出口侧流动较少，其中性面偏向出口侧。金属的塑性流动相对轧辊表面产生滑动，或有产生滑动的趋势。这样，变形区便分成了金属质点向入口侧流动的后滑区，向出口侧流动的前滑区及中性面。中性面即后滑区与前滑区的分界面。与中性面相对应，前滑区接触弧所对应的圆心角称为中性角，通常用 γ 表示[图 2-7（c）]。金属质点向两侧流动形成宽展，而且横向宽展远小于纵向延伸。

这种变形规律是由轧件在变形区内所受的应力状态与工具形状所决定的。轧件受轧辊的压力作用，在高向上轧件承受 σ_z 的压应力，而横向和纵向上，因为摩擦力的作用使轧件承受 σ_y 和 σ_x 的压应力。由于工具形状沿轧制方向是圆弧面，沿宽度方向为平面工具，而变形区长度一般总小于轧件宽度，应此三个方向应力绝对值的关系是：$\sigma_z > \sigma_y > \sigma_x$。由最小阻力定律可知，金属高向受到压缩时，必然是横向流动少，延伸方向流动多，且向入口侧流动更容易。

2. 运动学特点

当金属轧前高度 H 轧到轧后高度 h 时，进入变形区的高度逐渐变小，根据体积不变条

件，则单位时间内通过变形区内任一横断面的金属流量(体积)应为一个常数。即：

$$F_H v_H = F_x v_x = F_h v_h = 常数 \qquad (2-22)$$

式中：F_H、F_h 及 F_x——入口、出口及变形区内任一横断面的面积；

　　　　v_H、v_h 及 v_x——入口、出口及变形区内任一横断面上金属的水平运动速度。

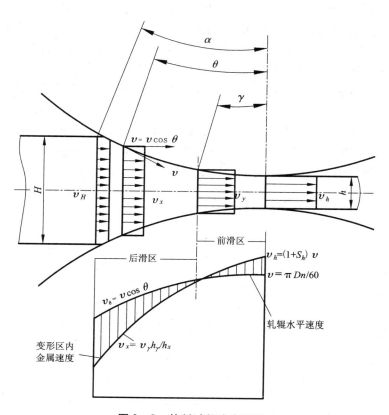

图 2-8　轧制过程速度图示

假设轧件无宽展，且沿每一高度断面上质点变形均匀，其运动的水平速度一样(图 2-8)，由于金属进入变形区高度逐渐减小，这就必然引起金属质点从入口断面至出口断面的运动速度加快。其结果，后滑区的金属相对轧辊表面力图向后滑动，即速度落后轧辊，并在入口处的速度 v_H 最小；前滑区的金属相对轧辊表面力图向前滑动，即速度超前轧辊，并在出口处的速度 v_h 最大；中性面与轧辊表面无相对运动，轧件与轧辊的水平速度相等。设中性面水平速度为 v_γ，轧辊圆周速度为 v，由此有：

$$v_h > v_\gamma > v_H \qquad (2-23)$$

$$v_h > v \qquad (2-24)$$

$$v_H < v\cos\alpha \qquad (2-25)$$

$$v_\gamma = v\cos\gamma \qquad (2-26)$$

由式(2-22)，可得出：

$$v_x \cdot h_x = v_\gamma \cdot h_\gamma$$

或 $$v_x = v_\gamma \cdot h_\gamma / h_x \qquad (2-27)$$

式中：h_x——变形区内任一横断面轧件高度；

　　　h_γ——中性面处轧件高度。

研究轧制运动学条件对以后讨论带材轧制，特别是连轧机上的速度制度，具有重要的实际意义。

3. 力学平衡条件

稳定轧制过程，由于轧件与轧辊接触表面间存在相对滑动，后滑区接触摩擦力的方向不变，其水平分量仍为拉入轧件进行稳定轧制的主动力。而前滑区轧件表面上接触摩擦力的方向发生改变，其水平分量成为轧件进入辊缝和连续轧制的阻力。

假设单位正压力 p 和单位摩擦力 t 沿接触弧上均匀分布，按库仑摩擦定律，$t = f \cdot p$，忽略宽展。所以，单位压力 p 的合力 N 作用在接触弧的中点，即 $\alpha/2$ 处。而前、后滑区单位摩擦力 t 的合力分别作用在各自接触弧的中点，且方向不同，分别用 T_2 和 T_1 (图 2-9) 表示。

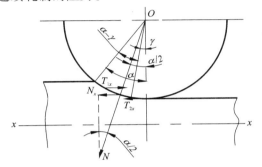

图 2-9　稳定轧制时作用在轧件上的力

稳定轧制过程，作用在轧件上的力应互相平衡。根据力的平衡条件，各作用力的水平分量之和为零，即 $\sum X = 0$。如图 2-9 所示，在忽略加速度造成惯性力的条件下有：

$$\sum X = T_{1x} - T_{2x} - N_x = 0 \qquad (2-28)$$

式中：T_{1x}——后滑区水平摩擦力之和；

　　　T_{2x}——前滑区水平摩擦力之和；

　　　N_x——正压力的水平分量之和。

由上面 p、t 沿接触弧均匀分布的假设，则：

$$T_{1x} = fpBR(\alpha - \gamma)\cos\frac{\alpha + \gamma}{2} \qquad (2-29)$$

$$T_{2x} = fpBR\gamma\cos\frac{\gamma}{2} \qquad (2-30)$$

$$N_x = pBR\alpha\sin\frac{\alpha}{2} \qquad (2-31)$$

将上三式代入 (2-28) 式，令 $\sin\frac{\alpha}{2} \approx \frac{\alpha}{2}$，$\cos\frac{\alpha + \gamma}{2} \approx 1$，$\cos\frac{\alpha}{2} \approx 1$，$f = \mathrm{tg}\beta \approx \beta$，经化简整理后得：

$$\gamma = \frac{\alpha}{2}\left(1 - \frac{\alpha}{2\beta}\right) \qquad (2-32)$$

或 $$\gamma = \frac{\alpha}{2}\left(1 - \frac{\alpha}{2f}\right) \qquad (2-33)$$

式中：β——稳定轧制时的摩擦角；

　　　α——接触角；

γ——中性角(临界角);

f——稳定轧制时的摩擦系数。

公式(2－32)为稳定轧制过程中性角、接触角和摩擦角三个特征角之间的关系式,它反映了简单轧制过程的基本特征及几何条件之间的内在联系,也是稳定轧制过程的力学平衡条件。

稳定轧制过程建立后,前滑区和后滑区的摩擦力起着不同的作用。在后滑区为建立轧制过程的主动力,在前滑区为轧件进入轧辊阻力,但是,前滑区的存在也是实现稳定轧制不可缺少的条件。前面在讨论轧制建成过程中所提到的稳定轧制比咬入时摩擦力存在的所谓富余,实际上是被稳定轧制时具有前滑区的反向摩擦力所平衡。前滑区和后滑区的相对大小,即 γ 角的大小,在轧制过程起着动态平衡作用。当某种因素起变化时,如后张力增大,使轧件前进的阻力增加;或者摩擦系数减小,轧件被拉入辊缝的力减小,这时原有的平衡状态发生变化。此时,前滑区将部分地转化为后滑区,后滑区增大,轧件的水平拉入力增加,使轧制过程在新的平衡状态下继续进行,反之亦然。

现在来分析一下前滑区(中性角)的变化。将(2－32)式对 α 取导数,然后求极值得 γ 角的极大值:

$$\frac{\mathrm{d}\gamma}{\mathrm{d}\alpha} = \frac{1}{2} - \frac{\alpha}{2\beta}$$

当 $\frac{\mathrm{d}\gamma}{\mathrm{d}\alpha} = 0$,即 $\alpha = \beta$ 时,γ 有极大值。

把 $\alpha = \beta$ 代入(2－32)式得:$\gamma_{max} = \frac{\beta}{4}$ 或 $\gamma_{max} = \frac{\alpha}{4}$

随着接触角 α 的变化,中性角 γ 的变化规律如图2－10所示。当 $\alpha < \beta$ 时,随 α 角的增加 γ 角增大;当 $\alpha > \beta$ 时,随 α 角的增大 γ 角减小,当 $\alpha = 2\beta$ 时,γ 角等于零。

在 $\alpha = 2\beta$,$\gamma = 0$ 这种极限的情况下,中性面落在两轧辊中心线上,这时轧制过程极易丧失稳定性。此时压下量 Δh 再增加一点,或某种因素的影响使摩擦系数稍有降低,轧制过程就不能继续进行,会出现打滑、闷车、造成设备事故等。生产中出现打滑现象还会影响产品的表面质量和加速轧辊的磨损。由此也进一步说明稳定轧制过程必须满足 $\alpha < 2\beta$ 的轧制条件。

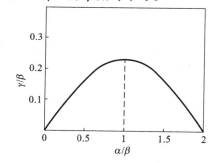

图2－10　中性角 γ 随接触角 α 变化的曲线

总之,简单轧制过程与平锤塑压相比,其基本特征有以下三点:

(1)高向受压缩的金属,因轧辊形状的影响,其延伸总是大于宽展,后滑区大于前滑区,而且后滑区的压下量远远大于前滑区;

(2)变形区内金属与轧辊表面存在相对运动,轧件水平运动速度,在中性面上与轧辊的水平线速度相等,后滑区内落后于轧辊,入口处最小,在前滑区内则超前于轧辊,且出口处最大。

(3)轧件与轧辊接触表面的摩擦力,在后滑区为建立轧制过程的主动力,在前滑区为轧件进入辊缝的阻力。实现稳定轧制应满足静力平衡条件：$T_{1x} - T_{2x} = N_x$。

2.2　轧制时的流动与变形

2.2.1　沿轧件断面高向流动与变形的不均匀性

轧制时，金属的流动与变形有如下主要特点：

（1）在变形区内轧件流动和变形及应力分布都是不均匀的；

（2）轧件与轧辊的接触面表面上，不但有滑动（前滑与后滑），而且还存在轧件与轧辊间无相对滑动的区域，在此区域内有一个中性面，在这个面上金属的流动速度分布均匀，并且等于该处轧辊的水平速度；

（3）金属的实际变形区与几何变形区并不完全一致，变形区可能扩展到几何边界之外，如图 2-11（b），变形瞬间不发生塑性变形的外端（刚端）也可能扩展到几何变形区的内部，如图 2-11（c）。在轧件的纵轴方向上，轧件变形区可分为非接触变形区（变形过渡区）、前滑区、后滑区和黏着区。

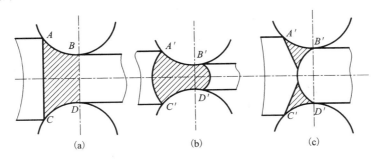

图 2-11　理想变形区与实际变形区

实践表明，轧制时应力应变不均布分布，随几何形状系数 $l/\bar{h}$（l 为轧制变形区长度，$\bar{h}$ 为轧件平均厚度）的变化呈现不同的状态。按 $l/\bar{h}$ 的不同，把轧件沿断面高向的变形、应力和金属流动分布的不均匀性，粗略地分为下面两种典型情况，分别进行讨论。

1. 薄轧件（$l/\bar{h} > 0.5 \sim 1.0$）

热轧薄板和冷轧一般属于这种情况。

（1）薄轧件的变形特点。在比值 $l/\bar{h}$ 较大时，轧件断面高度较小，变形容易深透。由于摩擦力在接触表面附近区域（表层）比轧件中部影响要大，所以，表层金属所受流动阻力比中部大，其延伸比中部小，变形呈单鼓形（即出、入口断面向外凸肚）。此外，因工具形状等因素影响，使纵向滑动远大于横向滑动，所以金属的变形绝大部分趋于延伸，宽展很小。

随 $l/\bar{h}$ 不断增加，如轧制极薄带或箔材，轧件高度更小，变形更容易深透，整个变形区受接触摩擦力的影响很大。无论在表层还是轧件中部都呈现较强的三向压缩应力状态。而且沿断面高向的应力和变形都趋于均匀，此时接触表面可视为由滑动区构成，且宽展可以忽略。

（2）金属质点的水平运动速度。平辊轧制与平锤压缩相比，其主要区别之一在于金属质点不但有塑性流动，而且还有旋转轧辊带动所产生的机械运动。所以，每个金属质点的水平运动是这两种速度叠加的结果。

轧件通过变形区各垂直横断面沿其高向水平速度变化，如图2－12(a)所示。薄轧件金属质点沿高向水平运动速度呈不均匀分布，其原因主要是受摩擦力的影响。

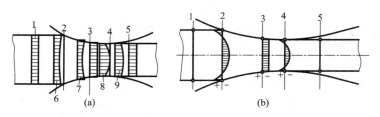

图2－12　$l/\bar{h} > 0.5 \sim 1.0$ 时金属水平运动速度和水平法向应力 σ_x 沿断面高度的分布
(a)速度图；(b)应力图(" ＋ "—拉应力；" － "—压应力)
1—后外端面；2—入辊面；3—中性面；4—出辊面；5—前外端面；
6—变形发生区；7—后滑区；8—前滑区；9—变形发生区

在后滑区，轧件表面接触摩擦力的水平分量与轧件运动方向相同，由于表层金属受摩擦力的作用比中部金属要大，所以，金属向入口方向的塑性流动速度表层比中部慢。叠加的结果，沿断面高向金属质点随轧辊转动，其向出口方向的水平运动速度表层比中心快，其分布图呈中凹状。

在前滑区，作用在轧件表面上的接触摩擦力，其方向与金属的塑性流动和轧件水平运动方向都相反。同样表层金属受摩擦力的阻碍作用比中部大，所以，在前滑区内，表层金属质点水平运动速度比中部小，速度分布图沿高向呈中凸状。

在中性面上，轧辊与轧件无相对滑动，则轧件与轧辊速度相等，此断面沿高向上水平速度分布均匀。

前后外端不发生变形，其断面高向金属质点水平运动速度是均匀的。外端与后滑区之间的非接触变形区(变形发生区)内，金属质点的水平运动速度随着向入辊处的接近，其不均匀性逐渐增加。外端与前滑区之间的非接触变形区(变形衰减区)，其高向上金属质点的水平运动速度，沿出辊方向，不均匀性逐渐减小。

(3)应力分布。沿断面高向的应力分布，由于流动速度(变形)沿断面高向呈不均匀分布，引起附加应力的结果，水平法向应力 σ_x 沿断面高向的分布，如图2－12(b)所示。由前面的分析和图2－12(a)可知，表层金属要比中部金属延伸小，表层金属质点的水平速度在后滑区比中部金属高，在前滑区比中部金属低。由于金属是一个整体，在前后外端的作用下，则前后滑区表层金属均承受水平附加拉应力，而中部金属承受水平附加压应力。这种附加应力由出口、入口断面向两侧逐渐减小，它与接触摩擦引起的基本应力叠加的结果，就是轧件中实际水平应力 σ_x。当拉应力 σ_x 的值超过金属的强度极限时，轧件表面会产生横向裂纹。

2. 厚轧件($l/\bar{h} < 0.5 \sim 1.0$)

铸锭热轧开坯时，前几道次一般属于这种情况。

(1)厚轧件的变形特点。随着轧件厚度的增加，变形区形状系数的减小，轧制过程受外端的影响变得更突出，此时高向压缩变形不能深入轧件内部，致使外端深入到几何变形区内，轧件中心层没有发生塑性变形或变形很小，只有表层附近金属才发生变形，沿断面高向呈双鼓形，如图 2 – 14 前 4 个实验结果。

（2）金属质点的水平运动速度。沿断面高向速度分布，如图 2 – 13（a）所示，厚轧件金属质点沿高向水平运动速度不均匀分布，主要受外端的影响。由于轧件呈双鼓形变形，表层与中心层纵向延伸都小于表层偏下层，即在后滑区，表层与中心层向入口方向的塑性流动慢于表层偏下层叠加轧件向前的机械运动后，在后滑区各断面上金属质点水平速度，沿高向由表层向里，速度图呈双凹状；前滑区则相反，各断面上金属质点水平速度，沿高向由表层向里，速度图呈双凸状。只有轧件中部金属不变形，仍维持一个固定的运动速度。外端不变形，沿断面高向速度分布均匀。

（3）应力分布。沿断面高向的应力分布，由于金属的不均匀变形，在外端作用下，产生了纵向的附加应力。轧件在出、入口断面附近的表层及中部区域内承受附拉应力，在出、入口断面附近的表层偏下区域内承受附加压应力。比值 $l/\bar{h}$ 越小，这些应力的绝对值就越大。附加应力与基本应力叠加的结果，即实际水平应力 σ_x，如图 2 – 13（b）所示。轧件中部在水平拉应力作用下，如果铸锭存在铸造弱面及其他杂质，或低塑性材料时，会被拉裂产生断裂或空洞，最后形成层裂。特别是硬铝合金，当润滑冷却条件差时，黏着作用强，往往出现"张嘴"现象，严重时会缠辊。

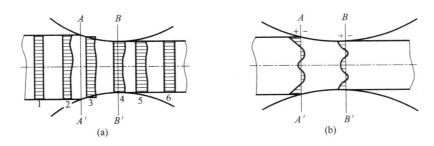

（a）　　　　　　　　　　　　　　　　（b）

图 2 – 13　$l/\bar{h}<0.5\sim1.0$ 时金属水平运动速度和水平法向应力 σ_x 沿断面高度的分布

（a）速度图；（b）应力图（" + "—拉应力；" – "—压应力）

1—后外端面；2—变形发生区；3—后滑区；4—前滑区；5—变形衰减区；6—前外端面；

A – A′—入辊面；B – B′—出辊面

关于沿断面高向变形的分布规律，已由 A・И・柯尔巴什尼柯夫用热轧 2A12 合金扁锭，对其侧表面上的坐标网格进行快速照像，得到了充分证明，如图 2 – 14 所示。

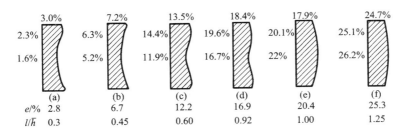

	（a）	（b）	（c）	（d）	（e）	（f）
$e/\%$	2.8	6.7	12.2	16.9	20.4	25.3
$l/\bar{h}$	0.3	0.45	0.60	0.92	1.00	1.25

图 2 – 14　热轧 2A12 时沿断面高度上的变形分布

由图 2 - 14 可知,在相对压下量 $\varepsilon = 2.8\% \sim 16.9\%$,比值 $l/\bar{h} = 0.3 \sim 0.92$ 的条件下得到的前 4 个实验结果,属于厚轧件的变形。当 $\varepsilon = 20.4\%$ 及 25.3%,比值 $l/\bar{h} = 1.0$ 及 1.25 时,得到的后 2 个实验结果属于薄轧件的情况。这些实验数据说明沿轧件高向变形分布是不均匀的。

2.2.2 轧制时的纵向变形——前滑与后滑

1. 前滑

1)前滑的定义及其测定

轧件的出口速度大于该处轧辊圆周速度的现象称为前滑。前滑值的大小是由轧辊出口断面上轧件与轧辊速度的相对差值的百分数来表示:

$$S_h = \frac{v_h - v}{v} \times 100\% \qquad (2-34)$$

式中:S_h——前滑值;

v_h——轧件的出口速度;

v——轧辊的圆周速度。

前滑的测定,将(2-34)式中的分子和分母乘以轧制时间 t,则得

$$S_h = \frac{v_h \cdot t - v \cdot t}{v \cdot t} = \frac{l_h - l_0}{l_0} \times 100\% \qquad (2-35)$$

式中:l_h——在时间 t 内轧出的轧件长度;

l_0——在时间 t 内轧辊表面任一点所走的距离。

在实际中,前滑值一般为 $2\% \sim 10\%$。按公式(2-35)用实验方法测定前滑比较容易且准确。用冲子在轧辊表面上打出距离为 L_0 的两个小坑,轧制后小坑在轧件上的压痕距离为 L_h,如图 2 - 15 所示。有时只打一个小坑,其 L_0 为轧辊周长,轧辊转动一周在轧件上得到两压痕之距离为 L_h。

热轧时,轧件上两压痕之间距 L_h' 是冷却后测量的,所以必须予以修正,热态下实际长度为:

$$L_h = L_h'[1 + \alpha(t_1 - t_2)] \qquad (2-36)$$

式中:L_h'——轧件冷却后测得两压痕间的距离;

α——轧件的线膨胀系数;

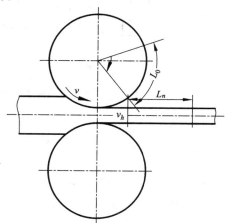

图 2 - 15 用压痕法测定前滑的示意图

t_1、t_2——轧件轧制时的温度和测量时的温度。

2)前滑值的理论计算

要求轧件实际的出口速度,除已知轧辊速度外,必须知道前滑值 S_h。

理论上,前滑值可根据秒流量体积不变条件和中性面的位置导出。假设忽略宽展($\Delta B = 0$),则有等式:

$$v_h \cdot h = v_\gamma \cdot h_\gamma = v \cdot \cos\gamma \cdot h_\gamma \qquad (2-37)$$

因此

$$\frac{v_h}{v} = \frac{h_\gamma}{h} \cdot \cos\gamma \qquad (2-38)$$

式中：v_h、v_γ——轧件出口和中性面的水平速度；

　　　h、h_γ——轧件出口和中性面的高度；

　　　v——轧辊圆周速率；

　　　γ——中性角。

由前滑定义式：

$$S_h = \frac{v_h - v}{v} = \frac{v_h}{v} - 1$$

把(2-38)式代入上式，有

$$S_h = \frac{h_\gamma}{h}\cos\gamma - 1$$

由几何关系

$$h_\gamma = h + 2R(1 - \cos\gamma)$$

所以

$$S_h = \frac{(2R\cos\gamma - h)(1 - \cos\gamma)}{h} \qquad (2-39)$$

公式(2-39)为前滑的理论计算公式，它还可以进一步化简。

当 γ 角很小时，可取 $1 - \cos\gamma = 2\sin^2\frac{\gamma}{2} \approx \frac{\gamma^2}{2}$，$\cos\gamma \approx 1$ 代入上式，最后简化为：

$$S_h = \left(\frac{R}{h} - \frac{1}{2}\right)\gamma^2 \qquad (2-40)$$

在轧制薄板带时，由于 R 和 h 相比很大，上式中第二项和第一项相比可忽略不计，此时(2-40)式进一步简化为：

$$S_h = \frac{R}{h} \cdot \gamma^2 \qquad (2-41)$$

上式为不考虑展宽时求前滑值的近似公式。若宽展不能忽略，则实际的前滑值将小于(2-41)式计算结果。

在简单轧制情况下，中性角 γ 的计算为：$\gamma = \frac{\alpha}{2}\left(1 - \frac{\alpha}{2\beta}\right)$ 或 $\gamma = \frac{\alpha}{2}\left(1 - \frac{\alpha}{2f}\right)$。带前后张力轧制时只把所加的前后张力 Q_h 和 Q_H 列入平衡条件中，则得

$$\gamma = \frac{\alpha}{2}\left(1 - \frac{\alpha}{2f}\right) + \frac{1}{4f \cdot \bar{p} \cdot B_H \cdot R}(Q_h - Q_H) \qquad (2-42)$$

式中：$\bar{p}$——平均单位压力；

　　　B_H——轧前轧件宽度，$B_H \approx B_h$。

实际轧制过程中，单位压力沿接触弧的分布是不均匀的，而且在接触面上也不一定为全滑动。这种情况，可根据不同的单位压力公式，并利用前后滑区单位压力 P 在中性面处相等的条件确定中性角 γ。

3）影响前滑的因素

影响前滑的因素比较多，主要有：轧辊直径、摩擦系数、轧件厚度、张力、道次加工

率等。

（1）轧辊直径。将 $\alpha = \sqrt{\dfrac{\Delta h}{R}}$ 代入中性角公式 $\gamma = \dfrac{\alpha}{2}(1 - \dfrac{\alpha}{2f})$ 中，然后将 γ 角代入前滑公式（2-41）中，经整理可得：

$$S_h = \frac{\Delta h}{4h}(1 - \frac{\sqrt{\Delta h}}{2f}\frac{1}{\sqrt{R}})^2 \qquad (2-43)$$

从上式可以看出：前滑值随辊径增大而增加。这是因为在其他条件相同时，辊径 D 增加，则变形区斜楔倾角减小，轧件向出口方向流动倾向增大导致前滑增加。

（2）摩擦系数。从前滑公式和中性角公式 $\gamma = \dfrac{\alpha}{2}(1 - \dfrac{\alpha}{2f})$ 可知，摩擦系数 f 增大中性角增大，前滑值增加。摩擦系数很小时，前滑值为零，甚至前滑出现负值。这实际上是出现了打滑现象，轧制过程很不稳定。

（3）轧件厚度。当其他因素不变时，由（2-41）式可见，h 越小前滑越大。

（4）张力。由（2-42）式可知，前张力增加，前滑增加；后张力增加，前滑减少。因为前张力增加，使金属向出口方向流动阻力减小，γ 角增大导致前滑增加。相反，后张力增加，使 γ 角减小，后滑区增大，而前滑减小。生产中，当压下量不变时，前张力较大，前滑增加，能防止打滑；相反，后张力过大，前滑减小，容易产生打滑现象，造成轧辊磨损、制品表面划伤等不良影响。

（5）加工率。前滑随道次加工率增大而增加。这是因为加工率增大使延伸系数增加，根据延伸系数与前滑的关系（2-47）式，前滑增加。但是，当加工率达到某一定值时，如图 2-10 所示，当 $\alpha > \beta$ 时，中性角开始减小，前滑则减小。

（6）轧件宽度。轧件宽度减小相对宽展量增加，前滑减小。

4）研究前滑的意义

研究前滑对于生产和科研都有重要的实际意义。生产中，带材、箔材轧制的张力调整，连轧过程保持各机架之间速度协调，热轧机的轧辊与辊道的速度匹配，都必须考虑前滑的大小。

通过测定前滑值，由前滑计算公式亦可确定稳定轧制条件下的外摩擦系数。应指出，上述公式是在均匀变形、忽略宽展、接触表面为全滑动的假设条件下导出的。这样，当 $l/\bar{h} > 3 \sim 4$ 时，前滑法得到的摩擦系数值比较可靠，但不适用于 $l/\bar{h} < 1$ 的情况。

2. 后滑及前滑、后滑与延伸的关系

所谓后滑，是指轧件的入口速度小于入口断面上轧辊水平速度的现象。同样，后滑值用入口断面上轧辊的水平分速度与轧件入口速度差的相对值表示：

$$S_H = \frac{v\cos\alpha - v_H}{v\cos\alpha} \times 100\% \qquad (2-44)$$

式中：S_H——后滑值；

　　　　α——接触角；

　　　　v_H——轧件的入口速度。

前滑、后滑与延伸的关系。将（2-34）式变换为下式：

$$v_h = v(1 + S_h) \qquad (2-45)$$

按秒流量相等的条件，则

$$F_H \cdot v_H = F_h \cdot v_h \quad \text{或} \quad v_H = v_h \frac{F_h}{F_H} = \frac{v_h}{\lambda}$$

代(2-45)式入上式，得：

$$v_H = \frac{v}{\lambda}(1 + S_h) \tag{2-46}$$

由(2-44)式，并把(2-46)式代入后，可得：

$$S_H = 1 - \frac{v_H}{v\cos\alpha} = 1 - \frac{\frac{v}{\lambda}(1 + S_h)}{v\cos\alpha}$$

或者

$$\lambda = \frac{1 + S_h}{(1 - S_H)\cos\alpha} \tag{2-47}$$

当 α 很小时(冷轧薄带或箔材)，$cos\alpha \approx 1$，则

$$\lambda = \frac{1 + S_h}{1 - S_H} \tag{2-48}$$

由上述分析可知，当延伸系数 λ 和轧辊圆周速度 v 已知时，轧件进出辊的实际速度 v_H 和 v_h 决定于前滑值 S_h，知道前滑值便可求出后滑值 S_H。同时还可看出，前滑或后滑增加，则延伸系数增大；延伸系数 λ 和接触角 α 一定时，前滑值增加，后滑值必然减小，反之亦然。前滑和后滑与延伸在数值上有直接联系。但这里应注意，延伸与前后滑是两个不同概念：延伸是反映轧件的长度相对变化量，而前后滑是轧件与轧辊相对滑动量的大小，即两者速度差的相对值。

2.2.3　轧制时的横向变形——宽展

轧制过程的宽展较其延伸要小得多，但是轧制时，宽展会引起单位压力沿横向分布不均匀，导致轧件沿横向厚度不均，边部开裂，成品率下降。此外，轧后制品尺寸由轧前坯料尺寸和宽展量求得；轧前锭坯宽度由制品尺寸、剪边量和宽展量推算。研究轧制过程宽展的规律，以及宽展计算，具有很大的实际意义。

1. 宽展沿高向的分布

由于轧辊和轧件接触表面摩擦力的影响，以及变形区几何形状和尺寸不同，引起宽展沿高向分布不均。当 $B/\bar{h} \geqslant 1$ 时，接触摩擦力阻碍金属横向流动，因此，轧件表面层的金属横向流动落后于中心层的金属，形成图 2-16 的单鼓形状。其宽展由以下三部分组成：

滑动宽展 ΔB_1：变形金属在接触表面与轧辊产生相对滑动，使轧件宽度增加的量；

翻平宽展 ΔB_2：由于接触摩擦阻力的原因，使轧件侧面的金属在变形过程中翻转到接触表面上来，使轧件宽度增加的量；

鼓形宽展 ΔB_3：轧件侧面变成鼓形而造成的宽展量。轧件总的宽展量为：

$$\Delta B = \Delta B_1 + \Delta B_2 + \Delta B_3 \tag{2-49}$$

通常理论上所讲的和计算的宽展，是将轧制后轧件的横断面化为同一厚度的矩形之后，其宽度与轧件轧前宽度之差，即 $\Delta B = B_h - B_H$。

轧件的最大宽度为：

$$B_3 = B_2 + \Delta B_3 = B_H + \Delta B_1 + \Delta B_2 + \Delta B_3 \tag{2-50}$$

随 $B/\bar{h}$ 比值的减小，或者摩擦系数增大，宽展主要由翻平和鼓形宽展组成。当 $B/\bar{h}<0.5$ 时，压下量不大，变形只在轧件表层，不能深入轧件内部，使轧件侧面呈双鼓形，如图 2-17 所示。

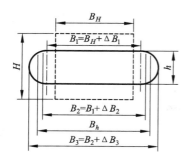

图 2-16　宽展沿横断面高向分布（$B/\bar{h}\geq1$）

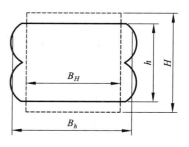

图 2-17　$B/\bar{h}<0.5$ 时宽展的分布

2. 宽展沿横向的分布

为了说明宽展沿横向的分布，将变形区水平投影分区，如图 2-18 所示。由图看出，变形区分为中间延伸区和边部宽展区两部分，轧制时，进入延伸区 $ACCA$ 和 $BCCB$ 的金属质点，所承受的横向阻力 σ_y 大于纵向阻力 σ_x，金属质点几乎全部朝纵向流动，获得延伸。处于 ABC 宽展区内的金属质点，所承受的横向阻力比纵向阻力小得多，其质点横向流动形成宽展。越接近轧件边缘，金属质点横向流动越容易，轧件越变薄。所以横向变形是不均匀的。另外，后滑区比前滑区压缩量大，故宽展也大。

由于外端对纵向变形有了强迫"拉齐"作用，在外端作用下，边部宽展三角区沿纵向承受附加拉应力 σ_A

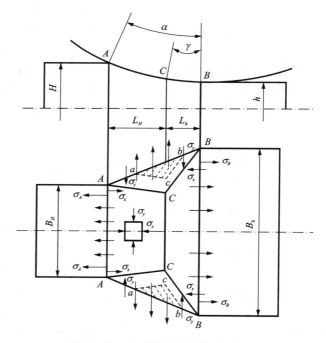

图 2-18　变形区水平投影分区图示

和 σ_B，其他部分承受附压应力。附加应力过大，可改变轧件边部的应力状态，当出现水平拉应力值超过当时的金属强度极限时，轧件会产生裂边。

边部宽展三角区受附拉应力作用，使纵向阻力 σ_x 减弱，促使延伸增大，宽展相应减小，结果宽展三角区缩小至 abc。在带张力热轧时，甚至出现负宽展，即轧件宽展反而减小。

生产中轧件头、尾部产生扇形端，即头尾边部宽展量大，这是由于轧制时头部前外端没有建立，而尾部后外端已经消失，使轧件边部没有附加拉应力所致。

3. 影响宽展的因素与宽展计算

1）影响宽展的因素

（1）加工率。显然，随加工率的增大，宽展量增加。因为压下量增加，变形区长度增加，纵向阻力增大，导致宽展增加；另外，随加工率增加，高向压下的金属体积增加，使宽展增加。

（2）轧辊直径。辊径 D 增加，变形区长度增加，使纵向阻力增大，金属质点容易朝横向流动，故宽展随辊径增加而增加。

（3）轧件宽度。由于随轧件宽度改变，宽展区与延伸区的相对大小改变，所以随轧件宽度的增大，宽展开始是增加的，但当轧件宽度达到一定值之后，反而有所减少。

（4）摩擦。宽展随摩擦系数增大而增加。当摩擦系数增加时，延伸阻力比宽展阻力增加得快。另外，摩擦力导致边部附拉应力强度减弱，所以宽展增加。

（5）张力。无论是前张力还是后张力都使宽展减小，后张力比前张力影响大，因为宽展主要发生在后滑区。

（6）外端。所谓外端是指变形过程中某瞬间不直接承受轧辊作用而处于塑性变形区以外的部分。外端的存在使宽展减小。

2）宽展的计算。到目前为止，计算宽展的公式很多，但没有一个能适应各种情况、准确计算宽展的理论公式。生产中习惯用一些经验公式。它们仅反映出某些因素对宽展的影响，而其他因素是用一个系数加以考虑，其计算结果与实验有一些误差。

（1）西斯公式：

$$\Delta B = c\Delta h \qquad\qquad (2-51)$$

式中：Δh——压下量；

　　　c——宽展系数，由实验确定，$c = 0.35 \sim 0.48$。

这个公式应用较早，只考虑压下量这个主要因素，因而不太准确。但轧制条件一定时，系数 c 变化不大，这时西斯公式应用很方便。

（2）谢别尔公式：

$$\Delta B = c\frac{\Delta h}{H}\sqrt{R\Delta h} \qquad\qquad (2-52)$$

式中：R——轧辊半径；

　　　H——轧前轧件的厚度；

　　　c——主要考虑金属性质及轧制温度等影响的宽展系数，如表 2-2。

谢别尔公式考虑因素增多，其计算结果比西斯公式准确。

表 2-2　几种金属宽展系数 c 的值

金　属	轧制温度/℃	c 值
铜	300～800	0.360
铝	400～450	0.450
黄铜	580～800	0.265
铅	20 以下	0.330
软铁	1180 以下	0.340

（3）古布金公式：

$$\Delta B = (1 + \frac{\Delta h}{H})(f \cdot \sqrt{R\Delta h} - \frac{\Delta h}{2})\frac{\Delta h}{H} \qquad (2-53)$$

式中：f——摩擦系数。

上式是在实验的基础上得到的，它反映了加工率、变形区长度、接触摩擦等影响，所以比较全面，问题是没有考虑轧件宽度的影响。

2.2.4　最小可轧厚度

1. 基本概念

平辊轧制时，轧出厚度的大小与辊缝大小、轧制速度、张力、润滑条件、坯料尺寸与性能以及轧机刚度有关，在生产实践中通常可通过调整辊缝或张力大小、轧制速度高低来对板带材厚度进行纵向控制。

然而，轧机在一定条件下，能轧出的最薄产品是受到制约的。轧机的最小可轧厚度是板带箔材生产中轧机选择与工艺控制时关心的重要问题。

所谓最小可轧厚度，是指在一定轧制条件下（轧辊直径、轧制张力、轧制速度、摩擦条件等不变的情况下），无论怎样调整辊缝或反复轧制多少道次，轧件不能再轧薄了的极限厚度。此时轧件的轧出厚度等于轧前厚度。

在轧制过程中，由于轧件与轧辊相互作用，轧件在轧辊作用下产生塑性变形（及微小的弹性变形），轧辊与机架受轧件的反作用力产生弹性变形，随着轧制继续进行，轧件不断被压薄，相应地，轧件进一步发生塑性变形所需的平均单位压力及轧机产生的弹性变形量不断增加。当达到一定程度时，轧辊的弹性变形量和轧件的弹性恢复量之和已达到调下轧辊时的名义压下量[图 2 - 19（a）]；更有甚者，甚至出现两个轧辊的弹性变形量大于轧件原来厚度，而导致两轧辊辊身边部互相接触[图 2 - 19（b）]。这两种情况下轧件通过轧辊都将不产生压下。前者称为轧辊弹性压扁时的最小可轧厚度，后者称为轧辊接触时的最小可轧厚度。

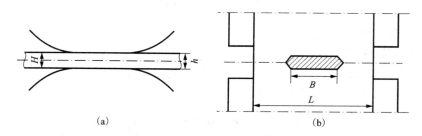

图 2 - 19　最小可轧厚度

（a）轧辊压扁时最小可轧厚度；（b）轧辊接触时最小可轧厚度

2. 最小可轧厚度的确定

轧辊弹性压扁时的最小可轧厚度的计算式，其中最简单的是只考虑工作辊直径 D 的影响：

$$h_{min} = aD \qquad (2-54)$$

式中：h_{min}——轧件最小厚度；

　　D——工作辊直径；

　　a——系数，$a = 1/2000 \sim 1/1000$。

上式简单且使用方便，但考虑因素很不全面。实际上，目前铝箔轧制中，系数 a 相当于 $1/20000$ 或更小。

　　斯通把自己的平均单位压力计算式和希契柯克压扁弧长公式联立求解，其对应的压下量为零，得出斯通最小可轧厚度计算式，即：

$$h_{\min} = 3.58 Df(K - \bar{q})/E \qquad (2-55)$$

　　上式说明，最小可轧厚度与轧辊直径 D、摩擦系数 f 及轧件变形抗力 K 成正比，而与轧辊的弹性模数 E 成反比，且前后张力越大，$h_{\min}$ 越小，这符合实际。至于系数 3.58，由于推导的出发点与考虑因素的不同，有人认为此值偏大。

　　由上可见，生产中要想轧制更薄的板带材，应该减小工作辊直径，采用高效率的工艺润滑剂，适当加大张力，采取中间退火消除加工硬化减小金属的实际变形抗力，提高轧机刚度，有效地减小轧机弹跳量以及轧辊的弹性压扁。此外，在表面质量许可的前提下，还可以采用两张或多张叠合轧制。高强度合金还可采用包覆轧制，即将轧件上下表面包覆一层塑性好、抗力低的金属。因为塑性好的金属变形大，它作用给中层硬金属的拉应力促使其变形而进一步轧薄，或用异步轧制及新型摆式轧机等方法，得到更薄轧件。其中铝箔叠轧就是其典型代表。

　　轧辊接触时的最小可轧厚度，其值可用下式计算：

$$h_{\min} = \frac{2(1 - v^2)}{\pi E} \bar{p} l' \left[2 - \ln\left(\frac{l'^2}{B^2} \cdot \frac{L+B}{L-B}\right) \right] \qquad (2-56)$$

式中：l'——轧辊压扁后变形区长度；

　　　　L——轧辊辊身长度；

　　　　B——轧件宽度；

　　　　$\bar{p}$——平均单位压力；

　　　　E——轧辊的弹性模量；

　　　　v——轧辊的泊松系数。

2.3　轧制压力

2.3.1　轧制压力的概念

　　轧制压力是设计和选择轧制设备、制定轧制工艺的重要参数。制定压下制度，校核或确定主电机功率，计算轧辊强度和弹性变形，实现板厚和板形的自动控制等，都需要计算和确定轧制压力。

　　所谓轧制压力，是指轧件给轧辊的合力的垂直分量。轧制时，金属对轧辊的作用力有两个：一是与接触表面相切的单位摩擦力 t 的合力，亦即摩擦力 T；一是与接触表面垂直的单位压力 p 的合力，即正压力 N。轧制压力就是这两个力在垂直于轧制方向上的投影之和，亦即指用测压仪在压下螺丝下面测得的总压力。

　　如果忽略沿轧件宽度方向上的单位摩擦力和单位压力的变化，并假定变形区内某一微分体积上，轧件作用于轧辊的单位压力为 p，单位接触摩擦力为 t（图 2 – 20）。轧制压力 P 则可用下式表示：

$$P = \overline{B}\int_0^a p\,\frac{\mathrm{d}x}{\cos\theta}\cos\theta + \overline{B}\int_\gamma^a t\,\frac{\mathrm{d}x}{\cos\theta}\cdot\sin\theta - \overline{B}\int_0^\gamma t\,\frac{\mathrm{d}x}{\cos\theta}\cdot\sin\theta \qquad (2-57)$$

式中：θ——变形区内任一角度；

$\overline{B}$——轧件的平均宽度，$\overline{B} = \dfrac{B_H + B_h}{2}$。

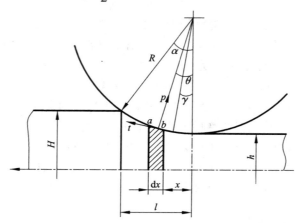

图 2 – 20　后滑区作用在轧辊上的力

在（2 – 57）式中，第 1 项是单位压力 p 的垂直分量之和，第 2、3 项分别为后滑区、前滑区单位摩擦力 t 的垂直分量之和。由于 t 在此两区的指向相反，故分别取正号或负号。式中第 2、3 项与第 1 项相比，其值较小，工程计算中加以忽略，则轧制压力可用下式表示：

$$P \approx \overline{B}\int_0^a p\,\frac{\mathrm{d}x}{\cos\theta}\cdot\cos\theta = \overline{B}\int_0^l p\,\mathrm{d}x \qquad (2-58)$$

2.3.2　轧制压力的通常确定方法

公式（2 – 57）、（2 – 58）是从轧制压力定义出发给出了轧制压力的计算式，在一般工程实践中，除了实测轧制压力外，一般采用平均单位压力乘以接触面积的方法来确定轧制压力，即

$$P = \overline{p}\cdot F \qquad (2-59)$$

式中：F——接触面积，即轧件与轧辊的实际接触面积的水平投影；

$\overline{p}$——平均单位压力，由下式决定：

$$\overline{p} = \frac{\overline{B}}{F}\int_0^l p\,\mathrm{d}x \qquad (2-60)$$

因此，确定轧制压力，归根到底在于解决下列两个问题：

（1）计算轧件与轧辊的接触面积；

（2）计算平均单位压力。

关于接触面积的问题，在大多数情况下是比较容易确定的，因为它与轧辊和轧件的几何尺寸有关，通常可用下式确定：

$$F = l \cdot B \ \text{或} \ F = l \cdot \frac{B_H + B_h}{2} \tag{2-61}$$

式中：l——变形区的长度。

在平辊轧制中，若不考虑轧辊的弹性压扁，则当辊径相同时，$l = \sqrt{R \Delta h}$；当辊径不同时，$l = \sqrt{\dfrac{2 R_1 R_2}{R_1 + R_2} \Delta h}$。考虑轧辊弹性压扁时变形区长度 l' 的计算可参见图 2-25。

确定平均单位压力的方法，归纳起来有三种：实测法、经验公式或图表法、理论计算法，它们都具有一定的使用范围。下面主要介绍应用最广泛的理论计算法。

理论计算法是在理论分析的基础上，建立计算公式，根据轧制条件计算单位压力。通常，首先确定变形区内单位压力分布规律及其大小，然后确定平均单位压力。在工程实践中，以工程近似解法（工程法）应用最广泛。轧制单位压力的工程法计算是根据下面的简化与假设而建立的：它将三维空间问题简化为平面应变问题；在变形区内取一个微分体，并给出一定的假设条件，从静力平衡条件建立近似平衡微分方程式；然后用近似于轧制的情况，给出不同的摩擦条件、几何条件及应力边界条件，求解微分方程而得出不同条件下的单位压力计算公式。《金属塑性加工原理》详细介绍了工程法。本节主要讨论用工程法计算单位压力。

2.3.3　单位压力的确定

1. 卡尔曼（Karman）微分方程

卡尔曼微分方程是以均匀变形为基础的求解单位轧制压力分布的最早和应用比较广泛的基本微分方程。

（1）建立方程的假设条件。把轧制过程视为平面变形状态，即无宽展；轧件在变形区内各横断面沿高度方向无剪应力作用，即轧制时轧件的纵向、横向和高向与主应力方向一致，水平法向应力 σ_x 沿断面高度均匀分布；接触表面符合库仑摩擦定律，即 $t = fp$；忽略轧辊和轧件弹性变形的影响。

（2）微分方程的建立。从变形区内截取一个单元体 $abcd$，如图 2-21 所示，研究此单元体力的平衡条件。由单元体水平方向上合力等于零，有：

$$(\sigma_x + \mathrm{d}\sigma_x)(h_x + \mathrm{d}h_x) - \sigma_x h_x - 2p \frac{\mathrm{d}x}{\cos\theta} \cdot \sin\theta \pm 2t \frac{\mathrm{d}x}{\cos\theta} \cos\theta = 0$$

这里正号为后滑区，负号为前滑区。

展开上式，并略去高阶无穷小，变形后得：

$$\mathrm{d}(\sigma_x h_x) = 2 \frac{\mathrm{d}x}{\cos\theta}(p\sin\theta \pm t\cos\theta) \tag{2-62}$$

$$\mathrm{d}(\sigma_x h_x) = 2(p\tan\theta \pm t)\mathrm{d}x \tag{2-63}$$

若以 $\dfrac{\mathrm{d}x}{\cos\theta} = R\mathrm{d}\theta$ 代入（2-62）式，则有

$$\mathrm{d}(\sigma_x h_x) = 2R(p\sin\theta \pm t\cos\theta)\mathrm{d}\theta \tag{2-64}$$

（2-63）式为卡尔曼方程的原形，式中正号适用于前滑区；负号适用于后滑区。展开（2-63）式并变形，得：

$$\frac{\mathrm{d}\sigma_x}{\mathrm{d}x} + \frac{\sigma_x}{h_x} \cdot \frac{\mathrm{d}h_x}{\mathrm{d}x} - \frac{2p\tan\theta}{h_x} \mp \frac{2t}{h_x} = 0 \tag{2-65}$$

由平面变形条件下的近似塑性条件：$\sigma_1 - \sigma_3 = K$（K 为平面变形抗力）。这里可视为：$\sigma_1 = p$，而 $\sigma_3 = \sigma_x$，有：

$$\sigma_x = p - K, \quad \mathrm{d}\sigma_x = \mathrm{d}p$$

将上式代入（2-65）式，得：

$$\frac{\mathrm{d}p}{\mathrm{d}x} + \frac{p-K}{h_x} \cdot \frac{\mathrm{d}h_x}{\mathrm{d}x} - \frac{2p\tan\theta}{h_x} \mp \frac{2t}{h_x} = 0$$

由图 2-21 可知，$\mathrm{d}h_x/\mathrm{d}x = 2\tan\theta$，上式变为：

$$\frac{\mathrm{d}p}{\mathrm{d}x} - \frac{K}{h_x} \cdot \frac{\mathrm{d}h_x}{\mathrm{d}x} \pm \frac{2t}{h_x} = 0 \tag{2-66}$$

式中：正号为后滑区，负号为前滑区。（2-66）式为卡尔曼微分方程的一般形式。

从卡尔曼微分方程可以看出：单位压力 p 与 x 坐标有关，这说明单位压力沿接触弧是变化的，同时反映单位压力大小及分布规律与摩擦条件、金属本性、压下量及轧辊直径有关。求解此类方程式的通解有很大困难，必须知道式中单位摩擦力沿接触弧的变化规律，即物理条件；接触弧方程，即几何条件；应力边界条件。将上述不同的简化条件代入方程，可以求出不同的解，即得到不同的单位压力计算公式。

2. 奥罗万（Orowan）微分方程

奥罗万方程是以普朗特（L. Prandtt）的平板压缩研究为基础而建立的。奥罗万的假设与卡尔曼的假设最重要的区别是：水平法应力 σ_x 沿断面高度分布是不均匀的，并认为在垂直横断面上有剪应力存在，此时轧件的变形是不均匀的。

在变形区内取单元体圆弧形小条 $abcd$，用剪应力 τ 来代替接触表面的摩擦应力 t；用水平应力 Q 来代替单元体正应力和剪应力的合力的水平分力，研究单元体的平衡条件（图 2-22）。

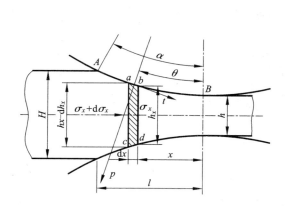

图 2-21　后滑区内单元体的受力图

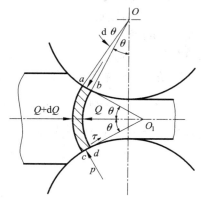

图 2-22　圆弧形单元体受力图

由作用在单元体上的所有力在水平轴 X 上的投影代数和为零，有：

$$(Q + \mathrm{d}Q) - Q - 2p\sin\theta \cdot R\mathrm{d}\theta \pm 2\tau \cdot \cos\theta \cdot R\mathrm{d}\theta = 0$$

整理上式得：

$$\mathrm{d}Q = 2R(p\sin\theta \mp \tau\cos\theta)\mathrm{d}\theta \tag{2-67}$$

式中负号为后滑区，正号为前滑区。

　　奥罗万借用纳达依的粗糙倾斜平板间压缩金属楔的应力分布理论,得出水平力 Q 的大小为:

$$Q = h_\theta(p - kw)$$

其中,w 为一积分函数,于是有:

$$\frac{\mathrm{d}[h_\theta(p-kw)]}{\mathrm{d}\theta} = 2R(p\sin\theta \mp \tau\cos\theta) \qquad (2-68)$$

上式即为奥罗万方程。

　　3. 单位压力沿接触弧的分布

　　计算单位压力的公式非常多,但都是基于上述微分方程式,采用不同的摩擦条件、几何条件及应力边界条件代入微分方程,求得不同的解。

　　1)全滑动的采利柯夫公式

　　在卡尔曼假设条件的基础上,采利柯夫认为:当接触角不大的情况下,接触弧$\overset{\frown}{AB}$可用弦$\overline{AB}$来代替(以弦代弧);并假定接触表面符合库仑摩擦定律,即摩擦系数为常数;平面变形抗力 K 为常值,并考虑前后张力的影响。如图 2 - 23 所示,在上述条件下对卡尔曼微分方程求解。

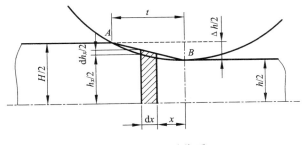

图 2 - 23　以弦代弧

　　如果以弦代弧,则有:

$$\mathrm{d}x = \frac{\mathrm{d}h_x l}{\Delta h}$$

将 $\mathrm{d}x$ 和 $t = fp$ 代入卡氏方程(2 - 66)式,经整理后得:

$$\mathrm{d}p + \frac{\mathrm{d}h_x}{h_x}\left[\pm\frac{2fl}{\Delta f}p - K\right] = 0$$

令 $\delta = 2fl/\Delta h$,则上式变为:

$$\frac{\mathrm{d}p}{\pm\delta p - K} = -\frac{\mathrm{d}h_x}{h_x}$$

积分上式得:

$$\frac{1}{\delta}\ln(\pm\delta p - K) = \ln\frac{1}{h_x} + C$$

式中:正号为后滑区,负号为前滑区。下面分前后滑区,根据不同的边界条件,分别导出单位压力计算公式。

在前滑区内：

$$\frac{1}{\delta}\ln(-\delta p - K) = \ln\frac{1}{h_x} + C$$

根据边界条件，在出辊处 $h_x = h$，$p = K - q_h = K(1 - q_h/K)$ 代入上式，得：

$$C = \frac{1}{\delta}\ln\left[-\delta(1 - \frac{q_h}{K})K - K\right] - \ln\frac{1}{h}$$

代 C 入前式则：

$$\frac{1}{\delta}\ln\left[\frac{\delta p - K}{\delta(1 - \frac{q_h}{K})K + K}\right] = \ln\frac{h_x}{h}$$

化简令 $\xi_h = 1 - q_h/K$，则上式变为：

$$\frac{\delta p - K}{\delta(\xi_h + 1)K} = (\frac{h_x}{h})^\delta$$

整理得前滑区单位压力公式为：

$$p_h = \frac{K}{\delta}\left[(\delta\xi_h + 1)(\frac{h_x}{h})^\delta - 1\right] \tag{2-69}$$

在后滑区内：

根据边界条件，在入辊处 $h_x = H$，$p = K(1 - q_H/K)$，令 $\xi_H = 1 - q_H/K$，同理可得后滑区的单位压力公式为：

$$p_H = \frac{K}{\delta}\left[(\delta\xi_h - 1)(\frac{H}{h_x})^\delta + 1\right] \tag{2-70}$$

当无前后张力时，则 $q_h = 0$，$qH = 0$，$\xi_h = \xi_H = 1$，前后滑区的单位压力公式为：

$$p_h = \frac{K}{\delta}\left[(\delta + 1)(\frac{h_x}{h})^\delta - 1\right] \tag{2-71}$$

$$p_H = \frac{K}{\delta}\left[(\delta - 1)(\frac{H}{h_x})^\delta + 1\right] \tag{2-72}$$

从（2-69）、（2-70）、（2-71）和（2-72）式看出，影响单位压力的主要因素有外摩擦系数、轧辊直径、压下量、轧件厚度及前后张力等。一般来说，随摩擦系数、加工率、辊径增加，单位压力增加；张力越大，单位压力越小。

2）全滑动的斯通公式

斯通（Stone）认为冷轧薄板时 $D/\bar{h}$ 的值很大，而且轧制时轧辊产生弹性压扁。因此，他把轧制过程近似视为两平行平板间的压缩；并假定接触表面为全滑动，单位摩擦力 $t = fp$，压扁后变形区长度为 l'，如图 2-24 所示。

由图可知，$h_x = \bar{h} = (H + h)/2$，$dh_x = 0$，将上述条件代入卡尔曼方程式（2-66），得：

$$\frac{dp}{dx} = \mp\frac{2fp}{h} \tag{2-73}$$

式中：负号为后滑区，正号为前滑区。

假定出入口断面上作用有张力，则前后张应力的平均值为：

$$\bar{q} = \frac{q_H + q_h}{2}$$

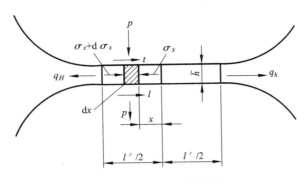

图 2-24　变形区应力图

考虑变形抗力沿接触弧为常数,此时边界条件为:

当 $x = \pm \dfrac{l'}{2}$ 时,

$$p_H = p_h = K - \bar{q}$$

将(2-73)式积分,得:

后滑区的单位压力为:

$$p_H = (K - \bar{q}) \cdot e^{\frac{2f}{h}(\frac{l'}{2} - x)} \tag{2-74}$$

前滑区的单位压力为:

$$p_H = (K - \bar{q}) \cdot e^{\frac{2f}{h}(\frac{l'}{2} + x)} \tag{2-75}$$

3)全黏着的西姆斯公式

西姆斯(Sims)公式是根据奥罗万微分方程式导出的。西姆斯假设沿整个接触弧均为黏着区,摩擦应力 $\tau = K/2$;同时以抛物线代替接触弧;在变形区内金属相邻部分的水平作用力为:

$$\theta = h_\theta (p - \frac{\pi}{4} K) \tag{2-76}$$

为简化奥罗万微分方程式,令 $\sin\theta \approx \theta$,$\cos\theta \approx 1$,$\tau = K/2$,$\omega = \dfrac{\pi}{4}$,于是方程式(2-68)变为:

$$\frac{d}{d\theta}\big[h_\theta(p - K \times \frac{\pi}{4})\big] = 2Rp\theta \mp RK$$

变换后得:

$$\frac{d}{d\theta}\big[h_\theta(\frac{p}{R} - \frac{\pi}{4})\big] = 2R\theta \frac{p}{K} \mp R$$

式中的变量 h_θ 是 θ 的函数,可根据接触弧方程确定其间的关系。为了简化,令 $h_\theta = h + R\theta^2$,则 $dh_\theta/d\theta = 2R\theta$,于是有:

$$\frac{d}{d\theta}(\frac{p}{K} - \frac{\pi}{4}) = \frac{R\pi\theta}{2(h + R\theta^2)} \mp \frac{R}{h + R\theta^2} \tag{2-77}$$

对上式积分,并根据无张力时的应力边界条件,当 $\theta = 0$、$\theta = \alpha$ 时(出入口断面),$Q = 0$,

由(2-76)式得 $P = \pi/4 \times K$，确定积分常数，最终求得西姆斯单位压力公式为：

在后滑区，

$$\frac{p_H}{K} = \frac{\pi}{4}\ln\frac{h_\theta}{H} + \frac{\pi}{4} + \sqrt{\frac{R}{h}}\arctan\left(\sqrt{\frac{R}{h}}\alpha\right) - \sqrt{\frac{R}{h}}\arctan\left(\sqrt{\frac{R}{h}}\theta\right) \qquad (2-78)$$

在前滑区，

$$\frac{p_h}{K} = \frac{\pi}{4}\ln\frac{h_\theta}{h} + \frac{\pi}{4} + \sqrt{\frac{R}{h}}\arctan\left(\sqrt{\frac{R}{h}}\theta\right) \qquad (2-79)$$

（4）混合摩擦条件下单位压力

全滑动和全黏着是在一定条件下出现的特殊情况，因此这样近似处理所导出的单位压力计算公式，其适用范围有局限性。轧制时接触表面一般是混合摩擦，既有滑动又有黏着。许多学者对混合摩擦条件下单位压力的计算进行了不少研究工作，提出了一些计算公式，都比较繁杂。

2.3.4　平均单位压力与应力状态系数 n_σ 的确定

理论分析和实验研究表明，轧制时单位压力沿接触弧的分布很不均匀，影响因素很复杂。为了方便计算轧制压力常用平均单位压力。理论上，平均单位压力 $\bar{p} = \frac{\bar{B}}{F}\int_0^l p\,dx$，但实际处理时，往往采用应力状态系数法来计算平均单位压力。由于影响单位压力的因素很复杂，通常可将这些因素归纳为两大类：一类是影响金属本身性能的一些因素，主要是影响金属变形抗力的因素，即金属的化学成分和组织状态、热力学条件等；另一类是影响金属应力状态的因素，即轧辊和轧件尺寸、外摩擦、外端及张力等。

把这两类归结起来，平均单位压力 $\bar{p}$ 可用下式表示：

$$\bar{p} = n_\sigma \cdot \bar{\sigma}_s \qquad (2-80)$$

式中：n_σ——应力状态影响系数；

　　　$\bar{\sigma}_s$——金属的实际变形抗力，它是指金属在当时的变形温度、变形速度和变形程度条件下的平均变形抗力。

这里先介绍应力状态影响系数。

影响应力状态的因素主要有外摩擦和几何形状系数，以及中间主应力、张力、外端等。所以根据平辊轧制条件，应力状态系数 n_σ 可表示为：

$$n_\sigma = n_\beta \cdot n'_\sigma \cdot n''_\sigma \cdot n'''_\sigma \qquad (2-81)$$

式中：n_β——考虑中间主应力影响的系数；

　　　n'_σ——考虑外摩擦及几何形状系数影响的系数；

　　　n''_σ——考虑张力影响的系数；

　　　n'''_σ——考虑外端影响的系数。

下面按照先易后难的顺序确定各系数。

1）中间主应力影响系数 n_β 的确定

根据塑性加工原理中变形能不变塑性条件，把板带材轧制看作平面变形状态，$n_\beta \approx 1.15$；则轧制时平面变形抗力 $K = n_\beta\sigma_s = 1.15\bar{\sigma}_s$，平均单位压力可写成：

$$\bar{p} = n'_\sigma \cdot n''_\sigma \cdot n'''_\sigma \cdot K \qquad (2-82)$$

2）张力影响系数 n_σ'' 的确定

采用张力轧制能降低平均单位压力，而且后张应力 q_H 又比前张应力 q_n 影响大，难以单独求出张力影响系数 n_σ''。通常用简化的方法，把张力对平均单位压力的影响，放到影响平面变形抗力 K 中去考虑，即认为张力直接降低 K 值。所以考虑张力后的平面变形抗力 K' 为：

$$K' = K - \bar{q} \tag{2-83}$$

（2-83）式中，$\bar{q}$ 为平均张应力。当前后张应力相差不大时

$$\bar{q} = \frac{q_H + q_h}{2} \tag{2-84}$$

当前后张应力相差很大时，考虑到张力可能引起中性面位置的移动，从而引起单位压力分布图形的变化，可用下列公式予以修正：

$$\bar{q} = q_H \cdot \frac{H}{H+h} + q_h \cdot \frac{h}{H+h} \tag{2-85}$$

式中：H、h——该道次轧前、轧后轧件的厚度；

如果忽略外端的影响（$n_\sigma''' = 1$），无张力轧制时，平均单位压力为

$$\bar{q} = n_\sigma' \cdot K \tag{2-86}$$

考虑张力影响的平均单位压力则为：

$$\bar{q} = n_\sigma' \cdot K' \tag{2-87}$$

3）外端影响系数 n_σ''' 的确定

外端的影响使平均单位压力升高，但轧制薄件时外端对单位压力的影响远较外摩擦的影响小；轧制厚件则外端的影响增大。因此，当变形区的几何形状系数 $l/\bar{h} > 1$ 时，可不考虑外端的影响，取 $n_\sigma''' = 1$。

当 $0.05 < l/\bar{h} < 1$ 时，可用下列经验公式计算 n_σ''' 值：

$$n_\sigma''' = \left(\frac{l}{\bar{h}}\right)^{-0.4} \tag{2-88}$$

4）外摩擦影响系数 n_σ' 的确定

外摩擦影响系数主要取决于金属和轧辊接触表面的摩擦规律。不同单位压力公式，对摩擦规律的假定不同，因此确定 n_σ' 的值也有所不同。目前，所有的平均单位压力公式，实际上主要是解决 n_σ' 的确定问题。下面按全滑动、全黏着、混合摩擦三种摩擦规律，介绍平均单位压力的计算公式，即 n_σ' 的确定。

（1）全滑动摩擦时的 n_σ'

①采利柯夫公式。如果不考虑张力的影响，根据采利柯夫单位压力公式（2-71）和（2-72）式，经积分后，得出计算平均单位压力的采利柯夫公式：

$$n_\sigma' = \frac{\bar{p}}{K} = \left(\frac{2h}{\Delta h(\delta-1)}\right)\left(\frac{h_\gamma}{h}\right)\left[\left(\frac{h_\gamma}{h}\right)^\delta - 1\right] \tag{2-89}$$

式中：设 $\delta = \frac{2fl}{\Delta h} = f \cdot \sqrt{\frac{2D}{\Delta h}}$，$f$ 为摩擦系数；

h_γ——中性面上轧件的厚度；

$\frac{h_\gamma}{h}$ 按下式计算：$\frac{h_\gamma}{h} = \left[\dfrac{1 + \sqrt{1 + (\delta^2-1)\left(\frac{H}{h}\right)^\delta}}{\delta+1}\right]^{1-\delta}$

(2-89)式还可写成：

$$n_\sigma' = \frac{\bar{p}}{K} = \frac{2(1-\varepsilon)}{\varepsilon(\delta-1)}\left(\frac{h_\gamma}{h}\right)\left[\left(\frac{h_\gamma}{h}\right)^\delta - 1\right] \quad (2-90)$$

式中：$\varepsilon = \Delta h/H$，为道次加工率。

由(2-89)和(2-90)式可知，n_σ' 与 δ 和 ε 存在一定的函数关系。为了简化计算，采利柯夫据此作出相关曲线图，根据 ε 和 δ 的值，可从图中查出 n_σ'。

(2-89)和(2-90)式适用于热轧和冷轧薄件，冷轧时变形区强长还要考虑轧辊的弹性压扁，即 l 要用 l' 代替。

②斯通公式。根据斯通单位压力公式(2-74)和(2-75)式，经积分后得出斯通平均单位压力公式为：

$$n_\sigma' = \frac{\bar{p}'}{K'} = \frac{e^{m'} - 1}{m'} \quad (2-91)$$

式中：m'——考虑轧辊弹性压扁后的系数，$m' = fl'/h$；

$\bar{p}'$——考虑轧辊弹性压扁后的平均单位压力；

l'——轧辊弹性压扁时的变形区长度；

e——自然对数的底($e = 2.718$)。

当无前、后张力时，(2-91)式可写成：

$$n_\sigma' = \frac{\bar{p}'}{K} = \frac{e^{m'} - 1}{m'} \quad (2-92)$$

利用斯通公式求解 n_σ' 时，计算较烦琐。斯通为简化计算，编制了专门的计算图表，如图2-25所示。应用时，根据轧制条件先按 $m = \frac{fl}{h}$，$y = 2a\frac{f}{h}(K-\bar{q})$，对于钢轧辊，$a = 1.05 \times 10^{-4}R$，$R$ 为轧辊半径，计算出 m^2 和 y 值，然后在图中的两纵坐标轴上找出 m^2 和 y 两点，作连接 m^2 和 y 两点的直线，该直线与中间的曲线之交点，即为 m' 的值。根据 $m' = fl'/h$ 还可计算出弹性压扁后的变形区长度 l'。在应用图2-24时，如果连接 m^2 和 y 的直线与中间曲线相交于两点，宜取较小值。

斯通平均单位压力计算公式考虑了轧辊的弹性压扁，适于冷轧，尤其是适用冷轧薄板带的压力计算。

(2)全黏着摩擦时的 n_σ'

①西姆斯公式。将西姆斯的单位压力公式(2-78)和(2-79)两式积分，得出西姆斯平均单位压力计算公式：

$$n_\sigma' = \frac{\bar{p}}{K} = \frac{\pi}{2} \cdot \sqrt{\frac{1-\varepsilon}{\varepsilon}} \cdot \tan^{-1}\sqrt{\frac{1-\varepsilon}{\varepsilon}} - \frac{\pi}{4}$$
$$- \sqrt{\frac{1-\varepsilon}{\varepsilon}} \cdot \sqrt{\frac{R}{h}} \cdot \ln\frac{h_\gamma}{h} + \frac{1}{2} \cdot \sqrt{\frac{1-\varepsilon}{\varepsilon}} \cdot \sqrt{\frac{R}{h}} \cdot \ln\frac{1}{1-\varepsilon} \quad (2-93)$$

西姆斯公式经简化，还可用下列形式表示：

$$n_\sigma' = \frac{\bar{p}}{K} = 0.785 + 0.25\frac{l}{h} \quad (2-94)$$

按全黏着摩擦规律所导出的平均单位压力公式，适用于热轧压力计算，其中西姆斯公式得到广泛的应用。

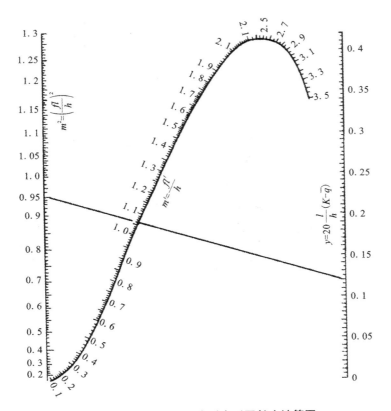

图 2 − 25　轧辊弹性压扁时变形区长度计算图

②温克索夫公式。温克索夫把轧制比拟为斜面锤头间镦粗过程，取接触弧的斜角等于接触角的一半，并假定整个接触弧为黏着区，导出的简化公式为：

$$n_\sigma' = \frac{\bar{p}}{K} = 1 + 0.252 \frac{l}{h} \tag{2-95}$$

（3）混合摩擦时的平均单位压力

陈家民对接触表面按混合摩擦规律考虑，即在滑动区取 $t = fp$，黏着区取 $t = K/2$，并采用精确塑性条件导出了单位压力公式，但比较复杂。为了便于工程计算，绘制了平均单位压力计算曲线图，如图 2 − 26 所示。根据摩擦系数 f 和 l/h 的值，可从图中直接查出 n_σ'，然后计算平均单位压力。

计算应力状态系数 n_σ' 的公式还有很多，各种单位压力和应力状态系数 n_σ' 计算公式都有一定的适用范围，其结果也是近似的，在应用时，注意根据实际情况选用和验证。

5）外摩擦系数的选取

外摩擦是影响平均单位压力的重要因素，运用公式或图表计算平均单位压力，还必须合理确定外摩擦系数的大小。

摩擦系数的大小随金属性质、变形温度和速度、轧辊与轧件接触表面的状态，以及是否采用润滑剂及其性质、变形区几何参数等不同而变化。实际应用中，摩擦系数值通常按具体轧制条件，根据实验资料选取。

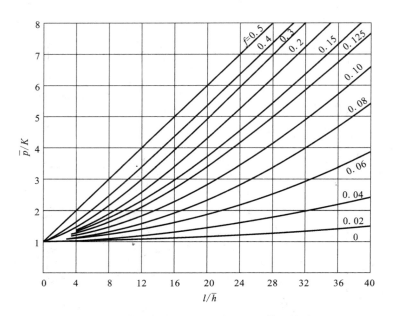

图 2 – 26　应力状态系数 $\bar{p}/K$ 与 f 及 $l/\bar{h}$ 间的关系

有色金属热轧的摩擦系数可参考表 2 – 3，一般为 $f=0.30\sim0.56$。

表 2 – 3　热轧时的摩擦系数 f 值

合　金	热轧温度/℃	平均咬入角 α	f	测定条件
铜	750~800	28°~29°15′	0.54~0.56	辊面粘有金属，辊面有网纹，辊面粗糙
	700~800	22°~24°51′	0.41~0.46	
	750~800	–	0.27~0.36	
黄铜	800~850	24°3′	0.45	锭坯铣面，辊面有网纹
	750	23°6′	0.43	
	850	18°58′	0.34	
	850	15°	0.27	
铝	350	24°58′	0.46	锭坯铣面，辊面有网纹
	450	22°56′	0.42	
铝及包铝合金	350~500	–	0.35~0.45	辊面粘铝，乳液润滑
锌及锌合金	150		0.25~030	5%甘油三硬脂酸脂+95%石蜡润滑
	200		0.30~0.35	

冷轧常用的摩擦系数可参考表 2 – 4，一般为 $f=0.05\sim0.30$。在不润滑及辊面粗糙的情况下，可达 $0.2\sim0.3$。

表 2 - 4　铜、铝及其合金冷轧时的摩擦系数 f 值

合　金	f	润滑剂	辊面状态
铜	0.15 ~ 0.25 0.10 ~ 0.15 0.07 ~ 0.12 0.05 ~ 0.08	无 煤油，水 矿物油，乳液 植物油	-
黄铜	0.12 ~ 0.17 0.08 ~ 0.12 0.06 ~ 0.10 0.05 ~ 0.07	无 煤油，水 矿物油，乳液 植物油	-
铍青铜	0.17 ~ 0.22	机油	
铝及包铝合金	0.16 ~ 0.24 0.08 ~ 0.12 0.06 ~ 0.07	无 煤油 轻机油	粗磨的淬火铬钢辊
	0.24 ~ 0.32 0.14 ~ 0.18 0.16 ~ 0.20	无 煤油与机油 乳液	粗磨的淬火铬钢辊，辊面粘铝

2.3.5　金属实际变形抗力的确定

由(2 - 80)式 $\bar{p} = n_\sigma \cdot \bar{\sigma}_s$ 可知，要计算平均单位压力，除确定轧制时的应力状态系数外，还要确定金属的实际变形抗力。在金属成分给定的情况下，金属的实际变形抗力受变形温度、变形速度和变形程度的影响。实际变形抗力可依变形条件用下式表达：

$$\bar{\sigma}_s = \sigma_s(t \cdot u \cdot \varepsilon) \qquad (2 - 96)$$

为了便于实际工程计算，变形抗力值也常用影响系数按下式确定：

$$\bar{\sigma}_s = n_t \cdot n_u \cdot n_\varepsilon \cdot \sigma_s \qquad (2 - 97)$$

式中：n_t——变形温度影响系数；

n_u——变形速度影响系数；

n_ε——变形程度影响系数；

σ_s——在一定温度、速度和变形程度内试验测得的屈服极限。

1）屈服极限的确定

屈服极限 σ_s 是用单向拉伸或压缩实验测得的。铜和铝的拉伸与压缩屈服极限值相近，钢的压缩屈服极限比拉伸屈服极限约大 10%，因此计算变形力时 σ_s 最好选用压缩值，因它与轧制变形接近。有些金属在静态力学试验中，没有明显的屈服台阶(屈服点)，一般用塑性变形为 0.2% 时所对应的应力 $\sigma_{0.2}$ 代替 σ_s。热轧时，(2 - 97)式中的 σ_s 是用一定条件下测出的与 n_t、n_u、n_ε 相匹配的平均屈服极限值。

2）热轧变形抗力的确定

(1)影响热轧变形抗力的因素。热轧时的实际变形抗力必须同时考虑变形温度、变形速度和变形程度的影响。为此必须确定平均变形程度、平均变形速度、平均变形温度。平均变

形程度 $\bar{\varepsilon}$ 可按下式计算：

$$\bar{\varepsilon} = \frac{2}{3} \cdot \frac{\Delta h}{H} \times 100\% \qquad (2-98)$$

平均变形速度 $\bar{u}$ 可按下式计算：

$$\bar{u} = \frac{2v}{H+h}\sqrt{\frac{\Delta h}{R}} \qquad (2-99)$$

式中：v——轧辊的线速度。

热轧变形温度是对变形抗力影响最大的一个因素。为了考虑变形温度的影响，必须确定变形的实际温度。

(2)热轧温降计算。热轧过程中，大多数金属随轧制过程进行，变形温度逐渐降低，这种现象称为轧制时的温降。只有计算出各道次的温降，才能确定轧后金属的实际温度。

铜、镍及其合金热轧，均在 $600℃ \sim 700℃$ 以上高温下进行，热辐射损失占主导地位，推荐采用下式计算温降：

$$\Delta t = \frac{KF\tau}{3600cG}\left[\left(\frac{T_1}{100}\right)^4 - 74\right] \qquad (2-100)$$

式中：Δt——轧件温降值，$\Delta t = t_H - t_h$，$℃$；

　　　t_H、t_h——每道次金属轧前、轧后温度，$℃$；

　　　K——轧制金属的热辐射系数，$J/(m^2 \cdot h \cdot K^4)$；

　　　F——轧制前后金属平均散热表面积，m^2；

　　　τ——轧制时间与间隙时间之和，s；

　　　c——金属的平均比热，$J/(kg \cdot ℃)$；

　　　G——轧件重量，kg；

　　　T_1——每道次开始轧制的绝对温度，$T_1 = t_H + 273$，K。

铝及铝合金热轧温度较低，对流和热传导的热量损失较大，可采用下式计算温降：

$$\Delta t = t_H - t_h = \frac{kF\tau}{cG} \qquad (2-101)$$

式中：k——金属的散热系数，$J/(m^2 \cdot s)$，此值与温度有关，可用实测方法确定或查阅有关资料；

其余同(2-100)式。

计算温降之后，平均变形温度可用下式计算：

$$\bar{t} = \frac{t_H + t_h}{2} = t_H - \frac{\Delta t}{2} \qquad (2-102)$$

(3)热轧变形抗力的确定。热轧实际变形抗力的确定方法有以下两种：

①根据热轧的工艺条件，先计算平均变形程度(2-98)式，平均变形速度(2-99)式，平均变形温度(2-102)式。然后直接从变形温度、变形程度、变形速度与变形抗力的关系图(图2-27所示)中查出金属的实际变形抗力 $\bar{\sigma}_s$ 值，从图中查出的数值为 $\bar{\sigma}_s = \sigma_s(t \cdot u \cdot \varepsilon)$。用这种方法求得的 $\bar{\sigma}_s$ 比较精确。

②影响系数法。同样用上述公式计算平均变形程度、平均变形温度和平均变形速度，查出对应的变形程度影响系数 n_ε，变形温度影响系数 n_t，变形速度影响系数 n_u，及该合金与

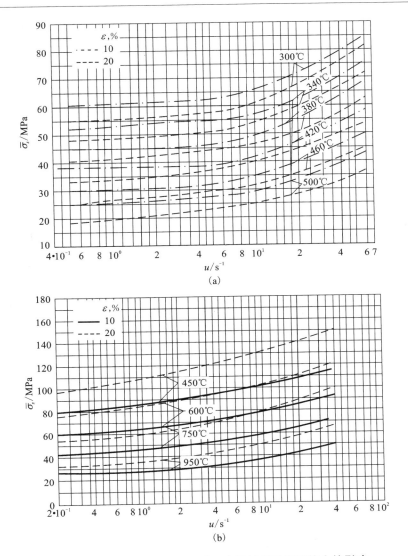

图 2 – 27 变形温度、变形程度、变形速度对变形抗力的影响

（a）纯铝的变形抗力；（b）紫铜的变形抗力

$n_\varepsilon \cdot n_u \cdot n_t$ 匹配的 σ_s 值（如图 2 – 28 所示的曲线图或有关数据表）。应用（2 – 97）式，$\overline{\sigma}_s = n_\varepsilon \cdot n_u \cdot n_t \cdot \sigma_s$，可计算出热轧时金属的实际变形抗力值。

3）冷轧变形抗力的确定

影响冷轧变形抗力的因素冷轧时，金属的变形温度低于再结晶温度，因此金属产生加工硬化现象。冷轧时金属的实际变形抗力，主要由轧制前金属的变形抗力和轧制时的变形程度决定。一般不必考虑变形温度和变形速度的影响。变形程度的影响是用金属的变形抗力与加工率的关系曲线（加工硬化曲线）来确定。图 2 – 29、2 – 30 分别为铝合金及铜合金的加工硬化曲线。

具体确定冷轧时金属实际变形抗力 $\overline{\sigma}_s$ 值，根据情况可选用下列两种计算方法：

（1）当该道次加工硬化不大时，可认为变形抗力在接触弧内变化不大，或呈直线变化。变形抗力取入出口的平均值，则

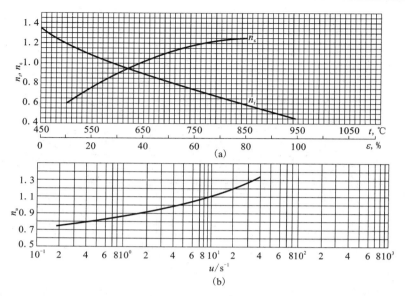

图 2 - 28　紫铜变形程度、变形温度和变形速度影响系数 (n_ε , n_t , n_u) 与变形程度、变形温度和变形速度的关系 (图中与 $n_\varepsilon \cdot n_t \cdot n_u$ 相匹配的 σ_s 等于 95 MPa)

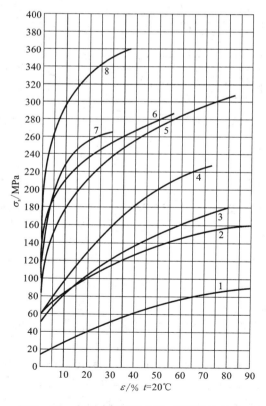

图 2 - 29　铝合金屈服极限与压下率的关系

1—1070；2—1050；3—3A21；4—6A02；5—2A11；6—2A12；7—5A03；8—5B05

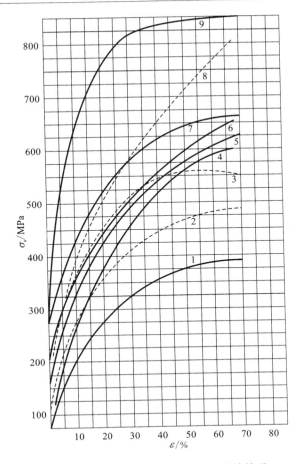

图 2 - 30　铜合金屈服极限与压下率的关系

（轧件冷轧后经退火，晶粒度 0.015 *mm*）

1—纯铜；2—H90；3—B19；4—H68；5—H62；6—HPb64 - 2；7—BZn15 - 20；8—镍；9—BZn17 - 18 - 1.8

$$\bar{\sigma}_s = \frac{\sigma_{sH} + \sigma_{sh}}{2} \qquad (2-103)$$

式中：σ_{sH}——轧前金属的屈服极限；

　　σ_{sh}——轧后金属的屈服极限。

这里 σ_{sH}、σ_{sh}，应分别用金属的轧前总加工率 ε_H，轧后总工率 ε_h 查找加工硬化曲线，总加工率按下列公式计算：

$$\varepsilon_H = \frac{H_0 - H}{H_0} \times 100\% , \quad \varepsilon_h = \frac{H_0 - h}{H_0} \times 100\% \qquad (2-104)$$

式中：H_0——退火后原始坯料厚度；

　　H、h——该道次轧前、轧后轧件厚度。

（2）考虑到一般屈服极限在变形区内呈曲线变化，则应按 $\bar{\varepsilon}_\Sigma = 0.4\varepsilon_H + 0.6\varepsilon_h$ 计算变形区内金属累积平均总加工率，查出本道次的平均变形抗力值，或按下式求得平均变形抗力。

$$\bar{\sigma}_s = \frac{1}{3}\sigma_{sH} + \frac{2}{3}\sigma_{sh} \qquad (2-105)$$

2.3.6 轧制压力计算举例

例如，热轧紫铜板坯，某道次轧制条件为：轧前轧件厚 45 mm、宽 640 mm、长 2583 mm，温度 770℃，轧制后轧件厚度为 32 mm，轧辊直径 850 mm，轧制速度 2 m/s，轧制持续时间（轧制时间和间歇时间）为 6 s，用水冷却润滑，求该道次的平均单位压力和轧制压力。

计算步骤如下：

1）一般参数计算

道次加工率　　$\varepsilon = \dfrac{\Delta h}{H} = \dfrac{45-32}{45} = 29\%$

变形区长度　　$l = \sqrt{R\Delta h} = \sqrt{425 \times 13} = 74.3(\text{mm})$

变形区几何形状系数　　$l/\bar{h} = \dfrac{\sqrt{R \cdot \Delta h} \times 2}{H+h} = \dfrac{74.3 \times 2}{45+32} = 1.93 > 1$ 由 n'''_σ的确定方法知，当 $l/\bar{h}$ 时，可忽略外端影响，取 $n'''_\sigma = 1$。

该道次宽展量，按（2-52）式计算，得

$$\Delta B = C \frac{\Delta h}{H} \sqrt{R\Delta h} = 0.36 \times \frac{13}{45} \times 74.3 = 8(\text{mm})$$

轧后轧件宽度　　$B_h = B_H + \Delta B = 640 + 8 = 648(\text{mm})$

轧后轧件长度　　$L_h = \dfrac{H \times B_H \times L_H}{h \times B_h} = \dfrac{45 \times 640 \times 2583}{32 \times 648} = 3588(\text{mm})$

2）$\bar{\sigma}_s$ 与 K 值的计算

平均变形程度，按（2-98）式计算：

$$\bar{\varepsilon} = \frac{2}{3} \times \frac{\Delta h}{H} = \frac{2}{3} \times \frac{13}{45} = 19\%$$

平均变形速度，按（2-99）式计算：

$$\bar{u} = \frac{2v}{H+h}\sqrt{\frac{\Delta h}{R}} = \frac{2 \times 2000}{45+32}\sqrt{\frac{13}{425}} = 9.1(\text{s}^{-1})$$

温降 Δt 按（2-100）式计算：首先计算公式中的参数，$\tau = 6$ s，轧件重量 $G = 0.045 \times 0.64 \times 2.538 \times 8.9 \times 10.3 = 651(\text{kg})$，查相关资料，得金属热辐射系数 K 取 4.3，比热 c 取 0.12，$T_1 = 770 + 273 = 1043(\text{K})$。平均散热表面积 F 按下式计算：

$$F = \frac{(H \cdot L_H + B_H \cdot L_H) \times 2 + (h \cdot L_h + B_h \cdot L_h) \times 2}{2}$$
$$= \frac{(45 \cdot 2583 + 640 \cdot 2583) \times 2 + (32 \cdot 3588 + 648 \cdot 3588) \times 2}{2} = 4.21(\text{m}^2)$$

将上述各参数值代入（2-100）式，计算温降 Δt。

$$\Delta t = \frac{KF\tau}{3600cG}\left[\left(\frac{T_1}{100}\right)^4 - 74\right] = \frac{4.3 \times 4.21 \times 6}{3600 \times 0.121 \times 651}\left[\left(\frac{1043}{100}\right)^4 - 74\right] \approx 4(℃)$$

平均变形温度　　$\bar{t} = 770 - 4/2 = 768(℃)$

根据 $\bar{\varepsilon} = 19\%$，$\bar{t} = 768℃$，$\bar{u} = 9.1\text{s}^{-1}$，查图 2-28，得 $n_\varepsilon = 0.75$，$n_t = 0.74$，$n_u = 1.05$，对应的 $\sigma_s = 95$ MPa，按（2-97）式得：

$$\bar{\sigma}_s = n_t \cdot n_u \cdot n_\varepsilon \cdot \sigma_s = 0.75 \times 0.75 \times 1.05 \times 95 = 55.4(\text{MPa})$$

另外，根据 $\bar{\varepsilon}$、$\bar{t}$ 和 $\bar{u}$ 查真实应力曲线图 2 – 27，可得 $\bar{\sigma}_s = 75$ MPa，比系数法稍大，下面计算取 $\bar{\sigma}_s = 75$ MPa，求 K 值：$K = 1.15\bar{\sigma}_s = 1.15 \times 75 = 86.3$（MPa）。

3）计算应力状态系数 n'_σ

按西姆斯简化公式（2 – 94）式计算得：$n'_\sigma = \dfrac{\bar{p}}{K} = 0.785 + 0.25\dfrac{l}{h} = 1.27$

4）计算平衡单位压力 $\bar{p}$

$$\bar{p} = n'_\sigma \cdot K = 1.27 \times 86.3 = 109.6（MPa）$$

5）求接触面积 F

如忽略轧辊弹性压扁，则

$$F = \bar{B} \cdot l = \frac{B_H + B_h}{2} \cdot l = 644 \times 74.3 = 47849（mm^2）$$

6）计算轧制压力 P

轧制压力　$P = \bar{p} \cdot F = 109.6 \times 10^6 \times 47849 \times 10^{-6} = 5244（kN）$。

按温克索夫公式（2 – 95）式计算得：$n'_\sigma = 1.49$，平均单位压力 $\bar{p} = n'_\sigma \cdot K = 1.49 \times 86.3 = 128.6$（MPa），轧制压力 $P = \bar{p} \cdot F = 128.6 \times 10^6 \times 47849 \times 10^{-6} = 6150$（kN）。

按陈家民公式图解法计算：已知 $l/\bar{h} = 1.93$，取 $f = 0.45$，查图 2 – 26 得 $n'_\sigma = 1.38$，平均单位压力 $\bar{p} = n'_\sigma \cdot K = 1.38 \times 863.3 = 119.1$（MPa），轧制压力 $P = \bar{p} \cdot F = 119.1 \times 10^6 \times 47849 \times 10^{-6} = 5699$（kN）

综合看，本道次轧制压力为 5244 ~ 6150 kN，大体相当于 500 ~ 600 tf。

冷轧压力计算的步骤与热轧基本相同。计算轧制压力时一定要突出特定工艺条件下的主要矛盾。热轧主要考虑变形速度、变形温度和变形程度的影响；当 $l/\bar{h} < 0.5 ~ 1.0$ 时要考虑外端影响。冷轧主要考虑加工硬化、接触表面的摩擦、轧辊弹性压扁及张力的影响。要使轧制压力计算结果接近实际，必须根据工艺条件合理选择压力计算公式和有关参数。

2.4　轧机传动力矩及主电机功率计算

2.4.1　轧机传动力矩的组成

轧制过程传动轧辊所需力矩大小，是校验现有轧机能力和设计新轧机的重要力能参数之一。

轧制时主电动机轴上输出的传动力矩，主要用于克服如下 4 个方面的阻力矩：

（1）轧制力矩 M：由变形金属对轧辊的作用合力所引起的阻力矩，亦即轧制时使轧件产生塑性变形所需的力矩，又称纯轧力矩；

（2）空转力矩 M_0：轧机空转时在轧辊轴承及传动装置中所产生的摩擦力矩；

（3）附加摩擦力矩 M_f：轧制时在轧辊轴承及传动装置中所增加的摩擦力矩；

（4）动力矩 M_d：轧机加速或减速运行时因速度变化而产生的惯性力所形成的力矩。

由此可见，主电动机轴上所输出的力矩为：

$$M_\Sigma = M/i + M_f + M_0 + M_d \tag{2 – 106}$$

式中：i——由主电动机到轧辊的减速比，$i = $ 电机转数/轧辊转数。

上式前 3 项之和称为静力矩,用 M_c 表示:

$$M_c = M/i + M_f + M_0 \qquad (2-107)$$

它是指轧辊作匀速转动时所需的力矩,对任何轧机都存在静力矩 M_c。其中轧制力矩 M 是有效力矩,通常其值最大。附加摩擦力矩和空转力矩是无效力矩,它是轧辊轴承和传动装置中的摩擦损失,其值应设法尽量降低。

换算到电机轴上的轧制力矩与静力矩之比称为轧机的效率:

$$\eta_0 = \frac{M/i}{M/i + M_f + M_0} \qquad (2-108)$$

轧机效率随轧制方式和轧机结构(主要指轧辊的轴承构造)的不同,变化范围大,一般 $\eta_0 = 0.5 \sim 0.95$。

2.4.2　轧制力矩的确定

所谓轧制力矩是指金属对轧辊的作用合力相对轧辊中心之矩,即轧制阻力矩。轧制力矩 M 的大小,不仅与金属对轧辊的作用合力大小有关,而且与合力的方向和作用点的位置有关。确定轧制力矩的方法有以下三种:

(1)按金属作用在轧辊上的轧制压力 P 计算轧制力矩;

(2)按金属作用在轧辊上的切向摩擦力计算轧制力矩;

(3)按轧制时的能量消耗确定轧制力矩。

1. 按金属作用在轧辊上的轧制压力计算轧制力矩

对于轧制板带材等矩形断面,按金属作用在轧辊上的轧制压力确定轧制力矩比较精确。

(1)简单轧制时的轧制力矩。简单轧制条件下轧辊作用在轧件上的力 P(轧制压力)的作用线必与轧辊中心连线相平行,如图 2-31(a)。根据作用力与反作用力关系轧件以大小相等的反作用力 P 作用在轧辊上,如图 2-31(b)。此时,作用在一个轧辊上的轧制力矩

$$M_1 = P \cdot a = P \cdot R \cdot \sin\varphi$$

式中: R ——轧辊半径;

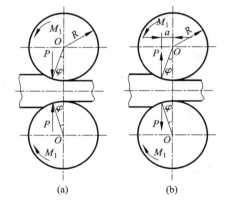

图 2-31　简单轧制时作用力的方向
(a)轧辊对金属的作用力;(b)金属对轧辊的作用力

a ——力臂;

φ ——过合力作用点的半径与轧辊中心连线的夹角,即合压力作用角。

作用在两个轧辊上的轧制力矩:

$$M = 2P \cdot a = 2P \cdot R \cdot \sin\varphi \qquad (2-109)$$

在实际中,常用力臂系数 x 来确定力臂 a。此时,力臂 a 可表示为变形区长度 l 的函数:

$$a = lx$$

所以简单轧制情况下,转动两个轧辊所需的轧制力矩为:

$$M = 2Pa = 2 \cdot P \cdot x \cdot \sqrt{R \cdot \Delta h} \qquad (2-110)$$

用上式计算轧制力矩时,关键在于确定力臂系数 x 的值。实验证明厚薄轧件 x 值不同。

对厚轧件单位压力峰值靠近轧件入口处，合力作用点位置也偏向入口侧，其 x 值应大于 0.5。薄轧件则相反，合力作用点偏向出口侧，x 小于 0.5。由大量实验数据统计，其 x 值为：

热轧铸锭时，$x = 0.55 \sim 0.60$；

热轧板带时，$x = 0.3 \sim 0.50$；

冷轧板带时，$x = 0.2 \sim 0.42$。

轧辊弹性压扁后，变形区长度增加，轧件给轧辊的合压力作用点向出口方向移动，力臂 a 与未压扁时不同，且平均单位压力增加，该轧制力矩增大。

将轧制压力 P 用接触面积及平均单位压力表示，且考虑轧辊压扁时，作用在两个轧辊上的轧制力矩为：

$$M = \bar{p}BR\Delta h \tag{2-111}$$

（2）带张力的轧制力矩。当轧件上施加前后张力，其他条件与简单轧制情况相同时，如果前后张力不相等，则轧辊作用在轧件上的合压力将偏离垂直方向。

例如，当前张力 Q_h 大于后张力 Q_H 时，轧辊对轧件的合压力 P_H 的方向偏入口侧，如图 2-32（a）。而金属给轧辊的合压力方向偏出口侧，如图 2-32（b）。反之，当后张力 Q_H 大于前张力 Q_h 时，轧辊作用在轧件上的合压力一定偏向出口侧，轧件给轧辊的合压力其方向偏入口侧。

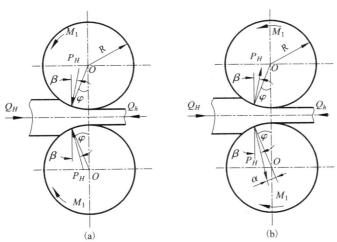

图 2-32　前张力大于后张力时作用力的方向
（a）轧辊对金属的作用力；（b）金属对轧辊的作用力

将金属给轧辊的合压力分解为垂直分量 Y，水平分量为 X，则 $Y = P$，$X = \dfrac{Q_h - Q_H}{2}$。因此，作用在两个轧辊上的轧制力矩：

$$M = PD\sin\varphi - \frac{Q_h - Q_H}{2}D\cos\varphi \tag{2-112a}$$

或

$$M = D\left(P\sin\varphi + \frac{Q_H - Q_h}{2}\cos\varphi\right) \tag{2-112b}$$

如果用合压力对辊心之矩表示轧制力矩，可写成下式：

$$M = 2P_H \cdot a = 2P_H R\sin(\varphi \pm \beta) \tag{2-113}$$

式中：P——轧制压力；

　　P_H——合压力；

　　β——合压力与垂直线的夹角，或称张力角。当 ΔQ 很小时，β 角可近似写成下式

$$\beta = \frac{Q_H - Q_h}{2P} \qquad\qquad (2-114)$$

（2-113）式中：$Q_h > Q_H$ 时，取"$-$"号；$Q_H > Q_h$ 时，取"$+$"号。

　　由（2-112）式可知，当轧件上施加前后张力时，轧制力矩由两部分组成：式中第 1 项为简单轧制过程的轧制力矩；第 2 项为张力引起的力矩。当 $Q_h > Q_H$ 时，其轧制力矩比简单轧制力矩小；当 $Q_H > Q_h$ 时，其轧制力矩比简单轧制力矩大。可见前张力使轧制力矩减小，后张力使轧制力矩增加。这里还应指出，张力的作用使轧制压力减小，对轧制力矩必然产生影响，因后滑区压下量大，所以后张力影响更大。假如前张力增加，致使轧制力矩为零即合压力 P_H 通过辊心，则变成辊式拉拔过程。

　　（3）单辊驱动时的轧制力矩。单辊驱动是指两个轧辊中只有一个轧辊传动，通常为下辊驱动，如叠轧薄板轧机、铝箔轧机等。上辊为非驱动辊，它是通过轧件的接触摩擦力带动的，其传动力矩为零。如果其他条件与简单轧制相同，且忽略上辊轴承的摩擦，作用在下轧辊上的轧制力矩为：

$$M_2 = P_H \cdot (D + h)\sin\varphi \qquad\qquad (2-115)$$

　　2. 按金属作用在轧辊上的切向摩擦力计算轧制力矩

　　由于接触弧上各点之正压力都通过圆心，不产生力矩，在忽略轧辊弹性压扁时轧制力矩等于前滑区与后滑区的切向摩擦力与轧辊半径乘积的代数和，即

$$M = 2(RT_1 - RT_2) = 2R^2\left(-\int_0^l t\mathrm{d}\theta + \int_r^a t\mathrm{d}\theta\right)$$

由于不能精确地确定摩擦力的分布及中性角 γ，这种方法不便于实际应用。

　　3. 按能量消耗曲线确定轧制力矩

　　轧制所消耗的功 $A(\mathrm{kW \cdot h})$ 与轧制力矩之间的关系为：

$$M = \frac{A}{\theta} = \frac{A}{\omega t} = \frac{AR}{vt} \qquad\qquad (2-116)$$

式中：θ——轧件通过轧辊期间轧辊的转角，$\theta = \omega t = vR \cdot t$；

　　ω——角速度，s^{-1}；

　　t——轧制时间，s；

　　R——轧辊半径，m；

　　v——轧辊圆周速度，$\mathrm{m/s}$。

　　轧制功 A 通常用实验确定，结果比较正确。测定主电机在轧制某一产品时消耗的总能量和每道次消耗的能量，并依次计算各道次总延伸系数和吨产品能耗，以曲线形式给出这些数据。这种表示轧制 1 t 产品的能量消耗与总延伸系数的关系曲线，或者表示 1 t 产品的能量消耗与轧件厚度减小的关系曲线，称为能耗曲线（图 2-33）。

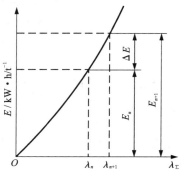

图 2-33　轧制时的单位能量曲线

　　假定轧件在某一轧制道次之前总延伸系数为 λ_n，该道次之后总延伸系数为 λ_{n+1}，可见该道次内轧制一吨产品所消耗的能量可表示为：$\Delta E = E_{n+1} - E_n$，单位 $kW \cdot h/t$，如果轧件重量为 G，则该道次的总能耗为：

$$E = (E_{n+1} - E_n)G \qquad (2-117)$$

　　因为轧制时能量消耗一般是以电机负荷大小测量的，其曲线中还包括有轧机传动机构、轧辊轴承等摩擦消耗的能量，但除去了轧机的空转消耗。所以，按能耗曲线确定的力矩将为轧制力矩 M 和附加摩擦力矩 M_f 的总和。由 $(2-116)$ 和 $(2-117)$ 式，得

$$\left(\frac{M}{i} + M_f\right) = \frac{3.6 \times 10^6 (E_{n+1} E_n) \cdot G \cdot R}{v \cdot t} \qquad (2-118)$$

　　如果用 $G = F_h \cdot L_h \cdot \rho, t = \dfrac{L_h}{v_n} = \dfrac{L_h}{v(1+S_h)}$ 代入上式，整理后得：

$$\left(\frac{M}{i} + M_f\right) = 1.8 \times 10^6 (E_{n+1} - E_n)\rho \cdot F_h \cdot D(1+S_h) \qquad (2-119)$$

式中：E_n、E_{n+1}——计算道次轧制前后的单位能耗，$kW \cdot h/t$；

　　　ρ——轧件的密度，t/m^3；

　　　F_h——该道次后轧件横断面积，m^2；

　　　S_h——前滑值；

　　　i——从轧辊至电动机的减速比；

　　　D——轧辊直径。

　　如果忽略前滑的影响，则得：

$$(M/i + M_f) = 1.8 \times 10^\varepsilon (E_{n+1} - E_n)\rho \cdot F_h \cdot D \qquad (2-120)$$

式 $(2-118)$、$(2-119)$、$(2-120)$ 最终单位为 $N \cdot m$。应用能耗曲线计算轧制力矩时，只有轧制条件与选用的能耗曲线的条件相同或接近，计算结果才比较可靠。具体实测的单位能耗曲线可查有关手册。

2.4.3　附加摩擦力矩的确定

　　轧制时，附加摩擦力矩由轧辊轴承中的摩擦力矩 M_{f1} 和轧机传动装置中的摩擦力矩 M_{f2} 两部分组成。附加摩擦力矩，其主要部分是轧辊轴承中的摩擦力矩 M_{f1}。对普通二辊轧机，金属对轧辊的作用力在 2 个轧辊的 4 个轴承中引起的附加摩擦力矩为：

$$M_{f1} = \left(\frac{P}{2} \times \frac{d}{2}f_1 \times 2\right) \times 2$$

　　经简化得：

$$M_{f2} = Pdf_1 \qquad (2-121a)$$

式中：P——轴承的负荷，等于轧制压力和弯辊力之和；

　　　f_1——轧辊轴承的摩擦系数；

　　　d——轧辊辊颈直径。

对工作辊传动的四辊轧机，M_{f1} 按下式确定：

$$M_{f1} = P \cdot d_0 f_1 \times \frac{D}{D_0}$$

式中：P——轴承的负荷，等于轧制压力和弯辊力之和；

d_0——支承辊辊颈直径；

D_0——支撑辊直径；

D——工作辊直径。

摩擦系数 f_1，决定于轴承形式和工作条件（见表 2 - 5）。

附加摩擦力矩 M_{f2}，是轧制时在传动装置（齿轮机座、减速机、连接轴等）中，由于有摩擦存在损失的一部分力矩。其值可根据传动效率按下式计算：

$$M_{f2} = \left(\frac{1}{\eta} - 1\right)\frac{M + M_{f1}}{i} \qquad (2 - 121\text{b})$$

式中：M_{f2}——换算到主电机轴上的传动装置的附加摩擦力矩；

η——传动装置的传动效率，查表 2 - 6；

i——由主电机到轧辊的减速比。

换算到主电动机轴上总的附加摩擦力矩用下式表示：

$$M_f = \frac{M_{f1}}{i} + M_{f2}$$

或

$$M_f = \frac{M_{f1}}{i\eta} + \left(\frac{1}{\eta} - 1\right)\frac{M}{i} \qquad (2 - 122)$$

<table>
<tr><td colspan="2">表 2 - 5　轧辊轴承中的摩擦系数</td><td colspan="2">表 2 - 6　η 的选择</td></tr>
<tr><td>轴承形式</td><td>f_1</td><td>传动方式</td><td>η</td></tr>
<tr><td>滚动轴承（稀油润滑）</td><td>0.003 ~ 0.004</td><td>梅花接轴</td><td>0.94 ~ 0.96</td></tr>
<tr><td>滚动轴承（干油润滑）</td><td>0.005 ~ 0.008</td><td>万向接轴倾角 $\theta \leq 3°$</td><td>0.96 ~ 0.98</td></tr>
<tr><td>液体摩擦轴承</td><td>0.003 ~ 0.005</td><td>倾角 $\theta > 3°$</td><td>0.94 ~ 0.96</td></tr>
<tr><td>金属衬滑动轴承（热轧）</td><td>0.07 ~ 0.10</td><td rowspan="2">考虑主接手损失的多级减速机</td><td rowspan="2">0.92 ~ 0.94</td></tr>
<tr><td>金属衬滑动轴承（冷轧）</td><td>0.04 ~ 0.08</td></tr>
<tr><td>胶木衬滑动轴承
（滑动速度为 2 ~ 3 m/s）</td><td>0.01 ~ 0.02</td><td>一级齿轮传动</td><td>0.95 ~ 0.98</td></tr>
</table>

2.4.4　空转力矩的确定

空转力矩根据旋转部件（轧辊、人字齿轮、联轴器等）重量及其轴承中的摩擦圆半径来计算。转动一个部件所需的力矩，换算到主电机轴上为：

$$M_{on} = \frac{G_n f_n d_n}{2 i_n}$$

式中：G_n——作用在轴承上的负荷，等于该部件的重量；

f_n——该部件轴承的摩擦系数；

i_n——由电机到该部件的减速比；

d_n——该部件轴颈直径。

空转力矩等于转动所有部件的力矩之和：

$$M_0 = \sum \frac{G_n f_n d_n}{2i_n} \qquad (2-123)$$

在校核计算时，一般 $M_0 = (0.03 \sim 0.06) M_H$（$M_H$ 为主电机的额定力矩），新轧机取下限，旧式结构轧机取上限。新设计选用电机计算时，可取 $M_0 = (0.06 \sim 0.1) M$（M 为工艺计算的轧制力矩）。

2.4.5　动力矩的确定

轧制过程可以调速的轧机和带飞轮的轧机，在计算电动机轴上的力矩时要考虑动力矩 M_d。

当速度变化时物体的惯性力 F 等于其质量与加速度的乘积：

$$F = m \cdot \frac{\mathrm{d}v}{\mathrm{d}t} = mR \cdot \frac{\mathrm{d}\omega}{\mathrm{d}t}$$

式中：m——物体的质量；

$\quad R$——该物体的回转半径；

$\quad \dfrac{\mathrm{d}\omega}{\mathrm{d}t}$——角加速度。

动力矩可用惯性力 F 与回转半径 R 的积表示：

$$M_d = F \cdot R = mR^2 \cdot \frac{\mathrm{d}\omega}{\mathrm{d}t} = \frac{2\pi}{60} \cdot \frac{GD^2}{4g} \cdot \frac{\mathrm{d}n}{\mathrm{d}t}$$

或

$$M_d = \frac{GD^2}{375} \cdot \frac{\mathrm{d}n}{\mathrm{d}t} \qquad (2-124)$$

式中：GD^2——旋转部件的飞轮惯量，$\mathrm{N} \cdot \mathrm{m}^2$；

$\quad n$——旋转部件的转速，$\mathrm{r/min}$；

$\quad g$——重力加速度，$9.8 \ \mathrm{m/s}^2$；

$\quad \dfrac{\mathrm{d}n}{\mathrm{d}t}$——加速度，$\mathrm{r/(min \cdot s)}$。

应指出，动力矩仅对轧制道次时间短的轧机的道次平均力矩值影响大。而对轧制时间长的带材轧机，在确定最大力矩和均方根力矩时，可以忽略动力矩的影响。当大型可逆轧机热轧开坯时，还要考虑计算轧辊和锭坯的动力矩，因为锭坯及辊径大而且重，GD^2 值大。对减速比较大的轧机，高速转动部件起主要作用，为了简化计算，可以只考虑电机的动力矩。

2.4.6　轧制负荷图与主电机功率计算

1. 轧制负荷图

轧制负荷图是指一个轧制周期内，主电机轴上的力矩随时间而变化的负荷图。因为轧制各道次主电机轴上的力矩大小不同，而且变速轧机一个道次中的力矩也是变化的。所以，采用负荷图能直观地看出轧制负荷随时间的变化规律，并根据负荷图求出平均力矩，以便选择或校核电机功率。轧制负荷图分静负荷图和静负荷与动负荷的合成负荷图两种情况。

1）静负荷图

所谓静负荷图是指静力矩随时间变化的负荷图，亦即轧制速度不变时的轧制负荷图。图 2－34 为两种基本的静负荷图。图中纵坐标为轧制静力矩，由（2－107）式确定，即

$$M_c = \frac{M}{i} + M_f + M_0$$

横坐标为轧制周期所需的时间 t，即各道次的轧制时间 t_n 与间歇时间 t_n' 的和。所谓一个轧制周期是指某一个轧件从第 1 道次进入轧辊时到下一个轧件第 1 道次进入轧辊时为止的时间。经过这样一个轧制周期，负荷随时间的变化规律又重新出现。每道次轧制时间 t_n 可用下式确定：

$$t_n = \frac{L_h}{v_h}$$

式中：L_h——轧后轧件长度；

　　　v_h——轧件出辊的平均速度，若忽略前滑则等于轧辊圆周速度。

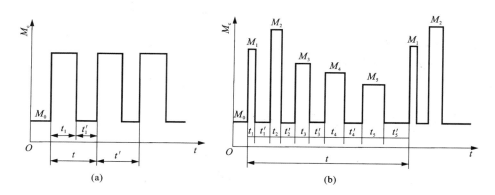

图 2-34　静负荷图

(a)1 个轧件只轧 1 道；(b)1 个轧件轧 5 道

两道次间的间歇时间 t_n' 由轧制设备与工艺条件来确定。所需时间，包括轧件沿辊道的移动、辊缝调整、轧机反转或人工送料等所需的时间。间隙时间可计算或采用现场实测数据。一个轧制周期所需的时间是所有轧制时间与间歇时间之和：$t = \sum t_n + \sum t_n'$。

2）可逆式轧机的负荷图

可逆式轧机，其轧辊既能实现反转又能调速。为了充分发挥轧机的生产能力与满足工艺要求，采用调速轧制。即低速咬入，然后加速至稳定速度轧制，即将轧完时减速至低速抛出，如图 2-35(a)所示。

轧件通过轧辊的时间由三部分组成：加速、稳定轧制及减速时间。由于轧制过程有速度变化，所以负荷图必须考虑动力矩 M_d，此时可逆轧机的负荷图是由静负荷[图 2-35(b)]与动负荷[图 2-35(c)]的合成，如图 2-35(d)所示。如果用 a 和 b 表示电动机加速期与减速期的加速度，则各轧制期间的传动总力矩为：

咬入后加速期：

$$M_3 = M_c + M_{d3} = \frac{M}{i} + M_f + M_0 + \frac{CD^2}{375} \cdot a \qquad (2-125)$$

稳定轧制等速期：

$$M_4 = M_c = \frac{M}{i} + M_f + M_0$$

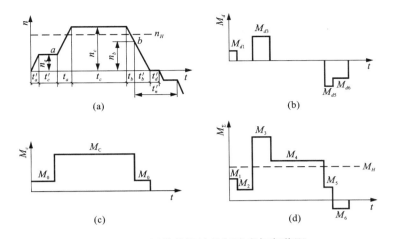

图 2 – 35　可逆轧机的轧制速度与负荷图

（a）速度图；（b）静负荷图；（c）动负荷图；（d）合成负荷图

减速至抛出期：

$$M_5 = M_c - M_{d5} = \frac{M}{i} + M_f + M_0 - \frac{GD^2}{375} \cdot b \qquad (2-126)$$

如果以 t_a、t_c 和 t_b 表示咬入后加速、稳定轧制速度和减速至抛出期的时间，则一道次轧制总时间 $t_n = t_a + t_c + t_b$。各段时间按下式计算：

$$t_a = \frac{n_c - n_a}{a}; \quad t_b = \frac{n_c - n_b}{b}$$

稳定轧制等速期的时间 t_c 由轧件长度 L_h 确定：

$$t_c = \frac{60 L_h}{\pi D n_c} - \frac{1}{n_c}\left(\frac{n_a + n_c}{2} \cdot t_a + \frac{n_b + n_c}{2} \cdot t_b \right) \qquad (2-127)$$

可逆轧机在空转时，同样也分加速期、等速期与减速期。由于直流他激电动机做主传动时，加速度 a 和 b 可视为常数，所以空转时各期间的空转总力矩为：

加速期：
$$M_i = M_0 + M_{d1} = M_0 + \frac{GD^2}{375} \cdot a \qquad (2-128)$$

稳定等速期：
$$M_2 = M_0$$

减速期：
$$M_6 = M_0 - M_{d6} - \frac{GD^2}{375} \cdot b \qquad (2-129)$$

如果以 t'_a、t'_c 和 t'_b 表示空转加速、稳定等速与减速期的时间，停机反转时间为 t'_d，则道次间的总间歇时间 $t'_n = t'_a + t'_c + t'_b + t'_d$。各段空转时间按下式计算：

$$t'_a = \frac{n_a}{a}; \quad t'_b = \frac{n_b}{b}$$

当 t'_n 确定后，可近似求出空转稳定等速期的时间 $t'c$。加速度 a 和 b 的数值取决于主电机的特性及其控制线路。对于板坯轧机可取 $a = 30 \sim 80$ r/(min·s)，$b = 50 \sim 120$ r/(min·s)。有时为了简化计算，可取加速与减速期的加速度相等，并把咬入和抛出的转速取相同值计算。此外，空转时若忽略动力矩影响，用空转力矩 M_0 代替计算更简便。根据所计算的各个期间的总力矩和时间，可绘制可逆式轧机的轧制负荷图［图 2 – 35（d）］。

2．电动机的校核及功率计算

1）等效力矩计算及电动机校核

电机传动负荷图确定之后，便可对电动机进行发热和过载校核。即一方面由负荷图计算出等效力矩不超过电动机的额定力矩，来校核电机发热；另一方面负荷图中最大力矩不能超过电动机的允许最大力矩和持续时间。轧机工作时，电动机的负荷是间断式的不均匀负荷。而电动机的额定力矩是指电动机长期工作，其温升在允许范围内的力矩，因此，必须计算负荷图中的等效力矩，其值按下式计算：

$$\bar{M} = \sqrt{\frac{\sum M^2 t_n + \sum M_2'^2 t_n'}{\sum t_n + \sum t_n'}} \qquad (2-130)$$

式中：M——等效力矩，即均方根力矩，N·m；

　　　　$\sum t_n$——轧制周期内各段轧制时间的总和，s；

　　　　$\sum t_n'$——轧制周期内各段间歇时间的总和，s；

　　　　M_n——各段轧制时间对应的总力矩，N·m；

　　　　M_n'——各段间歇时间对应的空转总力矩，N·m。

电动机温升条件：　　　　　　　　$\bar{M} \leqslant M_H$ 　　　　　　　　　　 $(2-131)$

电动机过载条件：　　　　　　　　$M_{\Sigma max} \leqslant k M_H$ 　　　　　　　　　$(2-132)$

式中：M_H——电动机的额定力矩；

　　　　$M_{\Sigma max}$——轧制周期内最大总力矩；

　　　　k——电动机的允许过载系数，对直流电动机，$k = 2.0 \sim 2.5$，交流同步电动机，$k = 2.5 \sim 3.0$。具体数值查相应电机的技术特性。

电动机在允许最大力矩 $k M_H$ 下工作时，其允许持续时间应在 15 s 以内，否则电动机温升将超过允许范围。当直流电动机的转速超过其基本转速（额定转速）时电机的校核：当实际转速超过基本转速时，电机能给出的力矩减小，应对超过基本转速部分对应的力矩加以修正。此时，力矩图为梯形时，其等效力矩按下式计算：

$$M = \sqrt{\frac{M_1^2 + M_1 M + M^2}{3}} \qquad (2-133)$$

式中：M_1——转速未超过基本转速时的力矩；

　　　　$M = M_1 \dfrac{n}{n_H}$——转速超过基本转速时乘以修正系数后的力矩，这里：n 为超过基本转速时的转速，n_H 为电动机的额定转速。

电动机过载条件为：

$$M_{\Sigma max} \leqslant \frac{n_H}{n} k M_H \qquad (2-134)$$

2）电动机的功率计算

对于新设计的轧机，不是校核电动机，而是根据等效力矩和所要求的电动机转速，计算电动机的功率来选择电动机的。电动机功率按下式计算：

$$N = \frac{1.03 \bar{M} \cdot n}{\eta} \qquad (2-135)$$

式中：n——电动机的转速，r/min；

η——由电机到轧机的传动效率。

2.5　板带箔材生产基本工艺

2.5.1　板带箔材产品及生产方法与工艺流程

1. 产品技术条件

板材、带材、箔材是通过平辊轧制等得到的横断面厚度均一的产品，它们之间的差别在厚度档次与交货外形的不同。以铝及铝合金为例，一般板材(sheet)厚度大于 0.20 mm，以平直状外形交货。带材(strip)厚度大于 0.20 mm，以成卷交货。上述板材或带材加工而成的波纹状、花纹状或横断面均匀变化的产品等，也都称为板材或带材。厚度等于或小于 0.20 mm，不管成卷或成张都称为箔材(foil)。而对于重有色金属等于或小于 0.05 mm 以下方称为箔材，否则归入板材或带材。

对板、带、箔材产品，生产方和用户有全面的质量要求，这些要求是通过有关方面拟订产品技术条件来规定的。产品技术条件又称技术标准，技术标准有国家标准(GB)、部级标准(YB)、企业标准(QB)以及供需双方签订的技术协议，此外，为外贸和国际交往需要，近几年逐步采用国际标准(ISO)。随着科学技术和生产水平的进步，根据社会发展的需要，技术标准使用一定时期后，将进行修改。

产品技术标准主要包括以下内容：

1)产品分类及应用范围

有色金属及合金加工产品，均可按金属及合金系统分类，按金属及合金中的主要组成元素(或按特殊加工方法或按使用要求)分组。板带箔产品的应用范围很广，如铝合金板带箔中有飞机蒙皮用的优质板、印刷制版用的 PS 版、包装用的铝箔等。铜及铜合金板带中有汽车水箱带、电缆铜带、集成电路引线框架铜带及仪表或弹簧用板带等。

2)产品品种

产品品种包括合金牌号、供应状态、规格、外形尺寸及允许偏差、板带材的不平度等。目前我国大多数有色金属板、带、箔材部分供应状态见表 2-7，其中括号内为铝及其合金的状态代号，它分为五类：F——自由加工状态，O——退火状态，W——固溶处理状态，H——加工硬化状态，T——热处理状态。其中加工硬化状态与热处理状态还有更进一步的细分。

表 2-7　板带和箔材的供应状态

供应状态名称	标准代号	供应状态名称	标准代号
热轧成品	R(F)	淬火	C(W)
退火成品(软态)	M(O)	淬火后冷轧(冷作硬化)	CY(T)
硬(冷轧状态)	Y(H)	淬火(自然时效)	CZ(T_1、T_4)
3/4 硬、1/2 硬、1/3 硬、1/4 硬	Y_1、Y_2、Y_3、Y_4(H_{1n}、H_{2n})	淬火(人工时效)	CS(T_5、T_6)
特硬	T(H_{19})	淬火自然时效冷作硬化	CZY(T)

3）技术要求

产品技术要求包括：①化学成分：化学成分一般由熔铸车间技术标准控制；②力学性能：一般产品只要求抗拉强度、屈服极限和延伸率。有的产品还要求硬度、高温持久或瞬时强度等；③物理性能：大部分产品对物理性能无具体要求，有的产品要求弹性、电阻率等；④工艺性能：供深冲或拉深的产品要求作杯突试验，其深冲值应符合标准。试验时试样不允许有明显的裙边，或其制耳率不超过允许范围；⑤金相组织：有的产品要求不同的晶粒度大小，第二相分布、含氧量及过烧情况的金相检验；⑥表面质量：表面质量要求，目前基本上是定性的，如表面要求光滑、清洁，不应有裂纹、皱纹、起皮、气泡、夹杂、针孔、水迹、酸迹、油斑、腐蚀斑点、压入物、划伤、擦伤、包铝层脱落、辊印、氧化等，或者不超过允许范围；⑦内部质量：不允许有中心裂纹和分层，对双金属复合材料要求层间结合牢固，经反复弯曲试验不分层等。此外，对产品的验收规则和试验方法、包装、标志、运输及保管办法等都有具体规定。

技术标准是组织生产、拟订生产工艺和选择设备的依据，也是在生产或使用过程中检验产品质量的准则。某一产品的整个生产工艺过程，都要保证产品质量，严格按照技术标准组织生产。

2. 板带箔材的生产方法

有色金属板带箔材一般采用平辊轧制方法进行生产，对于铸态塑性较差的金属，如某些镍合金、钛、钨、钼、锆等，则可先行热锻甚至热挤开坯，改善其组织，以利其后轧制过程的进行。

轧制分为热轧、冷轧及温轧。绝大多数合金既可热轧，也可冷轧，但一些合金由于各种原因，变形温度类型受到一定限制。例如：

（1）室温下塑性较小的金属不宜采用冷轧。例如镁及镁合金室温下塑性较差，温度在225℃以上时，由于滑移系统的增加而塑性大为提高，因此镁及镁合金往往采用热轧及温轧进行生产。

（2）在热变形温度下具有热脆性的金属则不宜采用热轧。例如锡磷青铜（QSn 6.5～0.1等），由于此类合金具有大量易熔组成物，因此整修生产过程往往只能采用冷轧。一般工厂采用厚度为10～15 mm的水平连铸卷坯，经均匀化退火后成卷冷轧。

（3）加热时易于沾污、难于保护且其本身又具有良好冷加工性能的金属建议避免热轧。例如钽、铌在高温下氧与氮中高度活性，且被吸收的气体杂质对性能将产生明显的不良影响，在加工中应尽量采用冷轧等。

另外，薄轧件易于很快冷却，实现热轧比较困难。

（4）脆塑转变温度较高、冷变形极为困难，而热变形又容易氧化的材料，如钨、钼、铬、钛及其合金可以采用温轧。

板材的生产方法有块式法和带式法两种方式。

块式法从坯料到成品实行单片轧制，不带张力，通常伴有中间中断剪切过程。这种方法设备及操作简单，投资少，生产的品种、规格灵活性较大，但生产率和成品率低，劳动强度大。是一种老式的生产方式，通常采用单机架进行。现在只适用于中小型工厂的板材生产。对于中厚板和变断面板，因为打卷及其他技术限制，这是唯一的方法。

带式法是生产板带材的一种最广泛的方法，用带式法生产时，轧机带有卷取设备，实行成卷轧制生产带材或最后横剪成板。它可采用大铸锭、高速度轧制，金属损失少，生产率和成品率高。而且容易实现生产过程的连续化、自动化和计算机控制。但是，设备较复杂，投资大，建设周期较长，适用于产量大、技术力量较强、品种较单一的大中型工厂。生产宽而薄的板材，带式法因实行张力轧制而显示出优越性。带式法生产板带材有单机架（可逆式或不可逆式）、双机架及多机架半连轧全连轧几种形式。

在板带材轧制方式中，除一般铸锭加热轧制外，还有连铸连轧法与连续铸轧法。铸锭热轧时，由于热轧过程的大变形与再结晶，其化学成分、晶粒组织均匀，随后的冷轧性能良好，产品性能的稳定性、可控性优异，表面质量好。一些对综合性能要求高的产品，如饮料罐材、计算机直接制板的 PS 板、航空航天硬合金板、集成电路框架材料等，采用铸锭热轧是保证其产品质量的必备手段。连铸连轧法是指金属在一条作业线上连续通过熔化、铸造、轧制、剪切及卷起等工序而获得板带坯料的生产方法。连续铸轧法是指液态金属直接在两旋转的轧辊间结晶，并承受一定热变形而获得板带坯料的生产方法，又称为无锭轧制。这两种方法都具有生产工序少、周期短、废料少、成品率高、生产效率高、减少能耗等优点。铸轧法在软铝板带箔坯料生产中应用较普遍。

薄的超宽板，还可用旋压法形成管后剖开展平而得。

箔材的主要生产方法是在带坯的基础上进一步平辊轧制。其生产率高，产量大。对于比较软的金属如铝和铝合金箔、铅箔和锡箔等，可用四辊甚至二辊轧机轧得；若采用双合轧制可轧得小于 0.007 mm 厚的铝箔。对于变形抗力高的金属，如钛、镍、铜以及钨、钼、钽、铌的箔材，则应采用辊径细、刚度大的多辊轧机轧制，它可将轧件单层轧至 0.001 mm。另外也可采用导步轧制，生产极薄箔材。

除轧制法外，在工业上常采用电解沉积法制造印刷电路板用的铜箔和用真空蒸镀法制造包装用的铝箔。至于金箔仍采用古老的锤头拍打法生产。

3. 工艺流程

铸锭经过一系列工序处理，最后加工成板、带、箔材产品。所谓工序是指用某种设备或人力对金属所进行的某个处理过程。将生产某一产品的各道工序按次序排列起来，称为产品的生产工艺流程。生产工艺流程主要是根据合金特性、产品规格、用途及技术标准、生产方法、设备技术条件而决定。因此确定工艺流程的原则是：在确保产品质量、满足技术要求的前提下，尽可能简化或缩短工艺流程；根据设备条件，保证各工序设备负荷均衡，安全运转，充分发挥设备潜力；应尽量采用新设备、新工艺、新技术；提高生产率和成品率，降低成本，提高经济效益和社会效益。

图 2－36 和图 2－37 分别为铝及铝合金、铜及铜合金板带材产品的典型工艺流程。

由典型工艺流程图可知，不同的合金、产品规格、技术要求、生产方法及设备条件等，其生产工艺流程不会相同。即使是同一产品，在不同的工厂，因设备、工艺、技术条件不同，工艺流程也有差异。有色金属及合金板带材产品，生产工序多、流程长，但是基本工序一般都包括铸锭的准备、热轧、冷轧、坯料或成品的热处理、精整及成品包装等。下面主要就铸锭的准备、热轧和冷轧进行讨论。

2.5.2　热轧锭坯准备

热轧的铸锭是采用连续、半连续、铁模等铸造方法生产的长方形扁锭。为了保证产品质量和满足加工工艺性能要求，对锭坯尺寸、形状、表面及内部质量，必须有一定要求，并在热

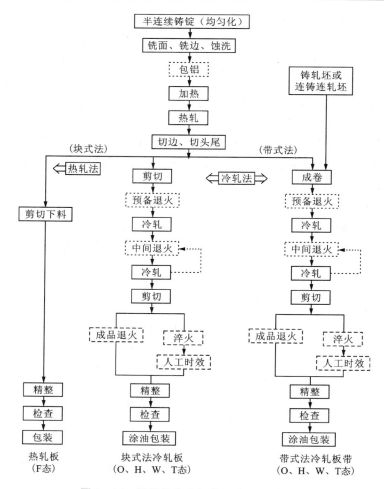

图 2-36　铝及铝合金板带材典型工艺流程

注：实线为常采用的工序，虚线为可能采用的工序

轧前进行必要的表面处理和热处理。

1. 锭坯尺寸

确定锭坯尺寸首先应满足产品的尺寸规格要求，同时根据生产规模确定锭坯的重量，同时还应考虑生产方法、设备能力、合金工艺性能等条件。锭坯尺寸用厚度×宽度×长度，即 $H \cdot B \cdot L$ 表示。

（1）锭坯厚度。锭坯越厚、总变形量越大，再经多次冷轧，有利于保证产品组织性能要求，锭坯的最小厚度应能保证金属承受 60% ~70% 的加工率。同时锭坯厚度和长度大，便于生产过程的连续化，切头、切尾损失少，生产率和成品率高。

锭坯厚度还受设备条件、合金特性限制。如果热轧机能力小、轧机开口小、轧制速度慢、变形抗力大的或冷轧开坯的合金，及生产规模不大，其锭坯厚度应小。考虑轧机能力，一般轧辊直径与锭坯厚度之比约为 5 ~7 左右。

（2）锭坯宽度。锭坯宽度主要由成品宽度确定。一般考虑轧制时的宽展量和切边量，然后取成品宽度的整数倍作为锭坯的宽度。锭坯宽度可以用下式计算：

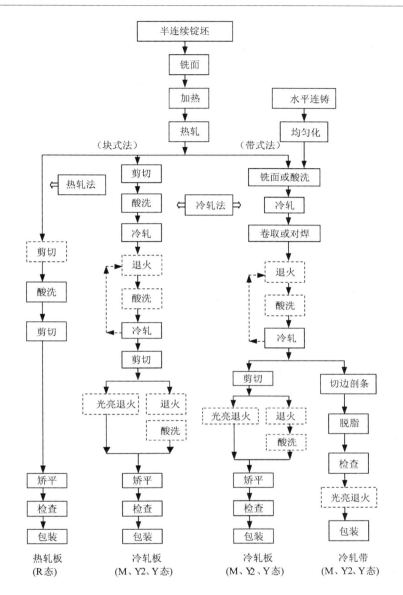

图 2 - 37　铜及铜合金板带材典型工艺流程

注：实线为常采用的工序，虚线为可能采用的工序

$$B = nb + \Delta b - \Delta B \qquad (2-136)$$

式中：b——成品宽度，mm；

　　　n——成品宽度的倍数；

　　　Δb——总切边量（与切边或剖条次数有关），mm；

　　　ΔB——热轧宽展量，mm。

若受供锭条件所限制，也可以采用横轧展宽（直角换向轧制）或角轧展宽来满足各种产品宽度的要求。锭坯宽度还受轧辊长度的制约，锭坯宽度一般取辊身长度的 80% 以下。

（3）锭坯长度。锭坯越长，卷重越大，生产率和成品率越高。但是铸锭长度及厚度受轧制速度、辊道长度的限制。当铸锭厚度和宽度确定之后，可根据锭坯重量或根据产品尺寸要求（考虑倍尺与几何损失）按体积不变条件计算锭坯长度。

2. 锭坯的质量要求

铸锭坯质量，除锭坯尺寸与形状应满足要求外，还包括铸锭的化学成分、表面和内部质量应符合技术标准。

（1）化学成分。锭坯的化学成分必须符合标准，保证成分均匀。

（2）锭坯表面质量。锭坯表面应无冷隔、裂纹、气孔、偏析瘤及夹渣等缺陷，表面光洁平整。

（3）锭坯内部质量。锭坯内部应无缩孔、裂纹、气孔及非金属夹杂物等缺陷，避免成分、组织不均以及晶粒过分粗大。

3. 锭坯的表面处理

锭坯的表面处理可分为机械处理、化学处理及表面包覆三种方法。

（1）表面机械处理。将锭坯表面全部或局部剥去一层。常用铣面、刨面、局部打磨、修铲刮刷等方法，消除铸锭表面缺陷。

铣面分为湿铣和干铣，湿铣时采用浓度为 2%～20% 的乳液进行冷却和润滑，干铣采用油雾润滑。铣面时铣削深度要适当，每面铣削的最小深度视铸锭表面情况和合金品种而定，一般铜合金为 3～4 mm，铝合金为 3～7 mm，镁合金达 18～20 mm。易出现反偏析或表面缺陷较深的合金取上限，金属表面缺陷较浅的合金取下限。对于超硬铝（7A04、7A09 等）及防锈铝（5A05、5A06 等），轧制时边部易碎裂，不仅铣表面还应铣侧面。铸锭铣面后应光洁平整，厚度均匀。

（2）表面化学处理。铸锭表面化学处理，是用化学方法除去表面的油污和脏物，又称蚀洗。对不铣面的纯铝锭坯，或铣面后的铝合金锭坯，表面有油脂和废屑污物，以及包覆前的锭坯和包铝板都要蚀洗。但对含锌或镁高的铝合金，铣面后不蚀洗，否则会使铸锭表面发黑或产生白点，影响产品质量，可用汽油擦洗。

铝及铝合金铸锭的蚀洗，先用 10%～20% 的 NaOH 溶液（温度 60～80℃）蚀洗 6～12 min，然后用冷水浸洗，再用 20%～30% 的 HNO_3 溶液中和 2～4 min，随后用冷水洗，最后用 ≥70℃ 的热水浸洗 5～7 min，尽快干燥。

（3）表面包覆。是指铸锭表面或两侧面上，用机械的方法衬上和锭坯大小相近的纯金属或合金板材，然后随锭坯加热、热轧或冷轧直至成品。目前主要应用于某些硬铝、超硬铝等铝合金的板带材生产。

表面包铝可分为工艺包铝和防腐包铝两大类。为了改善金属的加工性能（如热轧表面裂纹）而进行的包铝，称为工艺包铝；为了提高产品抗蚀性能而进行的包铝，称为防腐蚀包铝。防腐包铝又分为正常包铝和加厚包铝。

用于包覆的包铝板长度，通常为锭坯长度的 80% 左右，其宽度稍大于锭坯宽。包铝板的厚度可按下式计算：

$$\alpha = \frac{H\delta}{1-2\delta} \qquad (2-137)$$

式中：α——选用包铝层厚度，mm；

　　　H——锭坯厚度，mm；

　　　δ——所要求的产品单面包铝层占板材总厚度的百分比，视板材厚度与要求不同而定。

其中工艺包铝 $\delta = 1.0\% \sim 1.5\%$，正常包铝板材厚度 $\geqslant 2.5\ mm$ 时 $\delta \geqslant 2\%$，板材厚度 $< 2.5\ mm$ 时 $\delta \geqslant 4\%$，加厚包铝 $\delta \geqslant 8\%$。

表面包铝的合金板材需要冷轧时，锭坯应加侧面包铝。

　　4. 铸锭的均匀化退火

热轧前铸锭均匀化退火的目的是改善铸造组织，尽量消除其成分组织的不均匀性，消除铸造应力，提高铸锭的塑性和降低变形抗力，提高产品最终组织性能。

均匀化退火的工艺制度，包括退火温度、加热速度、保温时间及冷却速度。

铸锭均匀化退火可以单独进行，也可以在热轧前加热结合进行。即将铸锭加热到均匀化退火温度，保温一定时间后降到热轧温度，接着热轧，这样既减少工序，又节省能耗。但是，均匀化是一个高温度、长时间的高能耗工序，对成分简单、偏析不严重及塑性好的合金，不必进行均匀化处理。一般含铝和锌的镁合金、锡磷青铜、白铜、硬铝、锻铝及防锈铝等均需进行均匀化退火。部分有色合金均匀化退火制度，参见表 2 - 8。

表 2 - 8　均匀化退火制度

合金牌号	铸锭厚度/mm	加热温度/℃	保温时间/h
2A11、2A12、2017、2024、2014、2A14	200 ~ 400	485 ~ 495	15 ~ 25
2A06	200 ~ 400	480 ~ 490	15 ~ 25
2219、2A16	200 ~ 400	510 ~ 520	15 ~ 25
3003	200 ~ 400	600 ~ 615	5 ~ 15
4004	200 ~ 400	500 ~ 510	10 ~ 20
5A03、5754	200 ~ 400	455 ~ 465	15 ~ 25
5A05、5083	200 ~ 400	460 ~ 470	15 ~ 25
5A06	200 ~ 400	470 ~ 480	36 ~ 40
7A04、7075、7A09	300 ~ 450	450 ~ 460	35 ~ 50
QSn6.5 - 0.4 QSn7 - 0.2 QSn6.5 - 0.1	300	650 ~ 700	4 ~ 6

2.5.3　热轧工艺

热轧是指金属及合金在变形时能发生完全再结晶的轧制过程。一般金属热轧时温度较高，但室温下产生再结晶的铅、镉和锡等，室温轧制也属热轧。热轧工艺制度包括加热与热轧温度、热轧速度、压下制度、冷却润滑等。

　　1. 热轧温度与锭坯加热

　　1）热轧温度

热轧温度制度包括热轧开轧温度和终轧温度。

（1）开轧温度。合金的状态图是确定热轧温度范围最基本的依据。理论上热轧开轧温度取合金熔点温度的0.85～0.90左右，但应考虑低熔点相的影响。热轧温度过高，容易出现晶粒粗大，或晶间低熔点相的熔化，导致加热时铸锭过热或过烧，热轧时开裂或轧碎。

塑性图反映了金属塑性随温度变化情况，它也是确定热轧温度范围的主要依据。为应用方便起见，有时候也把变形抗力随温度变化的曲线附于塑性图中。根据塑性图可以选择塑性最高、强度偏小的热轧温度范围。某些合金（如HPb59－1等）当温度降低时，会出现"中温脆性区"，因此，热轧应保证在温度降落到中温脆性区以前完成。

（2）终轧温度。塑性图不能反映热轧终了金属的组织与性能，为了保证产品所要求的性能和晶粒度，必须根据第二类再结晶图确定终轧温度。温度过高，晶粒粗大，不能满足性能要求，而且继续冷轧可能产生轧件表面橘皮和麻点等缺陷，终轧温度过低引起金属加工硬化，能耗增加，再结晶不完全导致晶粒大小不均及性能不合。终轧温度还取决于相变温度，在相变温度以下，将有第二相析出，其影响由第二相的性质决定。一般会造成组织不均，降低合金塑性，形成裂纹以至开裂。终轧温度一般取相变温度以上20℃～30℃。无相变的合金，终轧温度可取合金熔点温度的0.65～0.70左右。

部分铝合金及重有色金属的热轧温度范围见表2－9和2－10。

表2－9　部分铝及铝合金热轧开轧温度和终轧温度

合金	热粗轧轧制温度/℃		热精轧轧制温度/℃	
	开轧温度	终轧温度	开轧温度	终轧温度
1×××系	420～500	350～380	350～380	230～280
3003	450～500	350～400	350～380	250～300
5052	450～510	350～420	350～400	250～300
5A03	410～510	350～420	350～400	250～300
5A05	450～480	350～420	350～400	250～300
5A06	430～470	350～420	350～400	250～300
2024	420～440	350～430	350～400	250～300
6061	410～500	350～420	350～400	250～300
7075	380～410	350～400	350～380	250～300

表2－10　部分重有色金属热轧温度范围

合金牌号	热轧前锭坯加热温度/℃	热轧开始温度/℃	热轧塑性范围/℃	终轧温度范围/℃
T2－4、TUP	800～860	≥760	930～500	500～460
H96、H90、HSn90－1	850～870	≥800	900～550	600～500
H80、HNi65－5	820～850	≥800	870～600	650～550
H70、H68、H65	820～840	≥780	860～600	650～550

续表

合金牌号	热轧前锭坯加热温度/℃	热轧开始温度/℃	热轧塑性范围/℃	终轧温度范围/℃
H62	800～820	≥760	840～550	500～500
HPb59－1、HSn62－1、H59、HAl67－2.5、HAl66－6－3－2、HMn57－3－1	740～770	≥710	800～550	600～5500
HMn58－2、HFe59－1－1	700～730	≥680	760～500	550～450
QAl5、QAl7	840～860	≥830	880～600	600～500
QAl9－2	820～840	≥800	860～500	600～500
QSn4－3	730～750	≥680	770～600	600～550
QSn6.5－0.1	640～660	≥600	650～500	500～450
QSi3－1	800～840	≥760	860～500	550～500
QMn5	820～840	≥790	860～600	650～600
QCd10、QCr0.5	800～850	≥760	950～600	650～550
QBe2、QBe2.5	780～800	≥760	820～600	650～550
B19、B30、BFe30－1－1	1000～1030	≥950	1100～650	700～600
QMn1.5、BMn3－12	830～870	≥790	900～650	650～600
BZn15－20	950～970	≥900	1000～700	700～650
BMn40－1.5	1050～1130	≥1020	1150～800	850～750
Ni6－8、NY1－3	1150～1250	≥1100	1250～850	900～800
NiCu28－2.5－1.5	1100～120	≥1050	1200～750	800～750
BAl6－1.5	850～870	≥830	900～650	600～550
NiCu40－2－1	1050～1130	≥980	1150～800	850～750
Zn1、Zn2	160～180	≥150	250～140	220～150

热轧后,对于无相变的金属与合金可以采用快速冷却;对于产生相变的合金,一般只能自然冷却,不能快冷,个别靠淬火效应控制性能的合金,铁青铜、银青铜则需要保证终轧温度直线快冷。

(2)锭坯加热。绝大多数有色金属锭坯、热轧前均要加热。加热制度包括加热温度、加热时间及炉内气氛。

加热温度应满足热轧温度的要求。实际生产过程,为补偿出炉后的温降,通常金属在炉内温度应高出热轧温度。但对于高温下易氧化的金属(如紫铜、铜镍合金和钛合金),易挥发(如黄铜的脱锌)以及高温下易与工具黏结的合金(如铝合金、铝青铜等),加热温度不能过高。

加热时间包括升温和均热时间。确定加热时间,应考虑合金导热特性、锭坯尺寸、加热设备的传热方式及装料方法等因素。加热时间宜短,但必须保证达到所需加热温度并均匀热透，锭坯厚度越大所需加热时间越长。除感应加热能显著缩短加热时间外，其他加热时间可按下列经验公式计算：

$$t = (12 \sim 20)\sqrt{H} \qquad\qquad (2-138)$$

式中：t——锭坯加热时间，min；

　　　H——铸锭厚度，mm。

加热时间的选取，铝及铝合金取最大值；紫铜、黄铜取下限；青铜、白铜取中间值，镍及镍合金偏上限。

炉内气氛：理想的加热气氛应为中性气氛，但生产中难以达到。铝和铝合金铸锭通常在箱式或连续式电阻加热炉中加热，炉内气氛是空气。为了提高加热速度，促使加热均匀，在炉内常采用风机实行强制热循环流动。紫铜宜用微氧化性气氛加热，可避免严重的氧化烧损，又能防止"氢气病"的产生。高锌黄铜也应采用微氧化气氛加热，以防脱锌。铝青铜、低锌黄铜、钨和钼常用还原性气氛加热。铜和镍在二氧化硫气氛中加热，高温下易生硫化铜和硫化镍，热轧造成硫脆，应避免或严格控制燃料中的含硫量。

2. 热轧速度

工程中，轧制速度通常是指轧辊线速度。热轧速度影响金属实际变形温度，尤其是变形终了温度，从而影响产品质量。热轧速度影响变形过程中硬化和软化的转化方向，从而影响金属的塑性和变形抗力。提高轧制速度有利于提高生产率，但轧制速度的选取受到被加工金属的性质、变形温度、产品质量要求、设备能力和其他工艺条件等因素的限制。

热轧速度的选取应有利于得到合适的变形温度和终轧温度，在保证产品质量合格和设备能力允许的情况下，尽量采用较高的速度。

生产中根据不同的轧制阶段，通常采用不同的速度制度。一般可分为三个阶段：

（1）开始轧制阶段，因为锭坯厚而短，绝对压下量较大，咬入困难，而且是变铸造组织为加工组织，以免铸造缺陷引起轧裂，所以采用较低的轧制速度；

（2）中间轧制阶段，为了控制终轧制温度和提高生产率，只要条件允许，应尽量采用高速轧制；

（3）最后轧制阶段，因轧件薄而长，温降大将使轧件头尾与中间温差大，为保证产品性能与精度，应根据实际情况选用适当的轧制速度。

对于变速可逆式轧机，在一个轧制道次内，轧制速度可以这样安排：开始轧制时为有利于咬入，轧制速度较低；咬入后升速至较高的稳定轧制；即将抛出时降低轧制速度，这种速度制度有利于减少温降和提高轧机的生产率。

随着技术的进步，有色金属轧制速度逐渐提高，对于铝反带轧机，目前轧制速度一般为 4 ~ 8 m/s，最高热轧速度已达 10 m/s。其中纯铝和少量组元的合金可以高速轧制，而 2A12、5A06 和 7A04 等合金轧速较低。对于铜合金大锭轧制，一般轧速为 0.5 ~ 4 m/s。

3. 热轧压下制度

热轧压下制度主要包括热轧总加工率和道次加工率的确定，及轧制道次、立辊轧边等。

1）总加工率的确定

确定总加工率的原则是：①金属及合金的性质。高温塑性温度范围较宽，热脆性小，变形抗力低的金属及合金热轧总加工率大。如铝及软铝合金、紫铜、H62 等大多数有色金属及合金的热轧总加工率可达 90% 以上。而硬铝合金热轧温度范围窄，热脆倾向大，其总加工率通常比软铝合金小。②产品质量要求。为保证加工制品力学性能要求及组织的均匀性，热轧总加工率的下限应使铸造组织转变加工组织，它一般应达 60% ~70% 以上，供冷轧用的坯料，热轧总加工率应留有足够的冷变形量，以便控制产品性能等。③轧机能力及设备条件。轧机能力大、速度快，热轧总加工率大。④铸锭尺寸及质量。铸锭厚且质量好，加热均匀，热轧总加工率相应增加。

2）道次加工率的确定

热轧通常总是希望加大道次加工率。这样既能减少轧制道次，提高轧机生产率，又能减少变形的不均匀性。但制订道次加工率受合金的高温性能、咬入条件、产品质量要求及设备能力的限制。不同轧制阶段道次加工率确定的原则是：①开始轧制阶段，铸锭塑性差，且受咬入条件限制。道次加工率比较小。热轧硬铝合金前几道次出现轧件表面黏着时，为减少不均匀变形产生的裂纹、分层或"张嘴"，加工率随道次增多逐渐加大。②中间轧制阶段，随金属加工性能的改善，如果设备能力允许，应尽量增大道次加工率。最大道次加工率，对硬铝合金变形深透后可达 45% 以上，对软铝及多数重有色金属可达 50%。轧制几道次之后可采用立辊轧边，并按工艺要求调整立辊的压下量，以防止热轧裂边，控制轧件宽度。中间道次后期压下量应使轧制压力与辊型相适应，以便控制板凸度。③最后轧制阶段，一般道次加工率减小。热轧最后两道次温度较低，变形抗力较大，其压下量应在控制板凸度的基础上，保持良好的板形条件和厚度偏差，并注意避开临界变形程度。

图 2-38 为几种典型铜合金热轧道次加工率分配实例。

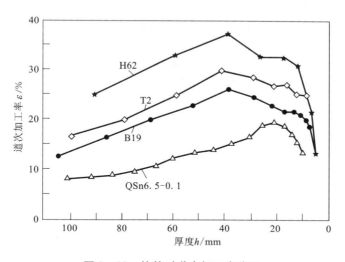

图 2-38 热轧时道次加工率分配

轧机为 2ϕ850 mm ×1500 mm，坯锭尺寸为 120 mm ×620 mm ×1040 mm

3）轧制道次的确定

轧制道次取决于热轧总加工率和道次加工率。轧制道次与热轧总加工率 $\varepsilon_{总}$ 和平均道次加工率 $\varepsilon_{道}$ 的关系为：

$$n = \frac{\lg(1 - \varepsilon_{总})}{\lg(1 - \varepsilon_{道})} \qquad (2-139)$$

平均道次加工率通常为15% ~40%左右,金属塑性好、抗力低、锭坯窄、轧机能力大的取上限。

4. 热轧时的冷却润滑

热轧是轧件与轧辊处于高温、高压及高摩擦条件下的轧制过程。热轧时冷却润滑的作用是:①减少摩擦,降低能耗;②冷却轧辊,控制辊型,改善板形;③防止粘辊,改善产品表面质量;④减少辊面磨损及龟裂,增加轧辊使用寿命。

对热轧冷却润滑剂有如下要求:①润滑油闪点高,高温润滑性好;②较高的油膜强度,承受轧制压力大而油膜不破裂;③有较高比热,冷却性好;④乳液存放时稳定性高,高温时分离性好、易于破乳;⑤润滑剂燃烧后不留残灰和油垢;⑥不腐蚀轧件和轧辊;⑦成本低,使用管理方便,对环境污染小。

铜及铜合金热轧温度高,水是最常用的冷却润滑剂,它冷却效果好,并带走氧化皮,但润滑性能较差且易锈蚀轧辊。有时在热轧开始及终了道次还辅以涂油或喷油润滑。现在倾向采用低浓度(0.1% ~5%)的乳液润滑。锌及锌合金采用石蜡、石蜡加硬脂、糠油加煤油等润滑,轧辊采用间接水冷法,即冷却水通过空心轧辊控制辊温。

铝及铝合金的冷却润滑广泛采用乳液,乳液具有冷却能力大、润滑性能好等特点。乳液原液大致成分为:矿物油80% ~85%,油酸8% ~10%,三乙醇铵5% ~10%,有的还有少量的其他添加剂。再把原液按2% ~10%的浓度(视乳液品种不同)加入到软化水中,即为一般生产中用的乳化液。

乳液的使用要注意控制浓度、温度和使用寿命。随乳液浓度增加,润滑性能变好,但冷却性能变差,使用温度主要考虑减少乳液的腐蚀变质,及满足冷却性能要求,一般控制在50 ~60℃。乳液一般呈弱碱性,pH值为7.5 ~9.0,在使用过程中要加强乳液过滤及浓度、水质、pH值及防腐管理,品质变坏后要及时更换。

轧制冷却润滑剂的供给方式取决于润滑剂的种类,纯油的供给方式是先通过蒸汽或压缩空气雾化后喷到轧辊上,或通过靠在轧辊上的油毡等将润滑剂传递到轧辊上。水、乳化液则直接或经蒸汽雾化后喷到轧辊上。调节喷液管道上各喷嘴流量,可以控制辊身各处润滑冷却温度,控制辊温和辊型。

2.5.4　冷轧工艺

冷轧工艺制度包括冷轧压下制度、冷轧时的张力、冷轧的速度、冷却润滑等内容。

1. 冷轧压下制度

在坯料尺寸确定后就决定了冷轧时从坯料到成品的冷轧总加工率。冷轧压下制度主要包括确定两次退火之间的总加工率,为控制产品最终性能及表面质量所选定的成品冷轧总加工率,中间退火次数,两次退火间的轧制道次和道次加工率的分配。

1)两次退火间总加工率

确定总加工率的原则是:①充分发挥合金塑性,尽可能采用大的总加工率,减少中间退火及其他工序,提高生产率和降低成本。②保证产品质量,防止总加工率过大产生裂边和断带,恶化表面质量。而且总加工率不能位于临界变形程度范围,以免退火后出现大晶粒及晶粒大小不均。③充分发挥设备能力,保证设备安全运转。

有色金属及合金常采用的开坯和两次退火间总加工率范围参见表2 – 11。

表 2 - 11　有色金属开坯和两次退火间的总加工率

合　金	总加工率/%	合　金	总加工率/%
紫铜	50 ~ 95	纯铝	75 ~ 95
H68、H65、H6	250 ~ 85	软铝合金	60 ~ 85
复杂黄铜	30 ~ 70	硬铝合金	60 ~ 70
青铜	35 ~ 80	镁	15 ~ 20
纯镍	50 ~ 85	钛合金 TC1	25 ~ 30
镍合金	40 ~ 80	TC3	15 ~ 25
钽和铌	80 ~ 85	TA1、TA2、TA3	30 ~ 50

生产中，两次退火间总加工率的大小与设备结构、装机水平、生产方法及工艺要求有关。同一合金，通常在多辊轧机、带式生产及自动化装备水平高的轧机上，冷轧总加工率大。

2）成品冷轧总加工率

成品冷轧总加工率主要取决于技术标准对状态和产品性能的要求。

（1）硬或特硬状态产品，其最终性能主要取决于成品冷轧总加工率。根据技术标准对产品性能的要求，按金属力学性能与冷轧加工率的关系曲线，确定成品冷轧总加工率的范围。然后，经试生产，通过性能检测，确定冷轧总加工率的大小。

（2）半硬状态产品，冷轧总加工率可以根据对其性能的要求，按金属力学性能与冷轧加工率的关系曲线确定；也可以利用冷轧至全硬后的产品，经低温退火控制性能。

（3）软状态产品的性能主要取决于成品退火工艺，但退火前的成品冷轧总加工率，对成品退火工艺及最终力学性能也有很大影响。总加工率大，再结晶退火温度可相应降低，时间缩短，延伸率较高。软态产品多数用来作深冲或冲压制品，因此除保证强度和延伸要求之外，还要控制深冲值和一定的晶粒度。深冲值与晶粒度大小有关，所以软态产品应根据第一类再结晶图（加工率、退火温度和晶粒度的关系图）确定成品冷轧总加工率。

（4）对表面要求光亮的产品，有时要在最终热处理后，用抛光轧辊进行抛光轧制。成品冷轧总加工率应预留一定的抛光轧制加工率（3% ~ 5% 左右）。

3）中间退火次数

在确定了两次退火间的平均总加工率 $\varepsilon_{退}$ 后，冷轧的中间退火次数 n 可以按下式确定：

$$n = \frac{\lg(1 - \varepsilon_{总})}{\lg(1 - \varepsilon_{退})} - 1 \qquad (2 - 140)$$

式中：$\varepsilon_{总}$——从冷轧到最终成品的总加工率。

在确定了成品总加工率之后，在实际处理时对上面计算时采用的两次退火间的平均总加工率作少许调整，来满足成品总加工率的要求。

4）变形道次与道次加工率的分配

合理分配道次加工率的基本要求是：在保证产品质量、设备安全的前提下，尽量减少道次，采用大加工率轧制，提高生产率。两次退火间总加工率确定之后，其间的冷轧道次可以按下式确定：

$$n = \frac{\lg(1 - \varepsilon_{退})}{\lg(1 - \varepsilon_{道})} \qquad (2 - 141)$$

式中：$\varepsilon_{道}$——平均道次加工率。

具体分配道次加工率的一般原则是：①通常第一道次加工率较大，往后随加工硬化程度增加，道次加工率逐渐减小；②保证顺利咬入，不出现打滑现象，这一点在轧制厚板带较突出；③尽量使各道次轧制压力相接近，对稳定工艺、调整辊型有利，尤其对精轧道次更重要，连轧时还应注意保证各机架秒流量相等；④保证设备安全运转，防止超负荷损坏轧机部件与主电动机。

2. 冷轧时的张力

在带材冷轧过程中必须采用张力。张力通常是指前后卷筒给带材的拉力，或者机架之间带材相互作用的拉力。

1）张力的作用

（1）降低单位压力和总的轧制压力；前张力使轧制力矩减少，而后张力使轧制力矩增加。当前张力大于后张力时，能减轻主电机负荷。

（2）调整张力能控制带材厚度。增大张力能降低轧制压力，减小轧辊弹性压扁与轧机弹跳，在不调压下情况下，可使带材轧得更薄。

（3）调整张力可以控制板形。张力能改变轧制压力，影响轧辊的弹性弯曲从而改变辊缝形状。此外，张力能促使金属沿横向延伸均匀、减少横向厚差，改善轧件平直度。

（4）防止带材跑偏，保证轧制稳定。

（5）张力为增大卷重，提高轧制速度，创造了有利条件。

2）张力的建立

张力是靠卷筒与轧机架间及机架与机架之间带材的前后速度差而建立的，如图2-39所示。例如，带材出辊与卷取机卷筒之间，当卷取速度大于带材出辊速度时，出辊带材则承带了拉力，即前张力，张力一旦建立，带材处于拉紧状态，至张力达到稳定值速度差消失。如果某种原因又产生新的速度差，则原平衡状态被破坏，张力产生变化直到过渡到另一稳定状态。所以产生张力是由于存在速度差，而一旦张力建立，要保持张力稳定则速度差应为零。

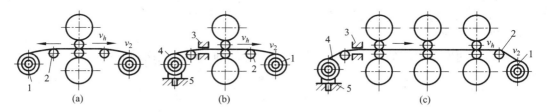

图2-39　各种轧机张力装置

（a）可逆轧机；（b）不可逆轧机；（c）连轧机

1—前卷筒；2—导向辊；3—导卫装置；4—后卷筒；5—液压缸

3）张力的确定与调整

确定张力的大小应考虑合金品种、轧制条件、产品尺寸与质量要求。一般随合金变形抗力及轧制厚度与宽度增加，张力相应增大。最大张应力不应超过合金的屈服极限，以免发生断带；最小张应力必须保证带材卷紧卷齐。设计中可选取张应力值$q = (0.2 \sim 0.4)\sigma_{0.2}$，厚带或合金塑性好，裂边倾向小时取上限，薄带或低塑性合金取下限。

前张力与后张力的大小：一般后张力大于前张力，带材不易拉断，能防止跑偏，降低轧制压力比较显著。但是，后张力过大增加主电机负荷，使后滑增大，可能打滑，可逆轧制时，开卷的后张力大于上一道次的卷取力则可能因卷层间打滑而造成擦伤。相反，前张力大于后张力时，降低主电机负荷，促使变形均匀，有利于控制板形。但是，前张力过大，带材卷得太紧，退火易黏结，轧制容易断带。生产中应根据具体情况选择前后张力的大小。

轧制过程要求张力稳定。张力波动较大，会影响板形与厚度精度，严重时甚至断带。当卷径增大速度变化及工艺因素变化时，必须适时调整张力。

现代高速冷轧机张力调节精度，稳定轧制控制在 ±（1% ~ 2%），加减速阶段控制在 ±（3% ~ 5%）；精密薄带轧制控制在 ±1% 以内。

3. 冷轧速度

轧制速度的大小直接决定轧机的生产率的高低，它是衡量轧制技术水平高低的重要指标，提高冷轧速度是冷轧工艺发展的一个方向。轧制速度的确定一般有以下规律：

（1）轧制速度的大小取决于轧制方法、轧件尺寸、工艺要求等。品种单一而强大的轧机应尽量采用较高的轧制速度；带式法大卷轧制采用高速，而块式法单张轧制，尤其是轧制短而重的宽厚板或冷轧开坯轧速不宜过高。

（2）轧制极薄带材，尤其铝箔精轧，轧制速度不宜太高，以免发生断带；压光或抛光轧制，其速度低有利于抛光作用。

（3）为了提高生产率与确保设备安全，冷轧时亦采用低速咬入及抛出、高速稳定轧制制度。现代高速冷轧机均为调速轧机。除少数低塑性或易裂边的合金采用较低轧制速度外，目前最高冷轧速度铜及铜合金可达 20 m/s，铝及铝合金可达 40 m/s，一般轧制速度铜及铜合金为 2 ~ 8 m/s，铝及铝合金为 10 ~ 20 m/s。生产中，成品精轧最后道次为保证板形，采用较低的轧制速度有利于平整；当轧温过高、裂边严重或过焊缝处，应适当降低轧制速度。

4. 冷轧时的冷却润滑

冷轧时，加工硬化使金属的变形抗力增加，单位压力大；冷轧产品的精度、性能及表面质量要求高。对冷轧冷却润滑剂的基本要求与热轧类似，但对润滑性能及避免对制品产生有害影响方面要求更高，如：①基础油的黏度要适当，摩擦系数更小；②油膜强度更大，在高压下而能均匀稳定附着而不破坏；③不腐蚀轧件和轧辊，并容易去除；④闪点适当，轧制时不易着火，退火时不易产生油斑等。

冷轧重有色金属常用润滑油和乳液进行冷却润滑。润滑油以矿物油、矿物油与植物油混合油为主。常用的矿物油包括煤油、汽油、变压器油、锭子油及机油等。煤油和汽油的润滑性能差，在冷轧厚板时用少许煤油、汽油有利于咬入。变压器油适用于表面要求较高的镍及铍青铜等合金。锭子油适用于表面易变色和因杂质污染表面的黄铜、白铜等合金。锡磷青铜及锌白铜等硬合金大多采用黏度较高、价廉的机油。白油挥发性强，板材退火后表面光亮，大多用于成品冷轧。

为了提高矿物油的润滑性能，在不同的矿物油中添加 5% 左右的油酸或硬脂酸、甘油及松香等添加剂。植物油润滑性能好，但影响表面质量，生产中也常用矿物油与植物油的混合润滑剂。

为了适应大压下高速冷轧的要求，并节约油品，铜带材轧制也常采用乳液润滑，但乳液对轧件表面腐蚀性较强，影响表面质量，所以一般粗轧用乳液润滑，以改善冷却条件；精轧用全油滑润以保证表面质量和产品精度。

铝及铝合金冷轧特别是高速轧制时采用全油润滑。其润滑剂主要由基础油和各种添加剂组成。基础油一般为轻质矿物油，添加剂主要为油性剂(脂肪醇、脂肪酸及脂肪酸酯等，其含量为 5% 左右，以改善油品的润滑性能)及极压剂、防腐剂、抗氧化剂、增稠剂、降凝剂、抗泡剂等。润滑剂一般希望有较合适的黏度(通常为 $1.5\% \sim 5.5\% \cdot 10^{-6}\text{m}^2/\text{s}$)，较高的闪点，窄的馏程，低溴、碘值，低硫，低芳烃。

在一些老式轧机上或铝板带的热轧阶段也可采用乳液润滑。

铝箔都用纯油润滑。通常用纯的轻质矿物油或者矿物油与植物油和油酸等的混合油。

冷轧润滑剂必须精细过滤，使用过程中注意检查清洁度、添加剂含量和杂油混入量。

5. 中间退火

冷轧阶段的中间退火包括冷轧前的坯料预备退火和冷轧中间坯料退火，它们都属于软化退火。

1)坯料的预备退火

热轧状态坯料在组织及性能方面影响冷加工的主要问题是因终轧温度过低导致残留加工硬化和残余应力，以及具有相变的合金因热轧后冷却过快所造成的淬火效应，这些均使坯料塑性降低。因此某些合金冷轧前应进行预备退火。软铝合金、紫铜、普通黄铜等绝大部分铜合金，尽量不采用预备退火而直接进行冷轧。热处理强化铝合金(如 2A12、2A11、7A04 等)、复杂黄铜热加工后通常要进行退火，而直接采用铸坯作冷轧坯料时(如铜合金水平连铸带坯、铸轧铝带坯)，一般都要进行预备退火。还存在少数合金，如 QBe2.0 等，它们第二相析出对工艺塑性带来危害，淬火效应则有利于冷轧过程。必要时可对这一些合金在冷轧前进行淬火处理。

选择预备退火工艺参数的一般原则，与冷轧中间退火相同，不过由于预备退火后金属还要经过很大程度的冷变形，有时还要经过一次或几次中间退火，因此在工艺参数的控制上不如中间退火及成品退火严格。

2)冷轧中间坯料退火

冷轧中间坯料退火是为了消除此前冷轧产生的加工硬化，以利于继续冷轧。一般除塑性好变形抗力低的金属(如纯铝及紫铜)或者从坯料到成品，冷轧总变形量较小、轧机能力大等情况不需中间退火外，绝大多数有色合金在冷轧过程中均要中间退火。

中间退火温度通常取软化温度的上限，并适当缩短退火时间。一般应使金属发生充分再结晶，而又不造成过分的晶粒长大为原则。尤其是轧成品前的坯料退火(洗涤退火)，要注意防止金属过热、晶粒粗大，以免影响产品表面质量或最终性能。对同一合金，若厚度大，装炉量多，则退火温度可适当提高。保温时间的确定应保证再结晶的充分完成并力求退火后性能均匀。

中间退火，一般装炉量大，通常都采用快速加热，但锡磷青铜退火必须缓慢加热。

单相合金退火后可快速冷却。紫铜在高温下水冷，还有助于氧化皮的破裂，可减少酸洗所需时间及酸耗。对于产生相变的合金，则一般应在退火后以较慢的速度冷却。$(\alpha + \beta)$ 两相黄铜，3×××系、5×××系铝合金可在空气中冷却。具有淬火强化效应的合金如 HPb59-1、HPb63-3、QA19-2、QSi3-1、QSn4-4-4 及 HFe59-1-1 等铜合金，与 2×××系、6×××系、7×××系铝合金需随炉冷至某一温度后再进行空冷。

部分铝铜及其合金的中间退火制度参见表 2-12 与表 2-13。

表 2 - 12　部分铝及铝合金中间退火制度

合金	金属温度/℃	保温时间/h
1035	340 ~ 380	1
2A06，2A11，2A12	400 ~ 450	1 ~ 3
2A16	390 ~ 430	1 ~ 3
3A21（铸轧产品）	480 ~ 530	8 ~ 10
5A03，5A05	360 ~ 390	1
5A06	340 ~ 360	1
5052	390 ~ 400	4
7A04	390 ~ 410	1 ~ 3
8A06	340 ~ 380	1
8011	310 ~ 320	1

表 2 - 13　部分铜及铜合金的中间退火制度

合金牌号	金属温度/℃	保温时间/min
HPb59 - 1，HMn58 - 2，QA17，QA15	600 ~ 750	30 ~ 40
HPb63 - 3，QSn6.5 - 0.1，QSn6.5 - 0.4，QSn7 - 0.2，QSn4 - 3	600 ~ 650	30 ~ 40
BFe3 - 1 - 1，BZn15 - 20，BAl6 - 1.5，BMn40 - 1.5	700 ~ 850	40 ~ 60
QMn1.5，QMn5	700 ~ 750	30 ~ 40
B19，B30	780 ~ 810	40 ~ 60
H80，H68，HSn62 - 1	500 ~ 600	30 ~ 40
H95，H62	600 ~ 700	30 ~ 40
BMn3 - 12	700 ~ 750	40 ~ 60
TU1，TU2，TUP	500 ~ 600	30 ~ 40
T2，H90，HSn70 - 1，HFe59 - 1 - 1	500 ~ 600	30 ~ 40
QCd1.0，QCr0.5，QZr0.4，QTi0.5	700 ~ 850	30 ~ 40

2.5.5　有色金属板带箔材典型生产工艺举例

1. 3004 - H19 铝合金罐用带材生产

3004 铝合金是热处理不可强化铝合金，其成分（质量分数%）为：Mn1.0 ~ 1.5，Mg0.8 ~ 1.3，Fe≤0.7，Si≤0.3，Cu < 0.25，Zn < 0.25，总杂质含量 < 0.15，其余为 Al。

3004 强度比 3A21 高，有很好的加工性能、焊接性能和耐腐蚀性能，可用作饮料罐体。3004DI 罐（Drawn and Ironed Can）用带材，一般需给予 80% 以上的冷轧变形量，以超硬的 H19 状态供货，再经变薄拉拔成罐。它对材质要求很高，尤其是制耳率和强度指标。带材厚度一般为 0.3 ~ 0.4 mm，目前最薄的已达 0.25 mm，厚度偏差 ± 0.005 mm，制耳率控制在 2% ~ 4%，σ_b = 270 ~ 300 MPa，$\sigma_{0.2}$ = 260 ~ 280 MPa，δ 为 2% ~ 5%。

目前，罐料毛料采用铸锭热轧生产，并且最好是采用热连轧方式，要生产合格的罐料带材，除需要先进的生产设备外，还要求各种工艺参数（如合金成分与组织、均匀化温度、热轧温度、退火制度、冷变形程度等)最佳配合。罐用带材的生产水平即代表了铝薄带生产的先进水平。

为了尽量降低制罐时的制耳率，罐料生产时应使材料的再结晶织构与轧制织构达到合适比例。轧制织构倾向于造成45°制耳，而再结晶立方织构倾向于形成0°及90°制耳，这两种织构量在适当比例时，可使制耳倾向得到抑制。通常的做法是：热轧时使材料处于完全再结晶状态，热轧后应使带卷的再结晶立方织构达到85%以上。再严格控制冷轧变形量，最终使材料的轧制织构占再结晶织构量的25%左右。冷轧时，由于冷轧速度高，压下量大，H19 实际上处于回复状态，轧后不需要进行任何处理，即可保证后续拉深工艺顺序进行。

热连轧生产罐料毛料，再冷轧生产 3004 – H19 罐料的主要工艺过程如表 2 – 14 所示。也有的厂家因设备配置不同，采用工艺与上表有所不同。其目的亦都是为了使再结晶立方织构与轧制织构合理匹配，保持晶粒细化，提高材料成形性。

表 2 – 14   3004 – H19 罐用带材主要生产工艺过程

序号	工序名称	设备名称	工艺条件及工艺参数
1	熔炼	天然气反射熔炼炉、静置炉	严格按车间内部标准配料，并进行精炼净化处理。熔炼温度 730 ~ 760℃，用 SNIF 进行净化除气处理。Fe 含量以 0.3% ~ 0.4% 为宜，Pb 含量不应超过 0.0013%，并严格控制 H,Na 含量
2	铸造	半连续式铸造机	锭厚 300 mm 以上，铸造温度 460 ~ 510℃，用 Al – Ti – B 细化铸造组织，最好设置在线测氢仪，控制氢含量。用陶瓷过滤器对熔体过滤以防止尺寸大于 20 μm 的固态夹杂物存在，切实保证铸锭质量
3	锯切与铣面	带锯机、铣面机	头部切掉 150 mm，尾部切 200 mm，切定尺。两大面及侧面铣 8 ~ 15 mm，铣后表面粗糙度应小于 5 μm
4	均匀化与加热	托垫推进式均匀化与加热炉	均匀化处理与加热可同时在推进炉内进行，加热温度 600℃，保温时间 12 h；冷却降温 160 min，使表面温度降至 485℃，中心温度 500℃；加热升温 15 min，使表面温度上升到 490℃左右，保温 1h 后开始热轧。加热均匀化处理周期 23 h
5	热轧	1 + 4 四辊热连轧机组	开轧温度 500℃左右，热粗轧后带坯厚度是 28 ~ 30 mm，温度 400 ~ 410℃。喷淋乳液到 350 ~ 360℃进入精轧机轧至 2.5 mm 左右。精轧速度 300 ~ 400 m/min，终了带坯温度 325℃左右，成卷堆码冷以充分再结晶。采用乳液冷却润滑，热粗轧时浓度为 4% ~ 5%，热精轧为 7% ~ 8%，压力(5 ~ 8)×10⁴ Pa，温度为(60 ±5) ℃
6	冷轧	四辊及六辊不可逆冷轧机或冷连轧机	3 ~ 4 道次轧至 0.28 mm、H19 状态，使冷轧织构与再结晶立方织构处于最佳搭配，冷轧速度 120 ~ 160 m/min，水溶性轧制油冷却润滑
7	精整	清洗机组拉弯矫直机组剪切机组	冷轧后进行清洗，拉弯矫直，在切边、重卷时进行静电涂油
8	检查包装	人工	按 YS/T435 – 2000 进行

2．轧制铝箔生产

铝箔具有铝本身的一般性质。它易于压花、着色、涂层和印花，还可与纸或塑料复合，形成复合铝箔，此外铝箔具有良好的防潮、绝热等性能。它广泛应用于包装、装饰、家电、电子等方面。铝箔的生产方法有轧制法和真空沉积法。本节只介绍轧制法生产铝箔（素箔）。轧制铝箔的厚度范围为 0.004～0.2 mm。铝箔毛料采用连续铸轧料或铸锭热轧料再经冷轧而得，毛料卷坯的厚度为 0.40～0.60 mm，铝箔轧制对毛料质量有严格要求。轧制时采用全油润滑。薄规格铝箔必须采用双合轧制（叠轧）。轧制速度、张力、工艺润滑油是厚度调节和质量控制的重要手段。下面以厚度为 0.5 mm 毛料，生产 0.007 mm 工业纯铝箔为例，简介轧制铝箔的生产工艺过程（表 2－15）。

表 2－15　0.007 mm×1000 mm 退火状态（O 状态）工业纯铝箔生产工艺过程

序号	工序名称	设备名称	工艺技术特点
1	退火	车底式电阻退火炉	退火时金属温度 380～440℃，保温 1～2 h 左右。退火后平均晶粒直径不得大于 0.1 mm，性能软而均匀
2	铝箔粗轧	四辊不可逆铝箔粗轧机	0.5 mm 坯料 5 个道次轧到 0.014 mm：0.5→0.22→0.1 →0.055→0.025→0.014，低黏度轧制油润滑
3	合卷	合卷机	合卷可以在轧制线上与轧制同时进行，也可以单独在双合机上完成。合卷时须剪去侧边，保证两层齐整，并需向两层铝箔间喷洒雾状的润滑油
4	铝箔精轧	四辊不可逆铝箔精轧机	叠轧：0.014 mm×2 mm 一次轧至 0.007 mm×2 mm 轧制速度：700～1000 mm/min
5	分卷分切	分卷分切机	轧制完应尽快进行分卷和退火。将铝箔分解成单层，切成所需要的宽度和长度，卷到芯轴上
6	成品退火	箱式电阻炉	软化退火：温度为 280～300℃，退火时间为 30 h 左右（单纯的除油退火温度为 180～200℃，退火时间为 20 h 左右），慢速加热、慢速冷却
7	检验	人工	按 GB/T3198—2003 对表面状态、针孔情况、厚度等进行检查
8	包装、入库	人工或机械	按订货要求或后续加工需要作相应处理

3．3A21（3003）防锈铝板生产

3A21 是 Al－Mn 系防锈铝合金，其 Mn 含量为 1.0%～1.6%，且 Mn 具有固溶强化作用。该合金为热处理不可强化铝合金，其特点是强度比纯铝高，塑性好，焊接性能和抗蚀性好。3A21 防锈铝板生产工艺过程见表 2－16。

表 2-16　0.5 mm×2000 mm H₂₄ 态 3A21 防锈铝板生产工艺过程

序号	工序名称	设备名称	工艺条件及工艺参数
1	连续铸轧	φ940 mm×1340 mm 倾斜式连续铸轧机列	配料→熔炼（770~780℃，N₂-Cl₂ 精炼除气）→保温（740~760℃）→过滤（多孔陶瓷板）→晶粒细化（5% Ti + 1% B）→铸轧（温度 690~705℃，速度 850~900 mm/min，辊缝 6.2 mm）。卷坯尺寸：7.0 mm×1160 mm×L mm
2	冷轧	φ360/φ1000 mm×1400 mm 四辊不可逆轧机	轧 7 个道次：7.0→4.8→3.6→2.4→1.6→0.95→0.75→0.5 mm；轧件厚为 1.6 mm 时切边（每边切 30 mm），同时轧速不超过 3 m/s；全油润滑（煤油 + 添加剂）
3	剪切矫平	联合剪切机列	剪成 0.5 mm×1000 mm×2000 mm，矫平
4	退火	电阻退火炉	吹洗（177℃×1 h）→保温（340~360℃×3.5 h）→出炉空冷
5	检验	人工	化学成分、力学性能检查按 GB/T3880—1997，尺寸检查按 GB/T3194—1998，晶粒度检验按 GB/T3246-2—2000
6	包装	人工	按 GB/T3199—1996

4. 2A12 硬铝板生产

2A12 是 Al-Cu-Mg 系硬铝合金，主要合金成分为 3.8%~4.0% Cu，1.2%~1.8% Mg，0.3%~0.9% Mn。它是可热处理强化铝合金，经固溶处理、自然时效或人工时效后具有较高的强度，但其抗腐蚀性能和焊接性能较差。该合金具有良好的加工性能，共生产工艺过程见表 2-17。

表 2-17　1.0×1200×5000 mm T₄ 态 2A12 硬铝板生产工艺过程

序号	工序名称	设备名称	工艺条件及工艺参数
1	熔炼	天燃气炉	熔温：720~745℃；复益剂：NaCl + KCl（各 50%）；通 N₂-Cl₂ 气 8~10 min
2	铸造	半连续铸造机	铸温：700~710℃；铸速 70~83 mm/min，水压 0.15~0.2 MPa；导入 2A12 前用纯铝垫底
3	均匀化	电阻炉	490℃×15 h
4	锯切	圆盘锯	锯成 400 mm×1320 mm×4000 mm 锭坯
5	铣面	铣床	铣削成 385 mm×1320×4000 mm，用浓度 2%~20% 的乳流润滑与冷却
6	蚀洗	蚀洗槽	碱洗→冷水冲洗→酸洗→热水冲洗→擦干
7	包铝	包铝机	1A50 包铝板尺寸：12 mm×1320 mm×3200 mm
8	加热	双膛链式电阻炉	加热温度 390~440℃，时间 4~8 h
9	热粗轧	φ750/φ1400 mm×2800 mm 四辊可逆轧机	共轧 19 道次至 13.5 mm，开轧温度：390~410℃，终轧温度 330~360℃，乳液润滑
10	热精轧	φ650/φ1400 mm×2800 mm 四辊可逆轧机	轧至 4.0 mm；终轧温度 270±30℃；乳液润滑

续表

序号	工序名称	设备名称	工艺条件及工艺参数
11	退火	电阻退火炉	390～440℃，1 h，空冷
12	冷轧	φ650/φ1400 mm×2800 mm 四辊可逆轧机	轧至 1.0 mm，全油润滑（火油 50%～70%，32#机油 50～30%，油酸 1%～2%）
13	预剪	预剪机列	剪成 1.0 mm×1200 mm×5150 mm
14	淬火	盐浴槽	加热至 495℃，水淬
15	粗矫平	17 辊矫平机	淬火后 1 h 之内进行
16	压光	压光机	采用干压，总压下量小于 2%
17	剪切	双列剪切机	切出定尺 1.0 mm×1200 mm×5000 mm
18	精矫平	23 辊矫平机	达到平直度要求
19	检验	人工	按 GB/T3880—97（7 天自然时效后进行）
20	包装	人工	按 GB/T3880—1997

5. IC 引线框架铜合金带材生产

引线框架是支撑半导体集成电路芯片、散热和连接外部电路的关键部件。引线框架材料要求具有高强、高导电、高导热，良好的焊接性、耐蚀性、塑封性、抗氧化性、冲制性、光刻性等一系列综合性能。供冲制的带材必须具有精确的尺寸和均匀一致的力学与物理性能，对带材厚度、宽度、侧弯度及表面质量均有严格要求。当前主要铜框架合金的共同特点是添加元素在铜中的固溶度随着温度降低有很大变化，利用固溶强化和析出强化原理达到高强度、高导电率的目的。

生产 IC 引线框架带材的方法有两种，一是大铸锭高精度轧制，另一种是卧式连铸卷坯经铣面后再进行高精度轧制。但为了保证其优良的综合性能，坯料一般都采用大锭热轧。但对高导低强合金带水平连铸—冷轧方式也比较合适。

下面介绍一种主要的引线框架材料 C19400（QFe2.5）合金带的生产工艺过程。

C19400（QFe2.5）属中高强中导型材料，成分为 Cu97.0%，Fe2.1%～2.6%，P0.015%～0.15%，Zn0.5%～0.2%，Sn≯0.3%，Pb≯0.03%，杂质≯0.15%。本例中所生产的带材厚度 $h=0.254$ mm，状态为 SH、H、H/2，其生产工艺过程参见表 2-18。

表 2-18　引线框架带材生产工艺过程

序号	工序名称	设备名称	工艺条件及参数
1	熔炼	感应炉	控制合金成分与熔炼强度
2	铸造	立式半连铸机	锭坯尺寸 200 mm×600 mm×6000 mm
3	加热	煤气加热炉	加热温度：900℃～950℃
4	热轧	四辊轧机	轧后尺寸 10 mm×660 mm，终轧温度：700℃以上，总加工率 95%，在线淬水

续表

序号	工序名称	设备名称	工艺条件及参数
5	铣面	双面铣床	每面铣 0.3 mm，铣后 9.4 mm × 600 mm
6	冷初轧	四辊或六辊轧机	轧后尺寸 1.5 mm × 660 mm，冷轧总加工率：84%
7	切边	切边机	切边：20 mm/边，切后尺寸：1.5 mm × 620 mm
8	退火	钟罩式退火炉	540℃/8 h，检验 ρ、σ_b、δ 值符合工序标准规定
9	酸洗	连续酸洗机	在线检验控制表面质量
10	预精轧	六辊或十二辊轧机	三种状态轧后尺寸： (1)0.7 mm × 620 mm（SH）总加工率 53.3%； (2)0.45 mm × 620 mm（H）总加工率 70% (3)0.35 mm × 620 mm（H/2）总加工率 76.7%
11	连续退火	气垫式退火炉	(1)0.7 mm × 620 mm：650℃，34 m/min； (2)0.45 mm × 620 mm：610℃，40 m/min； (3)0.35 mm × 620 mm：610℃，40 m/min； 检验 R_a、ρ、σ_b、δ 值符合工序标准规定
12	精轧	十二辊轧机	轧后尺寸： (1)0.254 mm × 620 mm（SH） (2)0.254 mm × 620 mm（H） (3)0.254 mm × 620 mm（H/2） 成品加工率，检测值符合下面要求： (1)63.8%，σ_b 482～524 MPa，$\delta \geq 3\%$； (2)43.6%，σ_b 414～482 MPa，$\delta \geq 4\%$； (3)27.4%，σ_b 366～434 MPa，$\delta \geq 1\%$； 厚度公差 ±0.005 mm
13	脱脂清洗	清洗机组	在线检验控制表面质量
14	矫直	拉弯矫直机组	在线检验控制表面与板形质量
15	成品剪切、在线包装	纵剪机组	按用户要求宽度分切，检验平直度、边部质量、宽度符合标准要求后，按标准规定包装

6. QSn6.5 - 0.1 锡磷青铜带生产

锡磷青铜 QSn6.5 - 0.1 的主要成分为 6.0% ～7.0% Sn，0.1% ～0.25% P，Cu 为余量，杂质含量总和不大于 0.1%。该合金具有较高的强度、弹性、耐磨性、抗磁性和良好的冷加工性能，适用于制造弹簧和导电性好的弹簧接触片、精密仪器中的耐磨零件等。锡磷青铜铸造时存在枝晶偏析和反偏析，在加工前必须采用均匀化退火。它有一个热脆区，若采用热轧开坯就易产生裂边和中部开裂等，同时高温塑性区很窄，热轧温度难以控制，目前，国内外普通采用水平连续铸造带坯—冷轧工艺方式生产锡磷青铜带材。QSn6.5 - 0.1 锡磷青铜带生产工艺过程见表 2 - 19。

表 2 – 19　0.25 mm × 200 mm Y 态 QSn6.5 – 0.1 锡磷青铜带生产工艺过程

序号	工序名称	设备名称	工艺条件及参数
1	水平连铸	水平连铸机列	熔炼温度:1220 ~ 1240℃;铸温:1170 ~ 1190℃;水压:0.55 ~ 0.65 MPa;铸速:145 mm/min;带卷尺寸:14 mm × 630 mm
2	均匀化	均匀化炉	640 ~ 690℃,8 h,保护气体:N_2 + 5% H_2,O_2 < 1 ppm,NH_3 < 3 ppm
3	铣面	双面铣床	每面铣去 0.5 ~ 1.0 mm。也可先铣面再均匀化
4	冷轧	ϕ450/ϕ1150 mm × 1250 mm 四辊可逆轧机	轧至 4.4 mm,乳化液润滑
5	退火	钟罩式光亮退火炉	600 ~ 660℃,6 h
6	冷轧	同 4	轧至 1.2 mm,乳化液润滑
7	退火	同 5	580 ~ 620℃,6 h
8	冷轧	ϕ260/ϕ700 mm × 750 mm 四辊可逆轧机	轧至 0.37 mm,全油润滑
9	退火	气垫式光亮退火炉	520 ~ 580℃,6 h
10	冷轧	同 8	轧成 0.25 mm × 630 mm 带卷,全油润滑
11	低温退火	气垫式退火炉	200 ~ 250℃,1 ~ 2 h
12	表面清洗	清洗机组	碱洗(P3 – T7721)脱脂,苯丙三氮唑复合配方钝化处理
13	平整	拉弯矫直机	达到平直度要求
14	剪切	纵剪机列	剪成 3 条 0.25 mm × 200 mm 带卷
15	检查	人工	按 GB/T2059—2000,其中 σ_b = 500 ~ 700 MPa,δ > 8%
16	包装	人工	按 GB/T2059—2000

2.5.6　板带箔产品的主要缺陷与质量控制

板带箔产品常出现的缺陷,归纳起来主要有厚度超差;板形不良、表面缺陷及组织性能不合要求等。它们分别在热轧阶段和冷轧阶段产生,或在热轧阶段孕育而在冷轧阶段暴露。

1. 厚度超差

产生厚度超差的原因:当坯料厚度波动太大或超差;铸锭加热温度波动太大,坯料热处理后性能不均;压下分配不合理,操作或控制不当;张力不稳定或头尾失张;轧速变化太大,升降速时未及时调整压下;润滑冷却不均;测量不准等。生产中应根据具体条件和超差的原因,采取相应的合理措施予以消除。采用厚度自动控制系统 AGC 是保证厚度精度的可靠手段。

2. 板形不良

板带板形不良主要有波浪(单边、中间、两边及双侧波浪)、压折、侧弯、瓢曲、翘曲等。

波浪产生的主要原因列于表 2 - 20。实际生产中可能是其中某一个或几个原因，应视具体情况来分析，找出最主要的，采取有效措施。采用 AFC 系统是提高板形精度、消除板形缺陷最有效的控制手段。

压折的产生与波浪相似，当来料板形不好，或轧制中出现了严重的波浪瓢曲而被继续压皱，则产生压折，多出现于冷轧薄板带。压折导致擦伤、划伤，易发生断带及擦伤辊面。

表 2 - 20　几种主要波浪产生的原因

种　类	产　生　的　主　要　原　因
单边波浪与侧弯	1. 坯料一边厚一边薄，或坯料加热退火不均，两边性能不一； 2. 两边压下调整不一致，喂料不对中，或轧件跑偏；两边冷却润滑不均； 3. 辊型控制不对称； 4. 轧辊磨损不一样，或磨削的辊型中心顶点偏离轧制中心线。
中间波浪与瓢曲	1. 坯料中间厚，两边薄； 2. 辊型太大； 3. 道次压下量过小，或张力太大； 4. 轧制速度高，冷却润滑剂流量不足，冷却强度小使辊型增大。
两边波浪	1. 坯料两边厚，中间薄； 2. 辊型凸度太小，或磨损严重未及时换辊； 3. 道次压下量太大，或张力太小，头尾失张，断带张力减小； 4. 冷却润滑剂中部量太大，或辊较凉，两边辊颈发热。
双侧波浪	1. 坯料横断面厚度不均或性能不均； 2. 辊型凸度呈梯形，与板宽不适应； 3. 冷却润滑不均； 4. 轧辊磨损严重，或压完窄料改压宽料易出现。

侧弯产生的原因与单边波浪相同。瓢曲多见于宽而硬的薄轧件，产生原因与中间波浪相同。翘曲是轧制厚板易产生的板形缺陷，它主要是板材上下两面延伸不一致引起的。当两个工作辊径不相等（一般下辊径大于上辊时轧件上翘，反之向下弯）、压下量分配不合理（一般压下量太小易上翘，压下量太大易下弯）、上下辊的转速不一致或上下辊出现轴向错动、上下辊润滑不均或辊温下一致等，均会产生翘曲。

3. 表面缺陷

除了热轧过程中可能出现层裂、张嘴、缠辊及粘辊现象外，板带热轧冷轧中常见的表面缺陷有起皮、起泡、夹灰、裂纹、裂边、分层、辊印、压坑、金属及非金属压入、划伤、擦伤、腐蚀斑点及油斑等。这些缺陷与铸锭质量、轧制工艺及设备、轧辊质量、热处理、冷却润滑及操作水平等有关。常见表面缺陷产生的主要原因列于表 2 - 21。可针对其原因，采取相应措施。

表 2 - 21　板带轧制制品表面缺陷产生的主要原因

缺陷名称	产生的主要原因
热轧层裂、张嘴、缠辊	1. 铸锭质量不好，存在铸造弱面；2. 轧制表面变形；3. 润滑条件差。
粘辊	1. 金属黏性大；2. 加热氧化严重；3. 润滑条件差；4. 磨辊粗糙度不适当。
夹灰、起皮、起泡	1. 铸锭表面质量差及铸锭中的气孔、缩孔、冷隔及杂物在轧制过程暴露所致； 2. 坯料铣面时刀痕太深，来料划伤严重，在划沟内落入脏物及退火时氧化；有显微裂纹，并沿裂纹氧化； 3. 包铝板蚀洗、焊合不好； 4. 铸锭加热温度过高，时间过长，或吸气； 5. 辊面、轧件表面粘有脏物； 6. 冷却润滑剂不干净，或过滤精度差。
裂边、裂纹、分层	1. 铸锭中有气孔、缩孔或脆性杂物及铸造裂纹，热轧后坯料内部产生裂纹； 2. 铸锭加热温度过高，气氛不良产生裂纹，加热温度过低，边部冷却太快产生裂边； 3. 热轧冷轧加工率分配不合理，辊型控制不好，冷却润滑不良，延伸不均，热轧立辊轧边不当冷轧张力太大； 4. 铝合金边部包铝或表面包铝焊合不好； 5. 轧制时表面层与里层延伸不一致； 6. 坯料边部有小裂口、折皱等缺陷； 7. 轧前退火不够，边部晶粒粗大或氧化严重未铣干净。
辊印及压坑，金属及非金属压入	1. 轧辊轧件表面粘有金属及氧化物等杂物，形成压入或轧后杂物脱离表面出现压坑； 2. 轧辊表面硬度低，或磨损严重出现麻坑，或压折、粘辊出现的伤痕； 3. 冷却润滑剂不干净，或过滤精度差。
划伤及擦伤	1. 辊道或其他接触部件有尖硬物； 2. 轧件出辊速度、辊道或卷取机速度不同步，冷轧张力辊、压紧辊不转造成划伤； 3. 卷取过松或过紧，冷轧开卷张力过大，或张力波动太大，使带材层间相对错动。
表面腐蚀、油斑及水迹	1. 乳液或润滑油有腐蚀性，或退火性能差产生油斑； 2. 混入机械油，冷却润滑剂不干净； 3. 酸洗时带材表面残留有水或酸； 4. 产品放置时间太长，周围空气潮湿或有害气体腐蚀。

4. 组织性能不合格

影响产品性能的本质因素是制品的成分和组织，加工过程的各种工艺因素通过影响金属内部组织的变化来影响性能。产品性能对一般结构材主要是指力学性能。

除合金成分、铸造组织影响产品组织性能之外，热轧产品组织性能不合格的主要原因是终轧温度控制不当及加热温度不合理，变形量不够。

冷轧产品主要取决于冷轧加工硬化程度及热处理工艺。硬态、特硬态及加工率控制性能的半硬态产品，主要是成品总加工率控制不严，或坯料和成品厚度波动大导致组织性能不合。对于软态及成品退火控制性能的硬态和半硬态产品，主要是成品退火制度不合理，退火设备性能较差、加热时过热、过烧、氧化、吸气等原因造成的。也与成品退火前的冷轧总加工率大小有关。

上面讨论了轧制产品出现的各种缺陷及其产生原因等产品质量问题。质量是产品的生命，质量控制是一项系统工程，一个产品的整体质量等涉及到产品的生产与管理的各个环节。根据前面的分析，概括的说，为了防止产品出现各种缺陷，全面提高产品质量，主要从以下几个方面采取措施：

（1）坯料因素：合理调整金属的化学成分，改善铸锭质量，设法使成分组织均匀，减少坯料本身缺陷，正确的选择坯料尺寸。

（2）轧辊因素：合理设计轧辊辊型形状尺寸，保证其硬度，使其表面光洁，变形过程中注意合理调控轧辊温度。

（3）变形工艺因素：选择合适的变形程度，采取合理的温度－速度制度，保持良好的冷却润滑，注意减少外摩擦的有害影响，尽量减少变形的不均匀性，保持变形温度的均一性，尤其是要维持适当的变形终了温度。

（4）加热及热处理因素：采取合适的温度—时间制度，注意炉内气氛，尽量使被处理材料温度均匀。

（5）其他因素：勤于观察，细心操作，加强管理，注意各种辅助工序。生产过程中的产品质量问题要及时发现、纠正和去除，不带入下一道工序。

生产过程中情况是复杂的，有些质量问题不是单一因素造成的，针对具体问题，应全面分析，找出问题出现的实际主要原因，采取相应的针对性措施。

第 3 章　有色金属管棒型材加工

3.1　有色金属管棒型材挤压加工

3.1.1　挤压基本理论

1. 挤压时的金属流动

1) 研究金属流动的意义与方法

研究金属在挤压时的流动规律是非常重要的。这是因为挤压制品的组织、性能、表面质量、外形尺寸与形状精确度，以及工具设计原则等皆与之有密切的关系。采用不同的挤压方法，以不同的工艺参数来挤制特性各不相同的金属锭坯时，金属流动状态也会有所不同，甚至可能会存在很大差异。

挤压变形过程中金属流动行为的研究方法，可以分为解析法和实验法两大类。解析法有初等解析法(也称主应力法或平板假设法)、滑移线法、以上限法为代表的能量法、有限单元法等；实验法有坐标网格法、视塑性法、组合试件法、低倍与高倍组织法、光塑性法、云纹法，以及硬度法等等。

2) 挤压变形过程

根据金属在挤压过程中的流动特点，为了研究问题方便，通常把挤压变形过程划分为三个阶段：填充挤压阶段、基本挤压阶段和终了挤压阶段(也称缩尾挤压阶段)。这三个阶段分别对应于挤压力行程曲线上的Ⅰ、Ⅱ、Ⅲ区，如图 3 - 1 所示。

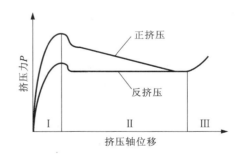

图 3 - 1　挤压过程的挤压力变化曲线

Ⅰ—开始挤压阶段；Ⅱ—基本挤压阶段；Ⅲ—终了挤压阶段

Ⅰ填充挤压阶段

挤压时，为了便于把锭坯顺利送入挤压筒中，一般根据挤压筒内径大小使坯料直径比挤压筒内径小 $0.5 \sim 10$ mm。理论上用填充系数 λ_c 来表示这一差值：

$$\lambda_c = \frac{F_0}{F_p}$$

式中：F_0——挤压筒内孔横断面积，mm^2；

　　　F_p——锭坯横断面积，mm^2。

由于挤压坯料直径小于挤压筒内径，在挤压轴压力作用下，根据最小阻力定律，金属首先向间隙流动，产生镦粗，直至充满挤压筒和模孔。随着坯料直径的增大，单位压力逐渐上升，当一部分金属与挤压筒壁接触后，接触摩擦及静水压力增大，使挤压力急剧直线上升。这一过程一般称为填充挤压过程或填充挤压阶段。

当锭坯的长度与直径之比中等（3~4）时，填充过程中会出现和锻造一样的鼓形［图 3-2（a）］，其表面首先与挤压筒壁接触。于是，在模子附近有可能形成封闭的空间。其中的空气或未完全燃烧的润滑剂产物，在继续填充过程中被剧烈压缩（压力高达 1000 MPa）并显著地发热。若锭坯的鼓形变形时侧面承受不了周向拉应力，会产生轴向微裂纹。高压气体有可能进入锭坯侧表面微裂纹中。这些含有气体的微裂纹在通过模孔时若被焊合，则制品内存在"气泡"缺陷；若未能焊合，制品表面上则会出现"起皮"缺陷。间隙愈大，这些缺陷产生的可能性愈大。

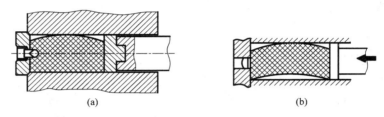

（a）　　　　　　　　　　　　　　　（b）

图 3-2　在卧式挤压机上挤压时形成的鼓形与封闭空间

（a）锭坯较短；（b）锭坯较长

为防止上述缺陷产生，在一般情况下希望填充系数尽可能小，以坯料能顺利装入挤压筒为原则。另一措施是采用坯料梯温加热法，即使坯料头部温度高、尾部温度低，填充时头部先变形，而筒内的气体通过垫片与挤压筒之间的间隙逐渐排出，如图 3-2（b）所示。

由于填充挤压时坯料头部的一部分金属未经过变形或变形很小即流入模孔，导致挤制品头部的组织性能差，一般挤制品均需切除头部。填充系数越大或挤压比越小，所需切头量就越大。

Ⅱ 基本挤压阶段

基本挤压阶段是从金属开始流出模孔到正常挤压过程即将结束时为止。在此阶段，当挤压工艺参数与边界条件（如坯料的温度、挤压速度、坯料与挤压筒壁之间的摩擦条件）无变化时（如图 3-1 所示），随着挤压的进行，正挤压的挤压力逐渐减小，而反挤压的挤压力则基本保持不变。这是因为正挤压时坯料与挤压筒壁之间存在摩擦阻力，随着挤压过程的进行，坯料长度减小，与挤压筒壁之间的接触摩擦面积减小，因而挤压力下降；而反挤压时，由于坯料与挤压筒之间无相对滑动，因而摩擦阻力无变化。

1）圆棒正挤压时金属的流动特点

金属在基本挤压阶段的流动特点因挤压条件不同而异。图 3-3 所示为一般情况下圆棒正挤压时金属的流动特征示意图。

由图 3-3（a）可知，平行于挤压轴线的纵向网格线在进出模孔时发生了方向相反的两次弯曲，其弯曲角度由中心层向外逐渐增加，表明金属内外层变形具有不均匀性。将每一纵向线两次弯曲的弯折点分别连接起来可得两个曲面，这两个曲面所包围的体积称为变形区。在理想情况下，这两个曲面为同心球面，球心位于变形区锥面构成的圆锥体之顶点，如图 3-3（a）所示。但是，如后所述，实际的变形区界面既非球面也非平面，其形状主要取决于外摩擦条件和模具的形状(包括模孔的大小),甚至变形区可以扩展到挤压筒内的整个坯料体积(图 3-8)。

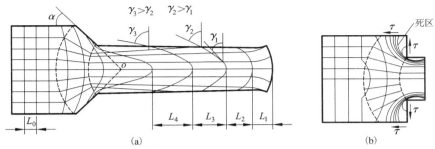

图 3-3　一般情况下圆棒正挤压时金属的流动特征图
(a)锥模挤压;(b)平模挤压

横向网格线在进入变形区后发生弯曲,变形前位于同一网格线上的金属质点,变形后靠近中心部位的质点比边部的质点超前许多,即在挤压变形过程中,金属质点的流动速度是不均匀的。产生这种流动不均匀的主要原因有两个方面,第一,中心部位正对着模孔,其流动阻力比边部要小;第二,金属坯料的外表面受到挤压筒壁和挤压模表面的摩擦作用,使外层金属的流动进一步受到阻碍而滞后。

以上是锥模挤压时的流动情况。当采用平模挤压,或者虽有锥模,但模角 α 较大时,位于模子与挤压筒交界处的金属受到模面和筒壁上的外摩擦作用,使得金属沿接触表面流动需要较大的外力。根据最小阻力定律,金属将选择一条较易流动的路径流动,从而形成了如图 3-4 所示的死区。理论上认为死区的边界为直线,如图 3-4 中虚线所示,且死区不参与流动和变形,死区形成后构成一个锥形腔,相当于锥模的作用。因此认为在基本挤压阶段,金属的流动特征与锥模挤压基本相同。

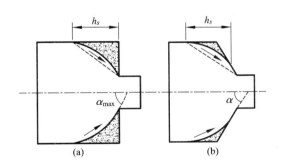

图 3-4　挤压死区形状示意图
(a)平模挤压;(b)锥模挤压

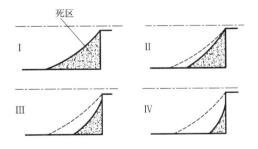

图 3-5　挤压过程中死区的变化
Ⅰ—挤压前期;Ⅱ、Ⅲ—挤压中期;Ⅳ—积压后期

而实际挤压时,死区的边界形状并非为直线,一般呈圆弧状,如图 3-4 中实线所示。而且由于在死区和塑性区的边界存在着剧烈滑移区,导致死区也缓慢地参与流动,死区的体积逐渐减少,如图 3-5 所示。

影响死区的因素如下:模角 α、摩擦状态、挤压比 λ、挤压温度 T_1、挤压速度 v_j、金属的强度特性，以及模孔位置等。增大模角和接触摩擦的条件都促使死区增大。增大挤压比将使α_{max}增大，死区体积减小。热挤压时的死区一般比冷挤压时的大，这是由于大多数金属材料在热态时的表面摩擦较大，同时金属与工具存在温度差，受工具冷却作用的部分金属变形抗力较高而难于流动。冷挤压时金属材料不用加热，大多采用润滑挤压。挤压速度越高，流动金属对死区的"冲刷"越厉害，死区越小。采用多孔模挤压或型材挤压时，死区大小有变化，离挤压筒壁较近的模孔处，死区较小。

2）反挤压时金属流动特点

与正挤压不同，反挤压时，除位于死区附近的金属与挤压筒有相对滑动外，其他部分的金属与挤压筒壁并不发生相对滑动，变形区仅集中在模孔附近处。变形区的高度视摩擦系数的大小及挤压温度而定，实验表明其最大的高度约为挤压筒直径的一半，死区的高度约为挤压筒直径的1/8～1/4。正挤压与反挤压时金属流动特征的比较见图3－6。反挤压时，由于变形区小，流动均匀，因此挤压缩尾和压余少，制品的力学性能沿长度方向较均匀。此外，反向挤压所需的挤压力小。

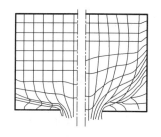

图3－6　反挤压（左）与正挤压（右）
　　　　网格变形特征的比较

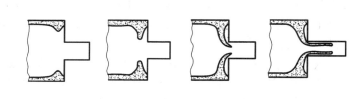

图3－7　反挤压时坯料表层流入制品皮下示意图

但是，模拟实验结果表明，由于反挤压时的死区体积较小且比较容易参与流动，使得坯料表面层容易流入制品的表皮之下，如图3－7所示。这种流动行为将形成起皮、起泡等缺陷，严重影响制品的表面质量。因此，反挤压时对坯料的表面质量要求较高，通常需要对坯料进行车皮或热剥皮。

3）在此阶段影响金属流动的因素

（1）制品的形状与尺寸

一般而言，当其他条件相同时，棒材挤压比型材挤压时金属流动均匀，而采用穿孔针挤压管材时的金属流动比挤压棒材时的金属流动均匀。对称度越低、宽高比越大、壁厚越不均匀、比周长越大（断面越复杂）的型材，挤压时金属流动的均匀性越差。

（2）挤压方法

挤压方法对金属流动均匀性的影响，有的是通过外摩擦的大小不同而产生影响的，有的则是不同挤压方法金属流动方式不同所致。例如，静液挤压是所有挤压方法中金属流动最均匀的，冷挤压比热挤压金属流动均匀，反挤压比正挤压金属流动均匀等，都是因为挤压筒内坯料表面上所受摩擦作用的大小不同所致；而正挤压比侧向挤压金属流动均匀，脱皮挤压比普通挤压金属流动均匀，零部件成形时经常采用的正反向联合挤压比单一的正挤压或反挤压金属流动均匀，则是因为挤压筒内金属流动方式不同所致。

（3）金属与合金种类的影响

金属与合金种类的影响主要体现在两个方面：一是金属或合金的强度，二是变形条件下坯料的表面状态。但如下所述，其实质都是通过坯料所受外摩擦影响的大小来起作用的。

一般来说，强度高的金属比强度低的金属流动均匀，合金比纯金属挤压流动均匀。这是因为在其他条件相同的情况下，强度较高（变形抗力较大）的合金，与模具之间的摩擦系数降低，摩擦的不利影响相对减小。

在热挤压条件下，不同金属坯料的表面状态不同，金属流动均匀性不同。例如，纯铜表面的氧化皮具有较好的润滑作用，所以纯铜挤压时的金属流动均匀性比黄铜（H80、H62、HSn70 - 1 等）的均匀。

（4）摩擦条件的影响

如前所述，挤压方法、合金的种类对金属流动均匀性的影响，主要是通过外摩擦的变化而产生的。平模挤压时金属的流动可以分为如图 3 - 8 所示的四种类型，它们主要取决于坯料与工模具之间的摩擦的大小。

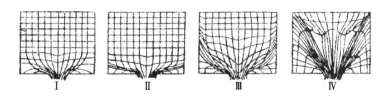

图 3 - 8　平模挤压时金属的典型流动类型

Ⅰ型流动是一种理想的流动类型，几乎不存在金属流动死区。这一类型只有坯料与挤压筒壁与模面之间完全不存在摩擦（理想润滑状态）的时候才能获得，实际生产中很难实现。模面处于良好润滑状态的反挤压、钢的玻璃润滑挤压接近这一流动类型。

Ⅱ型流动为处于良好润滑状态挤压时的流动类型，金属流动比较均匀。处于较好润滑状态的热挤压、各种金属与合金的冷挤压属于这一流动类型。实际的有色金属热反挤压时的金属流动类型，接近于Ⅱ型流动，或者介于Ⅰ型和Ⅱ型之间。

Ⅲ型流动主要为发生在低熔点合金无润滑热挤压时的流动类型，例如铝及铝合金的热挤压。此时金属与挤压筒壁之间的摩擦接近于黏着摩擦状态，随着挤压的进行，塑性区逐渐扩展到整个坯料体积，挤压后期易形成缩尾缺陷。

Ⅳ型流动为最不均匀的流动类型，当坯料与挤压筒壁之间为完全黏着摩擦状态，且坯料内外温差较大时出现。较高熔点金属（例如 $\alpha + \beta$ 黄铜）无润滑热挤压且挤压速度较慢时，容易出现这种流动行为。此时坯料表面存在较大摩擦，且由于挤压筒温度远低于坯料的加热温度，使得坯料表面温度大幅度降低，表层金属沿筒壁流动更为困难而向中心流动，导致在挤压的较早阶段便产生缩尾现象。

（5）挤压温度的影响

挤压温度能改变坯料的强度与表面状态，使合金发生相变，加上坯料内部温度的分布不同，都会导致挤压流动的不均匀。

（6）变形程度的影响

从网格实验的结果看，一般来说，当挤压比（变形程度）增加时，坯料中心与表层金属流动速度差增加，金属流动均匀性下降。但是，如前所述，金属流动均匀性与变形均匀性并不是一个等同的概念。由于挤压过程中剪切变形主要存在于坯料（或制品）的外周层，使得挤压制品表层部与中心部的实际变形程度（或称等效变形程度）相差较远。只有当挤压比大到一定程度时，剪切变形才可能深入到制品中心部，使制品横断面上的力学性能趋于均匀，如图3-9所示。由图不难理解，为了获得性能

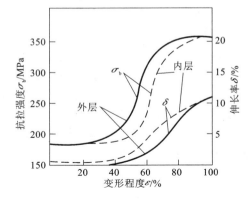

图3-9　挤压制品力学性能与变形程度的关系

均匀性较好的制品，实际生产中要求挤压比达到5~7（相当于变形程度>80%~85%）以上，对于棒材挤压的情形尤其是这样。

（7）工模具结构与形状的影响

①挤压模

挤压模的类型、结构、形状与尺寸是影响金属流动的显著因素。从挤压筒内金属流动的角度来看，分流模挤压比普通的实心型材模挤压金属流动均匀，多孔模挤压比单孔模挤压金属流动均匀。挤压模角（模面与挤压轴线的夹角）是影响金属流动均匀性的一个很重要的因素。由图3-10可知，模角越大，金属流动越不均匀。需要指出的是，图3-10的规律只对挤压比较小或润滑状态良好时的情形成立。对于大变形无润滑热挤压的情形，实验结果表明，获得较为均匀流动的最佳模角随挤压比的大小而变化。

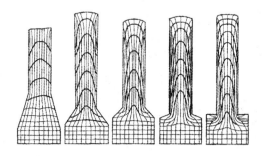

图3-10　挤压比较小时模角对金属流动的影响示意图

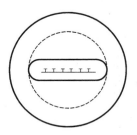

图3-11　铝合金整体壁板用扁挤压筒内孔形状
（虚线表示挤压同一型材所需圆挤压筒的内孔大小）

型材挤压时，模孔定径带长度对金属流动均匀性（尤其是模孔各位置金属流速均匀性）具有重要影响，以致实际生产中不等长定径带设计成为调节金属流动的十分重要而常用的手段，也成为型材模具设计的重要技术诀窍之一。

②挤压筒

实际生产中除采用圆形挤压筒外，还可根据需要采用内孔为椭圆等异型形状的扁挤压筒。在挤压宽厚比很大的铝合金整体壁板一类型材时，采用扁挤压筒挤压，如图3-11所示，

由于断面形状较为相似，有利于金属的均匀流动，同时由于挤压筒面积比相应圆挤压筒（图中虚线）面积小得多，挤压所需设备吨位大为减小。

③挤压垫片

挤压垫片与坯料接触的工作面可以是平面、凸面或凹面。凸面垫片可以减少压余体积，提高成材率；凹面垫片可以防止过早产生缩尾缺陷。凸面垫片促进金属的不均匀流动，凹面垫片可以减少不均匀流动，平面垫片介于二者之间。由于凹面垫片加工较困难，且使压余体积增加，因而普通挤压中几乎都使用平面垫片。

Ⅲ. 终了挤压阶段

终了挤压阶段是指在挤压筒内的锭坯长度减小到变形区压缩锥高度时的金属流动阶段。由于基本挤压阶段流动不均匀是靠未变形的锭坯供应体积的补充，才使金属得以连续流动。到了终了挤压阶段，这种纵向上的金属供应体积大大减小，锭坯后端金属迅速改变应力状态，克服挤压垫的摩擦作用，产生径向流动提前进入制品。

1）挤压缩尾及形成

挤压缩尾是出现在制品尾部的一种特有缺陷，主要产生在终了挤压阶段。一般在挤制的棒材、型材和厚壁管材的尾部，可能检测到。缩尾使制品内金属不连续，组织与性能降低。依其出现的部位，挤压缩尾有中心缩尾、环形缩尾和皮下缩尾三种类型。

（1）中心缩尾

当锭坯逐渐被挤出模孔，未变形区变短时，后端难变形区也渐渐变小到一个楔形区域。挤压垫对金属的高压作用和冷却作用，界面产生黏结，致使后端难变形区内的金属体积难以克服黏结力纵向补充到流速较快的内层。但是后端金属可以较容易地克服挤压垫上的摩擦阻力而产生径向流动。金属径向流动的增加，使金属硬化程度、摩擦力、挤压力增大，致使作用于挤压筒壁上的单位正压力 dN_t 和摩擦应力 τ_t 增大，于是破坏了它们与挤压垫上摩擦力 τ_d 间的平衡关系，进一步促使外层金属向锭坯中心流动。

图 3-12（a）为中心缩尾形成过程的示意图。外层金属径向流动时，将锭坯表面上常有的氧化皮、偏析瘤、杂质或油污一起带入制品中心，且彼此不可能焊合，从而破坏了挤制品所应有的致密性和连续性，使制品性能低劣。

（2）环形缩尾

此类缩尾出现在制品横断面的中间层部位。其形状呈一个完整的圆环，或是部分圆环。

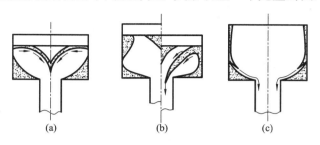

图 3-12　各种类型缩尾形成过程示意图
（a）中心缩尾；（b）环形缩尾；（c）皮下缩尾

环形缩尾产生的原因，是堆积在靠近挤压垫和挤压筒交界角落处的金属沿着后端难变形区的界面流向了制品中间层，如图 3-12（b）中所示。图的左半部分为锭坯外层金属开始径向流动的情况，其右半部分则显示出已形成的环形缩尾通过压缩锥进入模子工作带时的状态。

（3）皮下缩尾

皮下缩尾出现在制品表皮内，存在一层使金属径向上不连续的缺陷。其产生的原因是挤压时，剧烈滑移区金属和死区金属之间发生断裂或者形成滞流区，死区金属参与流动而包覆在制品的外面，形成分层或起皮，如图3-12(c)所示。

2）减少挤压缩尾的措施

（1）选用适当的工艺条件

使金属流动不均匀性得以改善，减少锭坯尾部径向流动的可能性。

（2）进行不完全挤压

根据不同合金材料和不同规格的锭坯挤压条件，以及具体生产情况，进行不完全挤压，即在可能出现缩尾时，便中止挤压过程。此时，留在挤压筒内的锭坯部分称为压余。压余长度据统计一般约为锭坯直径的10%～30%。

（3）脱皮挤压

这是在生产黄铜棒材和铝青铜棒材时常用的一种挤压方法。挤压时，使用了一种较挤压筒直径小约1～4mm的挤压垫。挤压时垫切入锭坯挤出洁净的内部金属，将带杂质的皮壳留在挤压筒内（图3-13）。然后取下挤压垫，换用清理垫将皮壳推出挤压筒。应

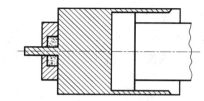

图3-13　脱皮挤压过程

当注意的是，不完整的皮壳会导致制品表面质量问题，因此生产中要使挤压垫对中以便留下一只完整的皮壳。为防止金属向后流出形成反挤压，挤压垫直径应控制在使皮壳壁厚不大于3mm。挤压厚壁管时，制品尾部也可能出现缩尾，但不应采用脱皮挤压。这是由于挤压垫的不对中可能使脱皮厚度不等，薄壁处（变形量大）对挤压垫的反作用力大于厚壁处，力的作用使挤压垫移动从而带动穿孔针径向移动，使针偏离其中心位置，导致管材偏心。每次脱皮挤压后的清理皮壳操作要彻底。

（4）机械加工锭坯表面

用车削加工清除锭坯表面上的杂质和氧化皮层，可以使径向流动时进入制品中心的金属纯净，消除缩尾的产生。但是，挤压前的加热仍需防止车削后的新表面再次氧化。

2. 挤压力的计算

1）挤压力及其影响因素

挤压杆通过挤压垫作用在锭坯上使之依次流出模孔的压力，称为挤压力。挤压过程中，挤压力随挤压杆的移动而变化。通常所说的挤压力和计算的挤压力是指挤压过程中的突破压力 P_{max}。挤压力是制订挤压工艺、选择与校核挤压机能力以检验零部件强度与工模具强度的重要依据。单位挤压力或挤压应力用 $\sigma_j = \dfrac{P_{max}}{F_d}$ 式计算，其中 F_d 为挤压垫面积。

影响挤压力的因素主要有：金属变形抗力、变形程度（挤压比）、挤压速度、锭坯与模具接触面的摩擦条件、挤压模角、制品断面形状、锭坯长度，以及挤压方法等。一般来说，在其他条件不便的情况下，挤压力大小与金属变形抗力成正比关系，但当金属成分不均或温度分布不均时，因金属变形抗力不均造成不能保持严格线性关系；随变形程度的增大，挤压力成

正比升高；挤压速度是通过变形抗力的变化影响挤压力的，若挤压速度较高，随挤压的继续进行，变形区金属温度升高，抗力降低，挤压力逐渐降低，若采用较低的速度，由于筒内金属的冷却，抗力增高，挤压力可能一直上升；接触面上摩擦系数越大，挤压力越大；随挤压模角的逐渐增大，挤压力先降低，后升高；制品断面形状只是在比较复杂的情况下，才对挤压力有明显的影响；正挤压时，锭坯越长，挤压力越大；挤压方法对挤压力的影响见图 3 - 1。

　　2）计算挤压力的理论公式

　　在大多数情况下，利用解析法或工程法的理论公式计算挤压力比较方便。目前，用于计算挤压力的公式很多，根据对推导时求解方法的归纳，可分为以下四组：

　　（1）借助塑性方程式求解应力平衡微分方程式所得到的计算公式；

　　（2）利用滑移线法求解平衡方程式所得到的计算公式；

　　（3）根据最小功原理和采用变分法所建立起来的计算公式；

　　（4）经验公式或简化公式，是基于挤压应力与对数变形指数 $\ln\lambda$ 之间存在的线性关系而建立起来的计算公式。

　　评价一个计算公式的适用性，首先是看它的精确度是否高，而这与该公式本身建立的理论基础是否完善、合理，考虑的影响因素是否全面有关；其次是能否应用于各种不同的挤压条件。公式的精确度也与其中包含的系数、参数选取是否正确有极大的关系。

　　目前，尽管滑移线法、上限法和有限元法等在解析挤压力学方面已有长足的进展，但是用在工程计算上尚有一定的局限性。它们或者由于只限于解平面应变，至多是轴对称问题，或者由于计算手续繁杂、工作量大而尚未获得广泛应用。因此，在挤压界一般仍广泛使用一些经验公式，简化公式，或者使用上述第①组方法所建立起来的挤压力公式。下面将详细介绍 И·Л·皮尔林挤压力计算公式。

　　皮尔林借助于塑性方程式和力平衡方程式联立求解的方法，建立了如表 3 - 1 所列的挤压力计算公式。由表可知，皮尔林公式在结构上是由四部分组成的：为了实现塑性变形作用在挤压垫上的力 R_s，为了克服挤压筒壁上的摩擦力作用在挤压垫上的力 T_t，为了克服塑性变形区压缩锥面上的摩擦力作用在挤压垫上的力 T_{zh}，以及为了克服挤压模工作带壁上的摩擦力作用在挤压垫上的力 T_g。在这里，它忽略了下述三个可能的作用力：克服作用于制品上的反压力（ + ）和牵引力（ - ）Q，克服因挤压速度变化所引起的惯性力 I，以及挤压末期克服挤压垫上摩擦力等。

表 3 - 1　И·Л·皮尔林挤压力公式汇总表

挤压条件 挤压力分量	棒型材		
	圆锭		扁锭
	单模孔挤压	多模孔挤压	单模孔挤压
R_s	$0.785(i+i_j)\left(\cos^{-2}\dfrac{\alpha}{2}\right)D_0^2\times2\bar{S}_{zh}$		$1.15a_0b_0i\alpha(\sin^{-1}\alpha)\times2\bar{S}_{zh}$
T_{zh}	$0.785i(\sin\alpha)D_0^2f_{zh}\bar{S}_{zh}$		$a_0b_0i(\sin^{-1}\alpha)f_{zh}\bar{S}_{zh}$
T_g	$\lambda F_g f_g S_{zh1}$	$\lambda\left(\sum F_g\right)f_g S_{zh1}$	$\lambda F_g f_g S_{zh1}$
T_t	$\pi D_0(L_0-h_s)f_t S_t$		$2(a_0+b_0)(L_0-h_s)f_t S_t$

续表

	圆管材		
挤压力分量 ＼ 挤压条件	圆锭		桥式舌模挤压
	圆柱式固定针挤压	瓶式固定针挤压	
R_s	$0.86i\left(D_0^2\cos^{-2}\dfrac{\alpha}{2}-d_1^2\cos^{-2}\dfrac{\varphi}{2}\right)\times 2\overline{S}_{zh}$		$0.75iD_0^2\times 2\overline{S}_{zh}$
T_{zh}	$\begin{aligned}&1.57\sin^{-1}\alpha(D_0^2-d_1^2)\\&\times\left[\ln\left(\dfrac{D_0-d_1}{D_1-d_1}\right)\right]f_{zh}\overline{S}_{zh}\end{aligned}$	$\begin{aligned}&\pi\left(\sin\dfrac{\alpha+\alpha_0}{2}\tan^{-2}\dfrac{\alpha-\alpha_0}{2}\right)\\&\times t_0^2\left(\ln\dfrac{t_0}{t_1}\right)f_{zh}\overline{S}_{zh}\end{aligned}$	$1.57D_0^2\left(\ln\dfrac{D_0-d_1}{D_1-d_1}\right)\overline{S}_{zh}$
T_g	$\pi(D_0+d_1)h_g\lambda f_g S_{zh1}$		
T_t	$\pi(D_0+d_1)(L_0-h_s)f_t S_t$		$\pi D_0 L_0 f_t S_t$

注：1. $i_j=\ln\sqrt[4]{\sum F_1\bar{t}^{-2}}$ 挤压 m 个等断面圆棒时，$i_j=\dfrac{1}{4}\ln m$；单模孔挤压圆棒时，$i_j=0$；F_1—制品断面积。

2. $\bar{t}$—型材平均壁厚，$\bar{t}=(t_1+t_2+\cdots+t_n)/n$。

3. a_0,b_0—填充挤压后的锭坯宽度与高度。

4. φ—挤管时，压缩锥开始球面与穿孔针表面的交线至锥顶连线所成夹角，$\varphi=\sin^{-1}\left(\dfrac{d_1}{D_0}\sin\alpha\right)$。

5. d_0,d_1—瓶式针的针杆与针尖的直径，d_1 亦表示圆柱式针直径。

6. α—挤压模半锥角；平模正挤压时，$\alpha=60°$；平模反挤压时，$\alpha=80°$。

7. α_0—瓶式针过渡锥面半锥角。

8. T_t—对反挤压和静液挤压，令 $T_t=0$，对圆柱式随动针挤压，可按圆柱式固定针挤压的公式计算，令 $d_1=0$。

9. h_s—对 $\alpha>60°$ 时，$h_s=\dfrac{D_0-D_1}{2}(0.58-\cot\alpha)$；对 $\alpha\leqslant 60°$ 时，$h_s=0$。

10. t_0,t_1—穿孔后锭坯和管子的壁厚。

11. $f_{zh},f_g,f_t,\overline{S}_{zh},S_g,S_t$ 的值见相关专著。

a. 为了实现塑性变形作用在挤压垫上的力 R_s（不计接触摩擦）

为简化推导过程，提出以下假设：

①主应力面球面假定——变形区压缩锥主应力面设为球面形；

②平均化假定——压缩锥主应力球面上的塑性变形抗力 K_{zhx}、主应力 σ_{lx}，以及流动速度皆均匀分布，且终了球面 $A_1B_1C_1$ 上的主应力 $\sigma=0$；

③$\tau_k=fS$——接触表面上的摩擦遵守库仑摩擦定理。

根据以上假设，作用在开始球面上的变形力 R_s 为：

$$R_s=\sigma_{l_0}F_p \qquad\qquad (3-1)$$

式中：σ_{l_0}——$\overparen{A_0B_0}C_0$ 面上的应力；

F_P——$\overparen{A_0B_0}C_0$ 面的面积。

如图 3-14 所示，用单孔锥模挤制圆棒时，变形区压缩锥由接触锥面、开始球面 $\overparen{A_0B_0}C_0$ 和终了球面所围成，锥顶在 O 点。在压缩锥内取两个距终了球面分别为 x 和 $x+\mathrm{d}x$ 的无限接

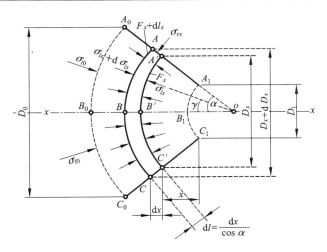

图 3 - 14　塑性变形区压缩锥内的平均主应力示意图

近的同心球面 $\overset{\frown}{ABC}$ 和 $\overset{\frown}{A'B'C'}$。它们构成了一个单元体，其上分别作用有主应力 σ_{lx}、$\sigma_{lx} + \mathrm{d}\sigma_{lx}$ 和 σ_{rx}。根据前述，已知 $\sigma_l > \sigma_r$，则可认为在塑性变形区压缩锥内的塑性条件是：

$$|\sigma_r| - |\sigma_l| = 2\overline{S}_{zh} = \overline{K}_{zh} \tag{3-2}$$

式中：$\overline{S}_{zh}$——塑性变形区压缩锥内的金属平均塑性剪切应力；

$\overline{K}_{zh}$——塑性变形区压缩锥内的金属平均变形抗力。

写出作用于单元体上在 $x - x$ 轴方向上的力平衡方程式。为此，先分别求出作用在 $\overset{\frown}{ABC}$ 和 $\overset{\frown}{A'B'C'}$ 两个球面上所有单元力在 $x - x$ 轴上的投影。

在 $\overset{\frown}{ABC}$ 面上

$$\iint\limits_{ABC} (\sigma_{lx} + \mathrm{d}\sigma_{lx})\cos\gamma\mathrm{d}F_x = (\sigma_{lx} + \mathrm{d}\sigma_{lx})\left[\frac{\pi}{4}(D_x + \mathrm{d}D_x)^2\right] \tag{3-3a}$$

在 $\overset{\frown}{A'B'C'}$ 面上

$$\iint\limits_{A'B'C'} \sigma_{lx}\cos\gamma\mathrm{d}F_x = \sigma_{lx}\left(\frac{\pi}{4}D_x^2\right) \tag{3-3b}$$

式中：γ——σ_{lx} 与 $x - x$ 轴间的变动夹角。

作用于单元体上的 $x - x$ 轴上投影分力的力平衡方程式为：

$$(\sigma_{lx} + \mathrm{d}\sigma_{lx})\left[\frac{\pi}{4}(D_x + \mathrm{d}D_x)^2\right] - \sigma_{lx}\left(\frac{\pi}{4}D_x^2\right) - \sigma_{rx}\left(\pi D_x \frac{\mathrm{d}x}{\cos\alpha}\right)\sin\alpha = 0 \tag{3-4}$$

将(3-3)式和由几何关系得到的 $x = \dfrac{D_x - D_1}{2\tan\alpha}$，$\mathrm{d}x = \dfrac{\mathrm{d}D_x}{2\tan\alpha}$ 代入(3-4)式，经整理简化后得：

$$\frac{\mathrm{d}\sigma_{lx}}{2\overline{S}_{zh}} = \frac{2\mathrm{d}D_x}{D_x} \tag{3-5}$$

以边界条件为

$D_x = D_1$ 时，$\sigma_{lx} = 0$；

$D_x = D_0$ 时, $\sigma_{lx} = \sigma_{l0}$ ；

对(3 – 5)式积分, 得主应力面 $\overparen{A_0 B_0 C_0}$ 上的轴向应力 σ_{l0} ：

$$\sigma_{l0} = 2\bar{S}_{zh} \ln \frac{D_0^2}{D_1^2} = 2i\bar{S}_{zh} \qquad (3-6)$$

式中: $i = \ln \dfrac{D_0^2}{D_1^2} = \ln\lambda$ 。

而 $\overparen{A_0 B_0 C_0}$ 是球缺的球面, 其球面面积按(3 – 7)式计算。

$$F_P = \frac{\pi D_0^2}{4\cos^2\dfrac{\alpha}{2}} = \left(\cos^{-2}\frac{\alpha}{2}\right)F_0 \qquad (3-7)$$

式中: F_0 、D_0 ——挤压筒内孔的横断面积与直径。

将(3 – 6)式与(3 – 7)式代入(3 – 1)式中, 得 R_s 力的计算公式：

$$R_s = \left(\cos^{-2}\frac{\alpha}{2}\right)F_0(2\bar{S}_{zh})i \qquad (3-8)$$

由(3 – 8)式可以看出, 变形力的大小与挤压模模角 α 、挤压比 λ 、挤压筒模断面积 F_0 ，以及金属变形抗力的大小成正比。当用平模挤压圆棒时, 变形区压缩锥面为死区界面, 其角可取 $60°$, 此时的变形力计算式为(3 – 9)式的形式：

$$R_s = 2.66iF_0\bar{S}_{zh} \qquad (3-9)$$

b. 为了克服挤压筒壁上的摩擦阻力作用在挤压垫上的力 T_t 。

在推导作用在挤压筒壁上的摩擦阻力计算公式时, 应考虑基本挤压阶段开始出现突破压力时的筒壁摩擦面积。由于死区已形成, 因此, 挤压筒壁的摩擦面积计算式是 $F_t = \pi D_0(L_0 - h_s)$ 。T_t 则按下式计算：

$$T_t = F_t\bar{\tau} = \pi D_0(L_0 - h_s)f_t\bar{S}_t \qquad (3-10)$$

式中: L_0 ——填充挤压后的锭坯长度；

h_s ——死区高度, 按表3 – 1的注示给出的计算式计算；

f_t ——挤压筒壁上的摩擦系数；

$\bar{S}_t$ ——挤压筒内金属的平均塑性剪切应力。

c. 为了克服塑性变形区压缩锥面上的摩擦阻力作用在挤压垫上的力 T_{zh} 。

挤压时, 金属质点在通过塑性变形区压缩锥时获得了一个加速度, 流动速度越来越快, 使金属与接触界面的相对移动速度时刻发生变化。因此, 在推导 T_{zh} 力计算式时, 应当采用功率平衡方程式求解。当挤压垫为克服压缩锥面上的摩擦阻力所付出的功率为 N_1 , 而挤压垫的移动速度为挤压速度 v_j 时, N_1 用下式计算：

$$N_1 = T_{zh}v_j \qquad (3-11)$$

它应当与锥面上阻止金属流动的反功率 N_2 相等。反功率 N_2 推导如下。

如图3 – 15所示, 在距出口断面 x 和 $x + dx$ 处取出一厚 dl 的单元体。其侧表面积用 dF 表示：

$$dF = \pi D_x dl = \pi D_x \frac{dx}{\cos\alpha}$$

根据金属单元体秒流量不变原则, 可以认为任意断面上的流动速度是：

$$v_x = \frac{D_0^2}{D_x^2} v_j$$

作用在单元体锥面上的摩擦阻力反作用功率 dN_x 按下式计算：

$$dN_x = \left(\pi D_x \frac{dx}{\cos\alpha} \right) \frac{D_0^2}{D_x^2} v_j \tau_{zh}$$

而

$$dx = \frac{dD_x}{2\tan\alpha}$$

$$\tau_{zh} = f_{zh} \overline{S}_{zh}$$

得

$$dN_x = \frac{\pi D_0^2}{2\sin\alpha} \cdot \frac{dD_x}{D_x} v_j f_{zh} \overline{S}_{zh} \qquad (3-12)$$

以边界条件为

$$D_x = D_0 \text{ 时}，N_x = 0；$$
$$D_x = D_1 \text{ 时}，N_x = N_2$$

对 $(3-10)$ 式积分，得压缩锥面上的摩擦阻力反作用功率 N_2：

$$N_2 = \frac{iF_0}{\sin\alpha} v_j f_{zh} \overline{S}_{zh} \qquad (3-13)$$

由于 $N_1 = N_2$，得力 T_{zh} 计算公式：

$$T_{zh} = \sin^{-1}\alpha i F_0 f_{zh} \overline{S}_{zh} \qquad (3-14)$$

应用 $(3-14)$ 式进行计算时应注意：正挤压条件下，无论使用锥模（$\alpha > 60°$）或平模（$\alpha = 90°$），压缩锥角 α 都取 $60°$ 值；使用平模反挤压时，α 则取 $75° \sim 80°$。这是由于，在平模挤压时，压缩锥面上不再是金属与模子锥面间的外摩擦，可以认为是死区界面金属与滑移区金属间的内摩擦，变形区压缩锥部分的摩擦应力 τ_{zh} 达到金属塑性变形时的最大剪切应力 $\tau_{\max}$ 值，亦即等于 $\overline{S}_{zh}$。于是，$f_{zh} \approx 1$。

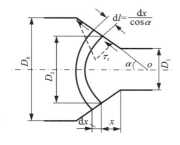

图 3-15　确定的示意图

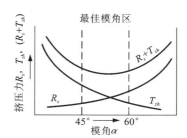

图 3-16　R_s、T_{zh} 与 α 的关系曲线

d. 为了克服工作带摩擦阻力作用在挤压垫上的力 T_g。

挤压垫的移动速度 v_j 低于工作带壁上的流出速度 v_l，$v_l : v_j = \lambda$，所以仍采用功率平衡方程式求解。

挤压垫为克服工作带侧表面摩擦阻力 F_g 所付出的功率用 N_1 表示：

$$N_1 = T_g v_j \qquad (3-15a)$$

而挤压模工作带壁上的摩擦反作用功率 N_2：

$$N_2 = \tau_g F_g \lambda v_j \qquad\qquad\qquad (3 - 15b)$$

根据功率平衡方程式 $N_1 = N_2$ 得力 T_g 计算公式：

$$T_g = \lambda \pi D_1 h_g f_g \bar{S}_g \qquad\qquad\qquad (3 - 16)$$

式中：h_g——工作带长度；

　　　f_g——工作带壁上的摩擦系数；

　　　$\bar{S}_g$——变形区压缩锥出口处金属塑性剪切应力。

在推导了上述四个力的计算公式(3-9)、(3-10)、(3-14)和(3-16)之后，按下式叠加，便可得到圆锭单模孔正向挤压圆棒时的总挤压力计算公式。

$$P = R_s + T_t + T_{zh} + T_g$$

整理后，得皮尔林挤压力计算公式：

$$P = \left[\pi D_0 (L_0 - h_s)\right] f_t \bar{S}_t + 2iF_0 \left[\frac{f_{zh}}{2\sin\alpha} + \frac{1}{\cos^2 \dfrac{\alpha}{2}}\right] \bar{S}_{zh} + \lambda\pi(D_1 h_g) f_g \bar{S}_g \qquad (3 - 17)$$

(3-17)式的第二项显示了模角 α 的作用，随着 α 角增大，R_s 增大而 T_{zh} 减小，将此关系制成曲线如图 3-16 所示。由图可见，当 $\alpha = 45° \sim 60°$ 时，挤压力 P 最小。用符号 Y：

$$Y = \frac{f_{zh}}{2\sin\alpha} + \frac{1}{\cos^2 \dfrac{\alpha}{2}}$$

引入(3-17)式中的第二项。令 $f_{zh} \approx 1$，作出平模挤压的 $Y-\alpha$ 关系曲线可知，当 $\alpha = 50°$ 时 Y 值最小，挤压力亦最小。这一结果与前面述及的挤压力最小的最佳模角范围 $\alpha = 45° \sim 60°$ 是一致的。此外，随着变形区内摩擦系数 f_{zh} 值的减小，曲线上的 Y 最小值将向小模角方向移动。这一分析已为静液挤压实验所证实。

3.1.2　挤压制品的组织与性能

1. 挤压制品的组织

1) 挤压制品组织不均匀性

就实际生产中广泛采用的普通热挤压而言，挤压制品的组织与其他加工方法(例如轧制、锻造)相比，其特点是在制品的断面与长度方向上都很不均匀，一般是头部晶粒粗大，尾部晶粒细小；中心晶粒粗大，外层晶粒细小(热处理后产生粗晶环的制品除外)。但是，在挤压铝和软铝合金一类低熔点合金时，由于后述的原因，也可能制品中后段的晶粒度比前端大。挤压制品组织不均匀性的另一特点是部分金属挤压制品表面出现粗大晶粒组织。

挤压制品的组织在断面和长度上出现不均匀性，主要是由于不均匀变形而引起的。根据挤压流动变形特点的分析可知，在制品断面上，由于外层金属在挤压过程中受模子形状约束和摩擦阻力作用，一般情况下金属的实际变形程度由外层向内逐渐减少，所以在挤压制品断面上会出现组织的不均匀性；在制品长度上，同样是由于模子形状约束和外摩擦的作用，使金属流动不均匀性逐渐增加，所承受的附加剪切变形程度逐渐增加，从而使晶粒遭受破碎的程度由制品的前端向后端逐渐增大，导致制品长度上的组织不均匀。

造成挤压制品组织不均匀性的另一因素是挤压温度与速度的变化。一般在挤压比不高、挤压速度极慢的情况下，坯料在挤压筒内停留时间长，坯料前部在较高温度下进行塑性变形，金属在变形区内和出模孔后可以进行充分的再结晶，故晶粒较大；坯料后端由于温度低（由于挤压筒的冷却作用），金属在变形区内和出模孔后再结晶不完全，故晶粒较细，甚至出现纤维状冷加工组织。而在挤压铝和软铝合金时，由于坯料的加热温度与挤压筒温度相差不大，当挤压比较大或挤压速度较快时，由于变形热与坯料表面摩擦热效应较大，可使挤压中后期变形区内温度明显升高，因此也可能出现制品中后段的晶粒度比前端大的现象。

在挤压两相或多相合金时，由于温度的变化，使合金处在相变温度下进行塑性变形，也会造成组织的不均匀性。

2）粗晶环

如上所述，挤压制品组织的不均匀性还表现在某些金属或合金在挤压或随后的热处理过程中，在其外层出现粗大晶粒组织，通常称之为粗晶环，如图 3 - 17 所示。

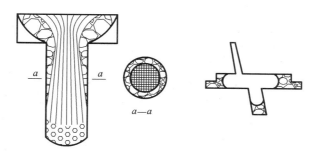

图 3 - 17　LY11 挤压棒材和 LY12 挤压型材淬火后的粗晶环组织

纯铝、MB15 镁合金挤压制品的粗晶环等在挤压过程中即已形成。这种粗晶环的形成原因是，金属的再结晶温度比较低，在挤压温度下可发生完全再结晶。如前所述，由于模子形状约束与外摩擦的作用造成金属流动不均匀，外层金属所承受的变形程度比内层大，晶粒受到剧烈的剪切变形，晶格发生严重的畸变，从而使外层金属再结晶温度降低，容易发生动态再结晶并长大，形成粗晶组织。由于挤压不均匀变形是从制品的头部到尾部逐渐加剧的，因而粗晶环的深度也由头部到尾部逐渐增加。

影响粗晶环的因素有以下一些：

（1）挤压温度。随着挤压温度的增高，粗晶环的深度增加。这是由于挤压温度升高后，金属的 σ_s 降低，变形不均匀性增加，促进了再结晶的进行；高温挤压有利于第二相的析出与集聚，减弱了对晶粒长大的阻碍作用。

（2）挤压筒加热温度。当挤压筒温度高于坯料温度时将促使不均匀变形减小，从而可减小粗晶环的深度。

（3）均匀化。均匀化对不同铝合金的影响不一样。由于均匀化温度一般是在 470～510℃ 之间，在此温度范围内，LD2 一类合金中的 Mg_2Si 相将大量溶入基体金属，可以阻碍晶粒的长大；而对于 LY12 一类合金，却会促使其中的 $MnAl_6$ 从基体中大量析出。在长时间高温的作用下，$MnAl_6$ 弥散质点集聚长大，从而使再结晶温度和阻止再结晶的能力降低，导致粗晶环深度增加。

（4）合金元素。合金中锰、铬、钛、铁等元素的含量与分布状态对粗晶环有明显影响。

（5）应力状态。实验证明，合金中存在的拉应力将促进扩散速度的增加，而压应力则能降低 Mn 扩散速度。其结果是，外层金属中析出的锰比中心部分多，降低了对再结晶的抑制作用，产生一次再结晶。再结晶晶粒长大形成粗晶。

（6）热处理加热温度。一般来说，热处理加热温度越高，粗晶环的深度越大。

粗晶环是铝合金挤压制品的一种常见组织缺陷，它引起制品的力学性能和耐蚀性能的降低，例如可使金属的室温强度降低 20% ~ 30%。

减少或消除粗晶环的最根本方法，一是尽可能减少挤压时的不均匀变形，二是控制再结晶的进行。

3）层状组织

在挤压制品中，常常可以观察到层状组织。层状组织的特征是制品在折断后，呈现出与木质相似的断口，分层的断口表面凹凸不平，分层的方向与挤压制品轴向平行，继续塑性加工或热处理均无法消除这种层状组织。铝青铜挤压制品容易形成层状组织。层状组织对制品纵向（挤压方向）力学性能影响不大，而使制品横向力学性能降低。例如，用带有层状组织的材料做成的衬套所能承受的内压要比无层状组织的材料低 30% 左右。

实际生产经验证明，产生层状组织的基本原因是在坯料组织中存在大量的微小气孔、缩孔，或是在晶界上分布着未被溶解的第二相或者杂质等，在挤压时被拉长，从而呈现层状组织。层状组织一般出现在制品的前端，这是由于在挤压后期金属变形程度大且流动紊乱，从而破坏了杂质薄膜的完整性，使层状组织程度减弱。

防止层状组织出现的措施，应从坯料组织着手，减少坯料柱状晶区，扩大等轴晶区，同时使晶间杂质分散或减少。另外，对于不同的合金还有一些相应的解决办法。

2. 挤压制品的力学性能

1）力学性能的不均匀性

挤压制品的变形和组织不均匀性必然相应地引起力学性能不均匀性。一般来说，实心制品（未经热处理）的心部和前端的强度（σ_b、σ_s）低，伸长率高，而外层和后端的强度高，伸长率低，如图 3 – 18。

但对于挤压纯铝、软铝合金（LF21

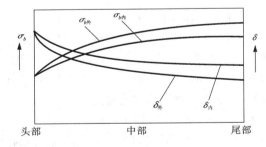

图 3 – 18　挤压棒材纵向和横向上的力学性能不均匀

等）来说，由于挤压温度较低，挤压速度较快，挤压过程中可能产生温升，同时挤压过程中所产生的位错和亚结构较少，因而挤压制品力学性能不均匀性特点有可能与上述情况相反。

挤压制品力学性能的不均匀性也表现在制品的纵向和横向性能差异上（即各向异性）。挤压时的主变形图是两向压缩一向延伸变形，使金属纤维都朝着挤压方向取向，从而使其力学性能的各向异性较大。一般认为，制品的纵向与横向力学性能不均匀，主要是由于变形织构的影响，但还有其他方面的原因。即挤压后的制品晶粒被拉长；存在于晶粒间金属化合物沿挤压方向被拉长；挤压时气泡沿晶界析出等。

2）挤压效应

挤压效应是指某些铝合金挤压制品与其他加工制品（如轧制、拉拔和锻造等）经相同的热处理后，前者的强度比后者高，而塑性比后者低。这一效应是挤压制品所独有的特征，表 3

－2 所示为几种铝合金以不同加工方法经相同淬火时效后的抗拉强度值。

表 3－2　几种铝合金以不同加工方式经相同淬火时效后的强度（MPa）

制品　　合金	6A02（LD2）	2A14（LD10）	2A11（LY11）	2A12（LY12）	7A04（LC4）
轧制板材	312	540	433	463	497
锻件	367	612	509	－	470
挤压棒材	452	664	536	574	519

挤压效应可以在硬铝合金（2A11、2A12）、锻铝合金（6A02、LD5、2A14）和 Al－Cu－Mg－Zn 高强度铝合金（7A04、7A06）中观察到。应该指出的是，这些合金挤压效应只是用铸造坯料挤压时才十分明显。在经过二次挤压（即用挤压坯料进行挤压）后，这些合金的挤压效应将减少，并在一定条件下几乎完全消除。当对挤压棒材横向进行变形，或在任何方向进行冷变形（在挤压后热处理之前）时，挤压效应也降低。

产生挤压效应的原因，一般认为有如下两个方面：

（1）变形与织构。由于挤压使制品处在强烈的三向压应力状态和二向压缩一向延伸变形状态，制品内部金属流动平稳，晶粒皆沿挤压方向流动，使制品内部形成较强的[111]织构，即制品内部大多数晶粒的[111]晶向和挤压方向趋于一致。对面心立方晶格的铝合金制品来说，[111]方向是强度最高的方向，从而使得制品纵向的强度提高。

（2）合金元素。凡是含有锰、钛、铬或锆元素的热处理可强化的铝合金都会产生挤压效应。能抑制再结晶过程的锰、锆等元素，使热处理后的制品内保留有未再结晶的加工织构。

在大多数情况下，铝合金的挤压效应是有益的，它可保证构件具有较高的强度，节省材料消耗，减轻构件重量。但对于要求各个方向力学性能均匀的构件（如飞机大梁型材），则不希望有挤压效应。

4）挤压工艺参数对制品组织与性能的影响

挤压制品的组织性能对结构件用途特别重要。对成品或毛料，都要求低倍组织不得存在偏析聚集、缩尾、裂纹、气孔、成层及外来夹杂物，要求粗晶环的深度不超过允许值；对成品还要求高倍显微组织不得过烧。

热挤压与其他热加工法一样，主要加工工艺参数是温度、速度和变形程度。前面内容已分散述及组织、性能特征和工艺参数的作用。由于工艺参数对制品组织与性能以及生产经济效益均有显著的影响，故综合分析如下：

（1）挤压温度。挤压温度对热加工状态的组织、性能的影响极大，挤压温度越高，制品晶粒越粗大。而某些会发生高温相变的合金，在高于相变温度时挤压，晶粒会变得很粗大。

（2）挤压速度。挤压速度对制品组织与性能的影响主要通过改变金属热平衡来实现。挤压速度低，金属热量逸散较多，致使挤压制品尾部出现加工组织；挤压速度高，锭坯与工具内壁接触时间短，热量传递来不及进行，有可能形成变形区内的绝热挤压过程，使金属的出口温度越来越高，导致制品表面裂纹。即使在非绝热挤压过程中，一般也是挤压速度越高，温升越大。

实际生产中，挤压速度常受挤压温度的制约。挤压温度高时，必须在较低速度下进行挤压；在较低温度挤压时，才允许提高挤压杆速度。速度的提高以不影响挤压制品质量为条件。适当降低锭坯温度可以成倍地提高金属流出速度，这样可以提高挤压机生产率。但是，对软铝合金来说，如果只是单纯追求增大挤压速度，对于工艺与技术经济未必都是有利的。例如，增大挤压速度不仅会提高变形区内的金属温度，加剧工具粘铝的倾向，致使制品外形与尺寸的精度降低，表面机械损伤增多，同时，还会使高压泵及其驱动电动机的生产能力、加热设备的生产能力都要相应增大。

（3）变形程度。在本章内，前已述及变形程度对挤压制品变形均匀性和力学性能分布的影响。由前述已知，随着变形程度的提高，组织与性能趋于均匀。

3.1.3　挤压工艺

用挤压法生产管棒型材的工艺流程，如图 3 – 19 所示。

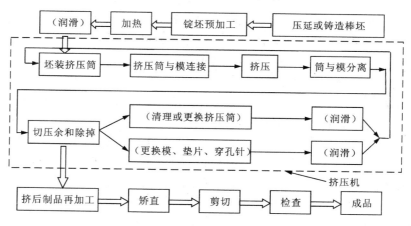

图 3 – 19　挤压法生产管棒型材的工艺流程图

在整个挤压生产过程中，基本工艺参数的选择对产品的质量有着重要的影响。为了获得高质量的产品，必须正确地选择工艺参数。所谓基本工艺参数包括制品设计和锭坯尺寸、挤压温度和速度、润滑条件等，下面分别加以叙述。

1. 锭坯尺寸的选择

1）锭坯尺寸选择的原则

具体包括：①对锭坯质量的要求，根据合金、制品的技术要求和生产的工艺而定。②根据合金塑性图确定变形量，一般为保证挤压制品断面组织和性能均匀，应使挤压时的变形程度大于80%，可取90%以上。③在挤压定尺和倍尺产品时，应考虑压余量的大小及切头尾所需的金属量。④在确定铸锭尺寸时，必须考虑设备的能力和挤压工具的强度。⑤为保证操作顺利进行，在挤压筒与铸锭之间，空心锭坯的内径与穿孔针之间都应有一定的间隙。在确定这一间隙时，应考虑锭坯热膨胀的影响；$\Delta_{外}$ 为挤压筒内径与锭坯外径间的间隙；$\Delta_{内}$ 为锭坯（空心的）内径与穿孔针外径间的间隙。根据经验可按表 3 – 3 选取。

2）挤压比 λ 的选择

选择挤压比 λ 时应考虑合金塑性、产品性能以及设备能力等因素。但在实际生产中主要考虑挤压工具的强度和挤压机允许的最大压力。

表 3 - 3　$\Delta_{外}$ 与 $\Delta_{内}$ 之值

合金种类	挤压机类型	$\Delta_{外}^*$/mm	$\Delta_{内}$/mm
铝及其合金	卧式	6 ~ 10	4 ~ 8
	立式	2 ~ 3	3 ~ 4
重有色金属	卧式	5 ~ 10	1 ~ 5
	立式	1 ~ 2	
稀有金属	卧式	2 ~ 4	3 ~ 5
	立式	1 ~ 2	1 ~ 1.5

* 对于塑性差的合金,在选 $\Delta_{外}$ 应取小些,以防在填充挤压过程中锭坯周边产生裂纹。

为了获得均匀和较高的力学性能,应尽量选用大的挤压比进行挤压,一般要求:

一次挤压的棒、型材　　　　　$\lambda > 10$

锻造用毛坯　　　　　　　　　$\lambda > 5$

二次挤压用毛坯　　　　　　　λ 可不限

根据选择合理的挤压比,就可初步确定锭坯的断面积或者锭坯的直径。

挤制管的锭坯直径　　　　　$D_0 = \sqrt{\lambda(d^2 - d_1^2) + d_1^2}$

挤制棒的锭坯直径　　　　　$D_0 = d/\sqrt{\lambda}$

式中:d——挤制品的直径,mm;

　　　d_1——穿孔针直径,mm。

(3)锭坯长度的确定。

按挤压制品所要求的长度来确定锭坯的长度时,可用下式计算

$$L_0 = K_t \left(\frac{L_z + L_Q}{\lambda} \right) + h_y$$

式中:L_0——锭坯长度,mm;

　　　K_t——填充系数,$K_t = \dfrac{D_t^2}{D_0^2}$($D_t$ 挤压筒直径);

　　　L_z——制品长度,mm;

　　　L_Q——切头、切尾长度,mm;

　　　h_y——压余厚度,mm。

在实际生产中,坯料一般是圆柱形的,在挤压有色金属时坯料长度 L_0 为直径的2.5 ~ 3.5 倍。对于不定尺产品,常用较长的并已规格化的铸造,无须计算铸锭的长度。

2. 挤压温度与速度的选择

对于挤压来说,挤压温度与速度是两个基本的工艺参数,它们有着密切的关系。由于挤压时变形程度比其他的压力加工方法的变形程度高,高的变形程度必然导致变形速度的加快,所以挤压过程中的变形热效应较大,其结果将提高金属在变形区内的温度。当挤压速度或金属流出模孔的速度越大时,温度升高得越显著。因此,在确定铸锭的加热温度时,必须考虑变形热效应的影响,在控制挤压速度时又必须考虑锭坯的加热情况。

1)挤压温度的选择

挤压温度通常是指挤压锭加热温度,其确定原则与确定热轧温度的原则相同。也就是

说，在所选择的温度范围内，保证金属具有最好的塑性及较低的变形抗力，同时要保证制品获得均匀良好的组织性能等，但是挤压与轧制相比，由于挤压变形热效应大，所以一般来说挤压温度要比热轧的温度低些，即锭坯的加热温度低一些。

合理的挤压温度范围，应该是根据"三图"定温的原则。

（1）合金的状态图

它能够初步给出加热温度范围，挤压上限低于固相线的温度 T_0，为了防止铸锭加热时过热和过烧，通常热加工温度上限取$(0.85 \sim 0.90)T_0$而下限对单相合金为$(0.65 \sim 0.70)T_0$。

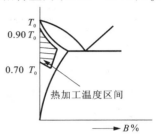

对于有二相以上的合金，如图 3-20 所示，挤压温度要高于相变温度 $50 \sim 70℃$，以防止在挤压过程中产生相变。因为相变不但造成合金的组织不均匀，而由于性质不同的二相的存在，在挤压时即将产生较大的变形和应力的不均匀性，结果增加了晶间的副应力和降低了合金的加工性能。所以热加工通常在单相区进行。

图 3-20　合金状态

但也有例外，也有的在单相区，该相硬而脆，延伸率下降，反而在二相区内塑性高。因此，热加工在此种情况下，在二相区进行。由于热加工过程中有新的相形成，伴随晶粒的细化，所以塑性增高。合金状态图只能给出一个大致的温度范围，究竟取多高的温度合适，还要看塑性图。

（2）金属与合金的塑性图

塑性图是金属和合金的塑性在高温下随变形状态以及加载方式而变化的综合曲线图，这些曲线可以是冲击韧性 α_k，断面收缩率 ψ，延伸率 δ，扭转角 θ 以及镦粗出现第一个裂纹时的压缩率 ε_{max} 等。

通常利用塑性图中拉伸破裂时断面收缩率 ψ 与镦粗出现第一个裂纹时的最大压缩率 ε_{max} 这二个塑性指标来衡量热加工时的塑性，塑性图给出具体的温度范围。塑性图能够给出金属与合金的最高塑性的温度范围，它是确定热加工温度的主要依据，但塑性图不能反映挤压后制品的组织与性能。因此还要看合金的第二类再结晶图。

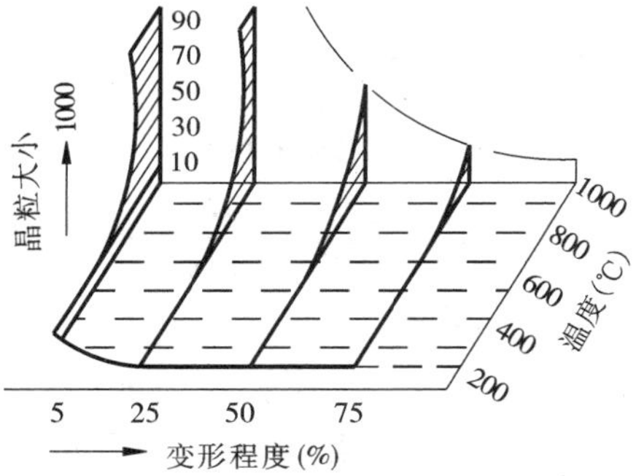

（3）第二类再结晶图

挤压制品出模的温度，对制品组织与性能

图 3-21　铜的第二类再结晶图

影响很大，参照第二类再结晶图，可以控制制品的晶粒度。如图 3-21 为铜的第二类再结晶图。由图选定 $500℃$ 较适合。终了温度太高会发生聚集再结晶；温度过低金属引起加工硬化和能耗大。

挤压的温度比热轧的温度要低些，这是因为挤压比大，热效应大之故。

总之，"三图"定温是确定热加工温度的主要理论依据。同时要考虑挤压加工的特点。如挤压的金属与合金、挤压方法、挤压热效应、合金相等。

2）挤压速度和金属流出速度的选择

挤压时的速度一般可分为三种表示方法，即：

（1）挤压速度 $v_{挤}$。所谓挤压速度系指挤压机主柱塞运动速度，也就是挤压杆与垫片前进的速度；

（2）流出速度 $v_{流}$。是指金属流出模孔的速度；

（3）变形速度。是指最大主变形与变形时间之比，也称应变速度。

一般在工厂中大多采用流出速度，因为它对不同的金属或合金都有一定的数值范围，该值取决于金属或合金的塑性。

流出速度与挤压速度的关系，在前面已叙述过，也就是 $v_{流}=\lambda v_{挤}$，由此可知，当挤压速度一定时，变形程度愈大，则流出速度就愈高。

变形速度只是在理论上应用，在变形程度一定时，变形速度与流出速度成正比。

因此，确定流出速度时，必须同时决定金属在挤压前的加热温度，估计变形条件，即几何变形程度、附加变形的存在与大小、型材的形状、挤压筒的加热温度、变形抗力大小、挤压工具的形状与状态、润滑等一系列影响挤压温度条件的因素。除此之外，尚须考虑设备条件与经济因素对流出速度的影响。

根据实践经验，确定金属流出速度时应考虑如下几种情况：

（1）金属塑性变形区温度范围愈宽，则挤压金属流出速度也愈大。

（2）复杂断面比简单断面的金属流出速度要低。挤压大断面型材的流出速度应低于小断面的。

（3）挤压时润滑条件好，则可提高挤压速度。

（4）当其他条件相同时，纯金属的流出速度可高于合金的；而快速冷硬的合金应更慢些；高温的金属与合金，可用很高的流出速度，例如合金钢、钛合金等。

（5）对同一种合金，当挤压温度愈高，则金属流出速度低。

（6）挤压管材时金属流出速度应比挤压同样断面棒材时取小些。

总之，金属流出速度应对各种因素进行综合分析，方可正确确定，不可照搬以上原则。

3）挤压优化

挤压优化系是指挤压温度与挤压速度工艺参数的优化，即确定最大挤压速度和相应的最佳的出模温度。最大挤压速度和出模温度之间的关系曲线如图 3－22 所示。图中有两条极限曲线：一条表示设备能力的挤压力极限曲线，超过它不可能实现挤压；另一条表示合金制品表面开裂的冶金学极限。两条曲线之间的面积提供了该合金挤压所允许的加工工艺参数范围。而两线交点提供了理论上最大速度和相应的最佳出模温度。这个最佳值只是从挤压速度角度出发的，不一定能满足制品的组织性能要求。

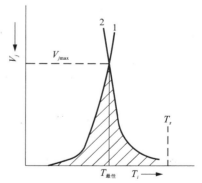

图 3－22　挤压速度极限

1—挤压机能力（挤压力极限曲线）；

2—合金极限曲线

3. 挤压润滑

1）润滑剂的选择

（1）挤压铝合金用的润滑剂

①70% ~80% 72 号汽缸油 +30% ~20% 粉状石墨；

②60% ~70% 250 号苯甲基硅油 +40% ~30% 粉状石墨；

③65% 汽缸油 +15% 硬脂酸铅 +10% 石墨 +10% 滑石粉；

④65% 汽缸油 + 10% 硬脂酸铅 + 10% 石墨 + 15% 二硫化钼。

对铝合金挤压时，为了防止把锭坯表层的油污、氧化物带进制品内部或表面，保证制品质量，一般不使用润滑剂，有时在模子上涂上极少量的润滑剂。

（2）挤压重金属使用的润滑剂

重金属大多用 45 号机油加 20% ~ 30% 片状石墨作润滑剂，而青铜、白铜挤压时，用 45 号机油加 30% ~ 40% 的片状石墨。

在冬季为增加润滑剂的流动性，往往加入 5% ~ 9% 煤油；在夏季则加适量的松香，可使石墨质点处于悬浮状态。

铜及铜合金在挤压时都要进行润滑，在模子和穿孔针上薄薄地涂上一层，挤压筒在挤压后也用蘸有上述润滑剂的布简单擦一下。

（3）镍、钛、钢等合金用的润滑剂

目前大多采用玻璃润滑剂。由于玻璃润滑剂的发明，钢及高熔点金属的挤压才成为可能。这种润滑剂在挤压时能起到润滑与绝热作用。

玻璃润滑剂的使用方法：用涂层法和滚玻璃法以及玻璃布包锭法等来润滑挤压筒与锭坯的接触面；采用玻璃垫片装入法来润滑挤压模；在制品表面去除玻璃润滑剂的方法，一般采用喷砂法、急冷法及化学法等。

近年有报道用其他金属把坯料表面包覆住，起润滑和防止氧化皮及开裂作用的试验例子。例如对铝合金包以纯铝，对铸铁、钨、铀等包以钢套或软钢套等。

4. 轻金属挤压

1）轻金属的挤压方法

有正向挤压、反向挤压、等温挤压及连续挤压法等。正向挤压应用比较广泛。为了稳定制品的性能，对于硬铝及超硬铝合金采用等温挤压较为合适，连续挤压应用于铝及铝合金小规格的管材、型材及线材的生产。

2）轻金属挤压的工艺参数

（1）挤压比

轻金属挤压比 λ 值范围为 8 ~ 60，纯金属与软合金允许的值较大，硬金属较小。为了满足制品性能的要求，$\lambda \geqslant 8$；挤压型材时 $\lambda = 10 ~ 45$；挤压棒材时 $\lambda = 10 ~ 25$。为保证焊缝质量，使用组合模挤压时 $\lambda \geqslant 25$。特殊情况下挤压比可超过上述范围。

（2）挤压温度

轻金属挤压时的温度范围列于表 3 - 4。

表 3 - 4 轻金属的挤压温度*

合金牌号	纯铝	防锈铝	锻铝	硬铝	超硬铝	镁合金
挤压温度/℃	320 ~ 480	320 ~ 480	370 ~ 520	380 ~ 450	380 ~ 450	300 ~ 360

注：* 表中数据仅供参考。

（3）挤压温度

轻金属的挤压速度列于表 3 - 5。现场一般用金属流出模孔的速度表示。为严格控制挤压制品表面质量、提高生产率，应按所要求的金属出口温度与金属流出速度控制挤压温度与挤压速度，即所谓温度—速度规程。使用组合模挤压时，应采用较高的挤压温度与较低的挤压速度，以确保焊合条件。

表 3 – 5　轻金属挤压时金属流出模孔的速度

合金牌号	纯铝	防锈铝	锻铝	硬铝	超硬铝	镁合金
金属流出模孔的速度/(m·min^{-1})	不限	0.8 ~ 10.0	1.0 ~ 10.0	0.8 ~ 4.0	1.6 ~ 3.0	0.5 ~ 30.0

（4）挤压润滑

轻金属挤压时采用的润滑剂多为含 10% ~ 40% 粉状或片状石墨的油类润滑剂。必要时，可添加某些添加剂。

（5）挤压工具与设备

轻金属挤压时采用挤压模主要有三类：平模、锥模和分流组合模。挤压管材及空心型材时多用分流组合模。

轻金属挤压机的类型较多，有正向挤压机、反向挤压机和连续挤压机。根据轻金属挤压的工艺要求，挤压机的液压系统调速范围应较宽，一般挤压速度较低（＜50mm/s）。

5. 重金属挤压

重金属铜、镍、锌及其合金具有较好的加工性能，可通过挤压法制成管、棒、型和线材。

1）重金属的挤压方法

重金属挤压方法主要有正向挤压、反向挤压、联合挤压、静液挤压及有效摩擦挤压法等。对于易形成挤压缩尾缺陷的某些黄铜和青铜宜采用正向脱皮挤压。为了防止金属的表面氧化，提高表面质量，减少金属消耗，采用水封挤压法。

铜、镍及其合金熔点高，要求快速挤压，防止不均匀冷却及金属变形抗力升高。锌及其合金变形热效应大，挤压时应防止过热。

2）重金属挤压工艺参数

（1）挤压比

根据金属的基本特性、挤压制品规格范围、组织与性能要求及挤压机能力，重金属挤压比 λ 一般在 4 ~ 90 范围内选取，对组织与性能有一定要求的挤压制品，挤压比不得低于 4 ~ 6。

（2）挤压温度

重金属的挤压温度控制范围列于表 3 – 6。

表 3 – 6　常用重金属挤压温度控制范围

牌号	挤压温度/℃	牌号	挤压温度/℃
紫铜	750 ~ 830（棒）	QAl10 – 3 – 1.5	750 ~ 800
	800 ~ 880（管）	QAl9 – 2、QAl9 – 4	750 ~ 850
H96 – H80	790 ~ 870	QSn6.5 – 0.1	650 ~ 700
H68	700 ~ 770	B30	900 ~ 1000
H62	600 ~ 710	镍及其合金	1000 ~ 1200
HPb59 – 1	600 ~ 650	铅及其合金	200 ~ 250
HSn70 – 1 和 HSn62 – 1	650 ~ 750	锌	250 ~ 350
HAl77 – 2	720 ~ 820	锌合金	200 ~ 320

（3）挤压速度

对熔点高、塑性高的金属，为了防止锭坯与挤压工具间的传热导致金属温度不均和模具过热，可使用高速挤压。对存在低熔点相或表面黏性大的合金，宜使用低速挤压。重金属挤压时，为控制制品表面质量，需控制金属挤压流出模孔的速度，如表3-7所示。

表3-7　重金属挤压流出模孔的速度

牌号	流出模孔的速度/(m·min^{-1})	牌号	流出模孔的速度/(m·min^{-1})
紫铜	18～300	B30	1.8～7.2
H62、H68	12～60（管）	镍及其合金	18～220
HSn70-1	2.4～6.0	铅及其合金	6.0～60
HAl77-2	2.4～6.0	锌	2.0～23
QSn6.5—0.1	1.8～9.0	锌合金	2.0～12

（4）挤压工具及设备

挤压工具要求具有较高的高温强度、硬度，良好的耐磨性、耐冲击性和导热性能，较低的热膨胀系数。用于重金属的挤压模具材料为4Cr5MoVSi，其他工具为5CrNiMo、5CrMnMo等。

根据重金属加工特点，对挤压机及其附属设备有如下要求：具有高的挤压速度和宽的调速范围；采用可移动式挤压筒，筒模间有足够的锁紧力；带独立穿孔系统的挤压机结构简单、工作可靠；附有快速锯与慢速锯，适应不同合金的特性；冷床配备足够的风机，能够快速冷却制品。

挤压工模具技术是有色金属管棒型材加工的核心技术，工模具的设计、制造、使用及维护，直接影响挤压产品的精度和生产效率。鉴于已有大量专门书籍介绍挤压工模具技术，本教材对这部分不做详细阐述。

6. 稀有金属挤压

1）稀有金属挤压的工艺特点

（1）挤压温度高，要求铸坯车皮、包套后快速送至挤压筒，防止冷却与氧化；

（2）挤压速度高，以缩短高温锭坯与工模具的接触时间，防止过快的降温；

（3）要求润滑剂具有润滑和隔热作用；

（4）钛、锆及其合金变形热效应强烈，导热性差，挤压时要防止因过热而使制品产生裂纹。

2）稀有金属挤压工艺及工艺参数

（1）挤压锭坯的外形及包套设计

①锭坯外形。锭坯的形状一般是圆柱形，但也经常车削成锥形头，锥角的大小与模角相适应，其作用是避免挤压开始时把玻璃饼压碎，降低挤压初期的挤压力峰值，并使变形均匀，减少制品裂纹的产生。

钨、钼挤压坯锭还要注意其结晶方向，对于真空自耗电弧熔炼的锭坯，如钛及钛合金，要把铸锭的顶部做成锥形，并作为挤压锭坯的头部，因为其铸态的柱状晶的结晶方向倾斜于坩埚壁由底朝上，为了尽量减少制品开裂，应该顺着结晶方向挤压。

②锭坯包套设计。包套的作用是防止金属黏结模具；防止金属基体被气体污染或改善挤压初期的应力状态。

包套材料的要求是在挤压温度下不与基体金属发生合金化反应生成低熔点共晶物；与基体金属有近似的力学性能；与模具材料不黏结；廉价易得，便于去除。包套材料及其与基体金属最低共晶反应的温度列于表 3 - 8。

表 3 - 8　包套材料及其与基体金属间的最低共晶温度

金属	包套材料	最低共晶温度/℃	金属	包套材料	最低共晶温度/℃
钛	紫铜	Ti - Cu 850	钽	钼	Ta - Mo 连续固溶，不发生共晶反应
	软钢	Ti - Fe 1085		软钢	Ta - Fe 1220
锆	紫铜	Zr - Cu 885	铪	软钢	Hf - Fe 1235
	软钢	Zr - Fe 934			
铌	钼	Nb - Mo 连续固溶，不发生共晶反应	钼	软钢	Mo - Fe 1440
	软钢	Nb - Fe 1365	钨	钼	W - Mo 连续固溶，不发生共晶反应

包套层的厚度根据其作用而有差别，对挤压塑性差的金属，包套材料的厚度较厚，一般为 3 ~ 6mm，前端垫盖厚度为 20 ~ 40mm；对塑性好的金属外包套为 0.8 ~ 2.0mm，内包套 1.0 ~ 2.5mm。

（2）挤压工艺参数

①挤压比。根据稀有金属的特性及加工工艺性能确定，通常在 3 ~ 30 的范围。为了改善制品的组织与性能，希望采用较大的挤压比，以便达到充分破碎铸态的粗大晶粒。挤压比取上限或下限取决于挤压机的吨位、挤压筒及制品的尺寸。

②挤压温度。稀有金属挤压温度控制范围见表 3 - 9。

表 3 - 9　稀有金属挤压温度控制范围

金属牌号	锭坯类型	挤压加热温度/℃	金属牌号	锭坯类型	挤压加热温度/℃
TA1,TA2,TA3	光坯	750 ~ 900	Mo	光坯	1200 ~ 1600
	铜包套	650 ~ 800	Ta	钢包套	1000 ~ 1050
TC1,TC2	光坯	750 ~ 800	Zr	光坯	1100 ~ 1150
	铜包套	630 ~ 700		钢包套	600 ~ 780
TC3,TC4	光坯	850 ~ 1050	Hf	钢包套	890 ~ 1000
W	光坯	1500 ~ 1650		光坯	1000 ~ 1050
Nb	光坯	1000 ~ 1100			

③挤压速度。钛、锆、铪等导热性能差且变形热效应强烈的金属，不宜采用过高的加工速度，而应采用中等挤压速度 50 ~ 120mm/s，以防金属过热使制品出模孔时的表面质量与性能降低。钨、钼、铌、钽则应防止金属与挤压模具之间接触热传导引起的金属不均匀冷却及

模具过热，一般使用高速挤压，挤压速度控制在 150~300 mm/s。

④挤压润滑。目前，挤压钨、钼、钽、铌、铬及其合金大多数采用玻璃润滑剂；钛及钛合金采用玻璃润滑剂或包铜套后用普通润滑剂；锆及其合金则基本上还是在包铜套后用普通润滑剂。

3.2　有色金属管棒型材的拉拔

3.2.1　拉拔时的应力与变形

1. 圆棒拉拔时的应力与变形

1）变形区的形状

根据网格法试验可证明，试样网格纵向线在进、出模孔发生两次弯曲，把它们各折点连起来就会形成两个同心球面；或者把网格开始变形和终了变形部分分别连接起来，也会形成两个球面。多数研究者认为两个球面与模锥面围成的部分为塑性变形区。

根据棒材拉拔时的滑移线理论也可知，假定模子是刚性体，通常按速度场把棒材变形分为三个区：Ⅰ区和Ⅲ区为非塑性变形区或称弹性变形区；Ⅱ区为塑性变形区，如图 3-23 所示。Ⅰ区和Ⅱ区的分界面为球面 F_1 而Ⅱ区与Ⅲ区分界面为球面 F_2。一般情况下，F_1 与 F_2 为两个同心球面，其半径分别为 r_1 和 r_2，原点为模子锥角顶点 O。因此，塑性变形区的形状为：模子锥面（锥角为 2α）和两个球面 F_1、F_2 所围成的部分。

2）应力与变形状态

拉拔时，变形区中的金属所受的外力有：拉拔力 P，模壁给予的正压力 N 和摩擦力 T，如图 3-24 所示。

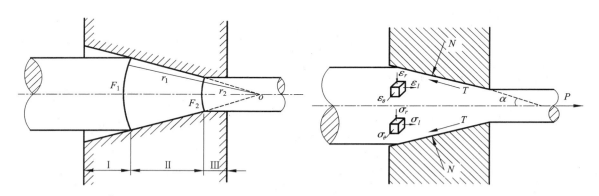

图 3-23　棒材拉拔时变形区的形状　　　　图 3-24　拉拔时的受力与变形状态

拉拔力 P 作用在被拉棒材的前端，它在变形区引起主拉应力 σ_l。

正压力与摩擦力作用在棒材表面上，它们是由于棒材在拉拔力作用下，通过模孔时，模壁阻碍金属运动形成的。正压力的方向垂直于模壁，摩擦力的方向平行于模壁且与金属的运动方向相反。摩擦力的数值可由库仑摩擦定律求出。

金属在拉拔力、正压力和摩擦力的作用下，变形区的金属基本上处于两向压（σ_r、σ_θ）和一向拉(σ_l)的应力状态。由于被拉金属是实心圆形棒材,应力呈轴对称应力状态,即 $\sigma_r = \sigma_\theta$。变形区中金属所处的变形状态为两向压缩(ε_r、ε_θ)和一向拉伸(ε_l)。

3)金属在变形区内的流动特点

图 3-25 所示为采用网格法获得的在锥形模孔的圆断面实心棒材子午面上的坐标网格变化情况示意图。通过对坐标网格在拉拔前后的变化情况分析,得出如下规律:

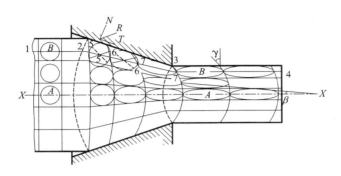

图 3-25　拉拔圆棒时断面坐标网格的变化

(1)纵向上的网格变化

拉拔前在轴线上的正方形格子 A 拉拔后变成矩形,内切圆变成正椭圆,其长轴和拉拔方向一致。由此可见,金属轴线上的变形是沿轴向延伸,在径向和周向上被压缩。

拉拔前在周边层的正方形格子 B 拉拔后变成平行四边形,其内切圆变成斜椭圆,它的长轴线与拉拔轴线相交成 β 角,这个角度由入口端向出口端逐渐减小。由此可见,在周边上的格子除受到轴向拉长、径向和周向压缩外,还发生了剪切变形 γ。产生剪切变形的原因是由于金属在变形区中受到正压力 N 与摩擦力 T 的作用,而在其合力 R 方向上产生剪切变形,沿轴向被拉长,椭圆形的长轴(5-5、6-6、7-7 等)不与 1-2 线相重合,而是与模孔中心线($X-X$)构成不同的角度,这些角度由入口到出口端逐渐减小。

(2)横向上的网格变化

在拉拔前,网格横线是直线,自进入变形区开始变成凸向拉拔方向的弧形线,表明平的横断面变成凸向拉拔方向的球形面。由图可见,这些弧形的曲率由入口端到出口端逐渐增大,到出口端后保持不再变化。这说明在拉拔过程中周边层的金属流动速度小于中心层的。由网格还可看出,在同一横断面上剪切变形不同,周边层的大于中心层的。

综上所述,圆形实心材拉拔时,周边层的实际变形要大于中心层的。这是因为在周边层除了延伸变形之外,还包括弯曲变形和剪切变形。观察网格的变形还可以发现:拉拔后边部格子延伸变形和压缩变形最大,中心线上的格子延伸变形和压缩变形最小,其他各层相应格子的延伸变形介于二者之间,而且由周边向中心依次递减。塑性变形区的形状与拉拔过程的条件和被拉金属的性质有关,如果被拉拔的金属材料或者拉拔过程的条件发生变化,那么变形区的形状也随之变化。

4)变形区内的应力分布规律。

根据用赛珞板拉拔时做的光弹性实验,变形区内的应力分布如图 3-26 所示。

(1)应力沿轴向的分布规律

轴向应力 σ_l 由变形区入口端向出口端逐渐增大，即 $\sigma_{lr} < \sigma_{lch}$，周向应力 σ_θ 及径向应力 σ_r 则从变形区入口端到出口端逐渐减小，即 $|\sigma_{\theta r}| > |\sigma_{\theta ch}|$ 和 $|\sigma_{rr}| > |\sigma_{rch}|$。

轴向应力 σ_l 的此种分布规律可以作如下解释。在稳定拉拔过程中，变形区内的任一横断面在向模孔出口端移动时面积逐渐减小，而此断面与变形区入口端球面间的变形体积不断增大。为了实现塑性变形，通过此断面作用于变形体的 σ_l 亦必须逐渐增大。径向应力 σ_r 和周向应力 σ_θ 在变形区内的分布情况可由以下两方面得到证明：

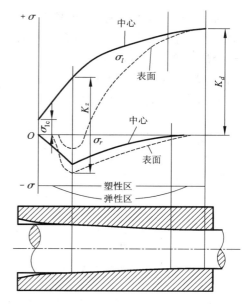

图 3 – 26　变形区的应力

根据塑性方程式，可得：

$$\sigma_l - (-\sigma_r) = K_{zh}$$

$$\sigma_l + \sigma_r = K_{zh}$$

由于变形区内的任一断面的金属变形抗力可以认为是常数，而且在整个变形区内由于变形程度一般不大，金属硬化并不剧烈。这样，由上式可以看出，随着 σ_l 向出口端增大，σ_r 与 σ_θ 必须逐渐减少。

另外，还发现模子入口处一般磨损比较快，过早地出现环形槽沟。这也可以证明此处的 σ_r 值是较大的。

（2）应力沿径向分布规律

径向应力 σ_r 与周向应力 σ_θ 由表面向中心逐渐减小，即 $|\sigma_{rw}| > |\sigma_{rn}|$ 和 $|\sigma_{\theta w}| > |\sigma_{\theta n}|$，而轴向应力 σ_l 分布情况则相反，中心处的轴向应力 σ_l 大，表面的 σ_l 小，即 $\sigma_{ln} > \sigma_{lw}$。

σ_r 及 σ_θ 由表面向中心层逐渐减小可作如下解释：在变形区，金属的每个环形的外面层上作用着径向应力 σ_{rw}，在内表面上作用着径向应力 σ_{rn}，而径向应力总是力图减小其外表面，距中心层愈远表面积愈大，因而所需的力就愈大，如图 3 – 27 所示。

轴向应力 σ_l 在横断面上的分布规律同样亦可由前述的塑性方程式得到解释。

另外，拉拔的棒材内部有时出现周期性中心裂纹也证明 σ_l 在断面上的分布规律。

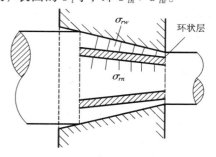

图 3 – 27　作用于塑性变形区环内、外表上的径向应力

2. 管材拉拔时的应力与变形

拉拔管材与拉拔棒材最主要的区别是前者已失去轴对称变形的条件，这就决定了它的应力与变形状态同拉拔实心圆棒时的不同，其变形不均匀性、附加剪切变形和应力也皆有所增加。

1）空拉

空拉时，管内虽然未放置芯头，但其壁厚在变形区内实际上常常是变化的，由于不同因素的影响，管子的壁厚最终可以变薄、变厚或保持不变。掌握空位时的管子壁厚变化规律和计算，是正确制订拉拔工艺规程以及选择管坯尺寸所必需的。

（1）空拉时的应力分布

空拉时的变形力学图如图 3-28 所示，主应力图仍为两向压、一向拉的应力状态，主变形图则根据壁厚增加或减小，可以是两向压缩、一向延伸或一向压缩、两向延伸的变形状态。

空拉时，主应力 σ_l、σ_r 与 σ_θ 在变形区轴向上的分布规律与圆棒拉拔时的相似，但在径向上的分布规律则有较大差别，其不同点是径向应力 σ_r 的分布规律是由外表面向中心逐渐减小，达管子内表面时为零。这是因为管子内壁无任何支撑物以建立起反作用力之故，管子内壁上为两向应力状态。周向应力 σ_θ 的分布规律则是由管子外表面向内表面逐渐增大，即 $|\sigma_{\theta w}| < |\sigma_{\theta n}|$。因此，空拉管时，最大主应力是 σ_l，最小主应力是 σ_θ，σ_r 居中（指应力的代数值）。

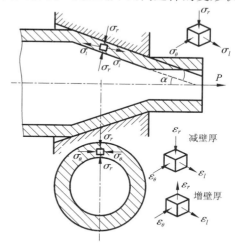

（2）空拉时变形区内的变形特点

空拉时变形区的变形状态是三维变形，即轴向延伸、周向压缩，径向延伸或压缩。由此

图 3-28　空拉管材时应力与变形图

可见，空拉时变形特点就在于分析径向变形规律，亦即在拉拔过程中壁厚的变化规律。

在塑性变形区内引起管壁厚变化的应力是 σ_l 与 σ_θ，它们的作用正好相反，在轴向拉应力 σ_l 的作用下，可使壁厚变薄，而在周向压应力 σ_θ 的作用下，可使壁厚增厚。那么在拉拔时，σ_l 与 σ_θ 同时作用的情况下，对于壁厚的变化，就要看 σ_l 与 σ_θ 哪一个应力起主导作用来决定壁厚的减薄与增厚。根据金属塑性加工力学理论，应力状态可以分解为球应力分量和偏应力分量，将空拉管材时的应力状态分解，有如下三种管壁变化情况，如图 3-29 所示。

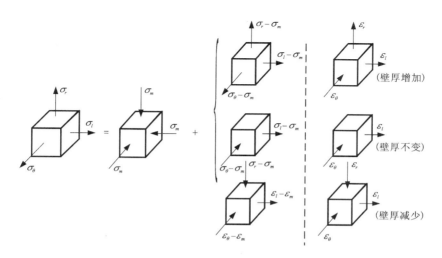

图 3-29　空拉管材时的应力状态图

由上述分析可以看出，某一点的径向主变形是延伸、压缩或为零，主要取决于 $\sigma_r - \sigma_m$ $\left(\text{其中 } \sigma_m = \dfrac{\sigma_l + \sigma_r + \sigma_\theta}{3}\right)$ 的代数值如何。

当 $\sigma_r - \sigma_m > 0$，亦即 $\sigma_r > \dfrac{1}{2}(\sigma_l + \sigma_\theta)$ 时，则 ε_r 为正，管壁增厚。

当 $\sigma_r - \sigma_m = 0$，亦即 $\sigma_r = \dfrac{1}{2}(\sigma_l + \sigma_\theta)$ 时，则 ε_r 为零，管壁厚度不变。

当 $\sigma_r - \sigma_m < 0$，亦即 $\sigma_r < \dfrac{1}{2}(\sigma_l + \sigma_\theta)$ 时，则 ε_r 为负，管壁变薄。

空拉时，管壁厚沿变形区长度上也有不同的变化，由于轴向应力 σ_l 由模子入口向出口逐渐增大，而周向应力 σ_θ 逐渐减小，则 σ_θ / σ_l 比值也是由入口向出口不断减小，因此管壁厚度在变形区内的变化是由模子入口处壁厚开始增加，达最大值后开始减薄，到模子出口处减薄最大，如图 3－30 所示。管子的最终壁厚，取决于增壁与减壁幅度的大小。

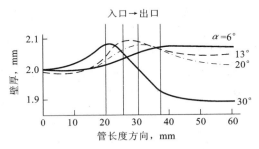

图 3－30　空拉 LD2 管材时变形区的壁厚变化情况

（3）空拉对纠正管子偏心的作用

在实际生产中，由挤压或斜轧穿孔法所生产出的管坯壁厚总会是不均匀的，严重的偏心将导致最终成品管壁厚超差而报废。在对不均匀壁厚管坯拉拔时，空拉能起到自动纠正管坯偏心的作用，且空拉道次越多，效果就越显著。

空拉能纠正管子偏心的原因可以作如下解释：

偏心管坯空拉时，假定在同一圆周上径向压应力 σ_r 均匀分布，则在不同的壁厚处产生的周向压应力 σ_θ 将会不同，厚壁处的 σ_θ 小于薄壁处的 σ_θ。因此，薄壁处要先发生塑性变形，即周向压缩，径向延伸，使壁增厚，轴向延伸；而厚壁处还处于弹性变形状态，那么在薄壁处，将有轴向附加压应力的作用，厚壁处受附加拉应力作用，促使厚壁处进入塑性变形状态，增大轴向延伸，显然在薄壁处减少了轴向延伸，增加了径向延伸，即增加了壁厚。因此，σ_θ 值越大，壁厚增加得也越大，薄壁处在 σ_θ 作用下逐渐增厚，使整个断面上的管壁趋于均匀一致。

应指出的是，拉拔偏心严重的管坯时，不但不能纠正偏心，而且由于在壁薄处周向压应力 σ_θ 作用过大，会使管壁失稳而向内凹陷或出现皱折。特别是当管坯 $S_0/D_0 \leqslant 0.04$ 时，更要特别注意凹陷的发生。

2）衬拉

对各种衬拉方法的应力与变形作如下分析。

（1）固定短芯头拉拔

由于管子内部的芯头固定不动，接触摩擦面积比空拉和拉棒材时的都大，故道次加工率较小。此外，此法难以拉制较长的管子，易出现"竹节"的缺陷。芯头表面与管子内表面产生摩擦,使轴向应力 σ_l 增加,拉拔力增大。管子内部有芯头支撑,因而其内壁上的径向应力 σ_r 不等于零。内表面质量较好,变形比较均匀。

固定短芯头拉拔时,管子的应力与变形如图 3 – 31 所示,图中 Ⅰ 区为空拉段,Ⅱ 区为减壁段。在 Ⅰ 区内管子应力与变形特点与管子空拉时一样。而在 Ⅱ 区内,管子内径不变,壁厚与外径减小,管子的应力与变形状态同实心棒材拉拔应力与变形状态一样。在定径段,管子一般只发生弹性变形。

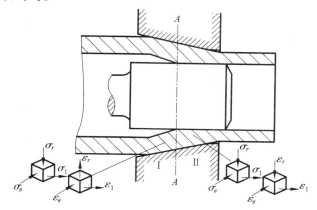

图 3 – 31　固定短芯头拉拔时的应力与变形图

(2)长芯杆拉拔

长芯杆拉拔管子时的应力和变形状态与固定短芯头拉拔时的基本相同,如图 3 – 32 所示,变形区亦分为三个部分,即空拉段 Ⅰ 、减壁段 Ⅱ 及定径段 Ⅲ 。但是长芯杆拉拔也有其本身的特点:

管子变形时沿芯杆表面向后延伸滑动,故芯杆作用于管内表面上的摩擦力方向与拉拔方向一致。在此情况下,摩擦力不但不阻碍拉拔过程,反而有助于减小拉拔应力,继而在其他条件相同的情况下,拉拔力下降。所以长芯杆拉拔时允许采用较大的延伸系数,并且随着管内壁与芯杆间摩擦系数增加而增大。通常道次延伸系数为 2.2,最大可达 2.95。

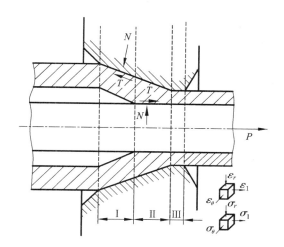

图 3 – 32　长芯杆拉拔时的应力与变形

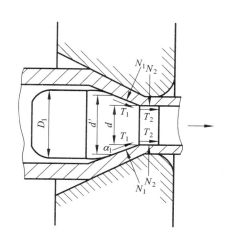

图 3 – 33　游动芯头拉拔时在变形区内的受力情况

(3)游动芯头拉拔

在拉拔时,芯头不固定,依靠其自身的形状和芯头与管子接触面间的力平衡使之保持在变形区中。在链式拉拔机上有时也用芯杆与游动芯头连接,但芯头不与芯杆刚性连接,使用芯杆的目的在于向管内导入芯头、润滑与便于操作。

①芯头在变形区内的稳定条件。游动芯头在变形区内的稳定位置取决于芯头上作用力的轴向平衡。当芯头处于稳定位置时，作用在芯头上的力如图 3 – 33 所示。共力的平衡方程为：

$$\sum N_1 \sin\alpha_1 - \sum T_1 \cos\alpha_1 - \sum T_2 = 0 \qquad (3-18)$$

$$\sum N_1 (\sin\alpha_1 - f\cos\alpha_1) = \sum T_2$$

由于 $\sum N_1 > 0$ 和 $\sum T_2 > 0$

故

$$\sin\alpha_1 - f\cos\alpha_1 > 0$$

$$\tan\alpha_1 > \tan\beta$$

$$\alpha_1 > \beta \qquad (3-19)$$

式中：α_1——芯头轴线与锥面间的夹角称为芯头的锥角；

f——芯头与管坯间的摩擦系数；

β——芯头与管坯间的摩擦角。

上述的 $\alpha_1 > \beta$，即游动芯头锥面与轴线之间的夹角必须大于芯头与管坯间的摩擦角，它是芯头稳定在变形区内的条件之一。若不符合此条件，芯头将被深深地拉入模孔，造成断管或被拉出模孔。

为了实现游动芯头拉拔，还应满足 $\alpha_1 \leq \alpha$，即游动芯头的锥角 α_1 小于或等于拉模的模角 α，它是芯头稳定在变形区内的条件之二。若不符合此条件，在拉拔开始时，芯头上尚未建立起与 $\sum T_2$ 方向相反的推力之前，使芯头向模子出口方向移动挤压管子造成拉断。

另外，游动芯头轴向移动的几何范围有一定的限度。芯头向前移动超出前极限位置，其圆锥段可能切断管子；芯头后退超出后极限位置，则将使其游动芯头拉拔过程失去稳定性。轴向上的力的变化将使芯头在变形区内往复移动，使管子内表面出现明暗交替的环纹。

②游动芯头拉拔时管子变形过程。游动芯头拉拔时，管子在变形区的变形过程与一般衬拉同，变形区可分 5 部分，如图 3 – 34 所示。

Ⅰ——空拉区，在此区管子内表面不与芯头接触。在管子与芯头的间隙 C 以及其他条件相同情况下，游动芯头拉拔时的空拉区长度比固定短芯头的要长，故管坯增厚量也较大。空拉区的长度可近似地用下式确定：

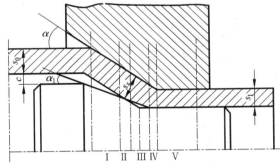

图 3 – 34　游动芯头拉拔时的变形区

$$L_1 = \frac{C}{\tan\alpha - \tan\alpha_1} \qquad (3-20)$$

此区的受力情况及变形特点与空拉管的相同。

Ⅱ——减径区，管坯在该区进行较大的减径，同时也有减壁，减壁量大致等于空拉区的壁厚增量。因此可以近似地认为该区终了断面处管子壁厚与拉拔前的管子壁厚相同。

Ⅲ——第二次空拉区，管子由于拉应力方向的改变而稍微离开芯头表面。

Ⅳ——减壁区，主要实现壁厚减薄变形。

Ⅴ——定径区，管子只产生弹性变形。

在拉拔过程中,由于外界条件变化,芯头的位置以及变形区各部分的长度和位置也将改变,甚至有的区可能消失。

(4)扩径

扩径是一种用小直径的管坯生产大直径管材的方法,扩径有两种方法:压入扩径与拉拔扩径。

压入扩径法适合于大而短的管坯,管坯过长,在扩径时容易产生失稳。通常管坯长度与直径之比不大于10。为了在扩径后较容易地由管坯中取出芯杆,它应有不大的锥度,在 3 m 长度上斜度为 1.5~2mm。对于直径 $\phi200~300mm$、壁厚 10mm 的紫铜管坯,每一次扩径可使管坯直径增加 10~15mm。一般情况下,压入扩径在液压拉拔机上进行。

压入扩径时的应力状态为两向压应力 σ_l、σ_r 和一向拉应力 σ_θ,在管子表面的 σ_r 为零,变形状态为两向压缩变形 ε_l、ε_r 和一向延伸变形 ε_θ,也就是说,在扩径时管坯的长度缩短,壁厚变薄,直径增大。

拉拔扩径法适合于小断面的薄壁长管生产。可在普通链式拉床上进行。拉拔扩径的应力和变形状态除轴向应力 σ_l 变为拉应力外,其他与压入扩径相同。

两种扩径方法的轴向变形的大小与管子直径的增量、变形区长度、摩擦系数以及芯头锥部母线对管子轴线的倾角等有关。

3. 拉拔制品中的残余应力

在拉拔过程中,由于材料内的不均匀变形而产生附加应力,在拉拔后残留在制品内部形成残余应力。

1)残余应力的分布

(1)拉拔棒材中的残余应力分布

拉拔后棒材中呈现的残余应力分布有以下三种情况:

①拉拔时棒材整个断面都发生塑性变形,那么拉拔后制品中残余应力分布,如图 3-35 所示。

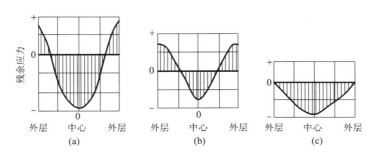

图 3-35　棒材整个断面发生塑性变形时的残余应力分布
(a)轴向残余应力;(b)周向残余应力;(c)径向残余应力

拉拔过程中,虽然棒材外层金属受到比中心层较大的剪切变形和弯曲变形,造成沿主变形方向有比中心层较大的延伸变形,但是外层金属沿轴向上比中心层受到的延伸变形却较小,并且由于棒材表面受到摩擦的影响,外层金属沿轴向流速较中心层也慢。因此,在变形过程中,棒材外层产生附加拉应力,中心层则出现与之平衡的附加压应力,当棒材出模孔后,仍处在弹性变形阶段，那么拉拔后的制品有弹性后效的作用，外层较中心层缩短得较大。但是物体的整体性妨碍了这种自由变形，其结果是棒材外层产生残余拉应力，中心层则出现残余压应力。

在径向上由于弹性后效的作用，棒材断面上所有的同心环形薄层皆欲增大直径。但由于相邻层的互相阻碍作用而不能自由涨大，从而在径向上产生残余压应力。显然，中心处的圆环涨大直径时所受的阻力最大，而最外层的圆环不受任何阻力。因此中心处产生的残余压应力最大，而外层为零。

由于棒材中心部分在轴向上和径向上受到残余压应力，故此部分在周向上有涨大变形的趋势。但是外层的金属阻碍其自由涨大，从而在中心层产生周向残余压应力，外层则产生与之平衡的周向残余拉应力。

②拉拔时仅在棒材表面发生塑性变形，那么拉拔后制品中残余应力的分布与第一种情况不同。在轴向上棒材表面层为残余压应力，中心层为残余拉应力。在周向上残余应力的分布与轴向上基本相同，而径向上棒材表面到中心层为残余压应力。

③拉拔时塑性变形未进入到棒材的中心层，那么拉拔后制品中残余应力的分布应该是前二种情况的中间状态。在轴向上拉拔后的棒材外层为残余拉应力，中心层也为残余拉应力，而其中间层为残余压应力。在周向上残余应力的分布与轴向上基本相同。而在径向上，从棒材外层到中心层为残余压应力。

这种情况是由于拉拔的材料很硬或拉拔条件不同，使材料中心部不能产生塑性变形的缘故。棒材横截面的中间层所产生的轴向残余压应力表明塑性变形只进行到此处。

（2）拉拔管材中的残余应力

①空拉管材。在空拉管材时，管壁的外表面受到来自模壁的压力，如图3-36所示。在圆管截面内沿径向取出一微小区域，其外表面 X 处将为压应力状态，而在其稍内的部分则有如箭头所示的周向压应力的作用。因此，当圆管从模内通过时，由于其截面仅以外径减小的数量而向中心逐渐收缩，这就相当于在内表面 Y 处受到如图所示的等效的次生拉应力作用，从而产生趋向心部的延伸变形。当圆管通过模子后，由于外表面的压应力和内表面的次生拉应力消失，圆管将发生弹性回复。此时，除了不均匀塑性变形所造成的状态之外，这种弹性回复也将使管材中的残余应力大大增加，其分布状态如图3-37所示。

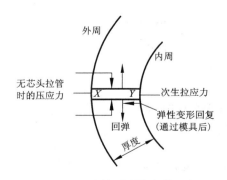

图3-36　空拉时圆管在模孔中及出模后的受力及变形示意图

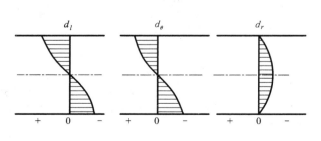

图3-37　空拉时管壁残余应力的分布

②衬拉管材。衬拉管材时,一般情况下,管材内、外表面的金属流速比较一致。就管材壁厚来看,中心层金属的流速比内、外表面层快。因此衬拉管材时塑性变形也是不均匀的,必须在管材的内、外层与中心层产生附加应力。这种附加应力在拉拔后仍残留在管材中形成残余应力,其残余应力的分布状态如图 3 - 38 所示。

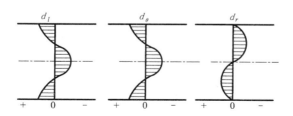

图 3 - 38　衬拉时管壁残余应力分布示意图

上述是拉拔制品中残余应力的分布规律。但是,由于拉拔方法、断面减缩率、模具形状以及制品机械性能等的不同,残余应力的分布特别是周向残余应力的分布情况和数值会有很大的改变。

2)残余应力的消除

拉拔制品中残余应力,特别是其中的残余拉应力是极为有害的,这是合金产生应力腐蚀和裂纹的根源。在生产中,黄铜拉拔的制品常因在车间内放置时间稍长,未及时进行退火而在含有氨或 SO_2 气氛的作用下产生裂纹而报废。

带有残余应力的制品在放置和使用过程中会逐渐地改变其自身形状与尺寸。同时对产品的机械性能也有影响。因此,应设法减小消除制品的残余应力。目前有以下几种方法:

(1)减少不均匀变形。

这是最根本的措施,可通过减少拉拔模壁与金属的接触表面的摩擦;采用最佳模角;对拉拔坯料采取多次退火;两次退火间的总加工率不要过大;减少分散变形度等,皆可减少不均匀变形。在拉拔管材时应尽可能地采用衬拉,减少空拉量。

(2)矫直加工

对拉拔制品最常采用的是辊式矫直。对拉拔后的制品施以张力亦可减小残余应力。例如,对黄铜棒给予 1% 的塑性延伸变形可使拉拔制品表面层的轴向拉应力减少 60%。

据 Bühler 试验,把表面层带有残余拉应力的圆棒试样,用比该试样直径稍小的模具再拉拔一次后,便可达到表面层残余拉应力降低的效果。在生产中,有时在最后一道拉拔时给以极小的加工率 0.8% ~ 1.5%,亦可获得与辊式矫直相当的效果。

(3)退火

通常称消除应力退火,即利用低于再结晶温度的低温退火来消除或减少残余应力。

3.2.2　拉拔力

1. 各种因素对拉拔力的影响

1)被加工金属的抗拉强度

拉拔力与被拉拔金属的抗拉强度成线性关系,抗拉强度愈高,拉拔力愈大。

2）变形程度

拉拔应力与变形程度有正比关系，随着断面收缩率的增加，拉拔应力增大。

3）模角

随着模角 α 增大，拉拔应力发生变化，并且存在一个最小值，其相应的模角称为最佳模角。随着变形程度增加，最佳模角 α 值逐渐增大。

4）拉拔速度

在低速（5m/min 以下）拉拔时，拉拔力应随拉拔速度的增加而有所增加。当拉拔速度增加到 6~50m/min 时，拉拔力下降，继续增加拉拔速度拉拔力变化不大。

另外，开动拉拔设备的瞬间，产生的冲击现象使拉拔力显著增大。

5）摩擦与润滑

金属与工具之间的摩擦系数越大，拉拔力越大。润滑剂的性质、润滑方式、模具材料、模具和被拉拔材料的表面状态对摩擦力的大小皆有影响，因而对拉拔力也有影响。

6）反拉力

反拉力对拉拔力的影响如图 3–39 所示。随着反拉力 Q 值的增加，模子所受到的压力 M_q 近似直线下降，拉拔力 P_q 逐渐增加。但是，在反拉力达到临界反拉力 Q_c 值之前，对拉拔力并无影响。临界反拉力或临界反拉应力 σ_{qc} 值的大小与被拉拔材料的弹性极限和拉拔前的预先变形程度有关，而与该道次的加工率无关。弹性极限和预先变形程度越大，则临界反拉应力也越大。利用这一点，将反拉应力值控制在临界反拉应力值范围以内，可以在不增大拉拔应力和不减小道次加工率的情况下减小模具入口处金属对模壁的压力磨损，从而延长了模具的使用寿命。

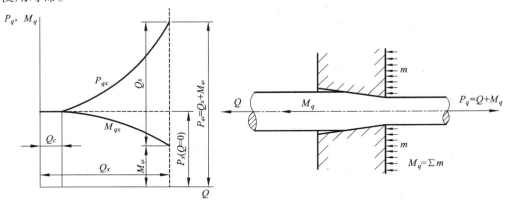

图 3–39　反拉力对拉拔力与模具压力的影响

在临界反拉应力范围内，增加反拉应力对拉拔应力无影响的原因可作如下解释。随着反拉应力的增加，模具入口处的接触弹性变形区逐渐减小。与此同时，金属作用于模孔壁上的压力减少，继而使摩擦力也相应减小。摩擦力的减小值与此时反拉力值相当。故拉拔力并不增加。当反拉应力值超过临界的反拉应力时，将改变塑性变形区内的应力 σ_r、σ_l 的分布，使拉拔应力增大。

7）振动

在拉拔时对拉拔工具（模具或芯头）施以振动可以显著地降低拉拔力，继而提高道次加工率。所用的振动频率分为声波(25～500 Hz)与超声波(16～800 kHz)两种。

2. 拉拔力的理论计算

拉拔力是拉拔变形的基本参数,确定拉拔力的目的在于提供设计拉拔机与校核拉拔机部件强度、选择与校核拉拔机电动机容量,以及制订合理的拉拔工艺规程所必需的原始数据。同时,确定拉拔力是研究拉拔过程所必不可少的资料。下面介绍拉拔力的理论计算法。

拉拔力的理论计算方法较多,如平均主应力法、滑移线法、上界法以及有限元法等,而目前应用较广泛的为平均主应力法,平均主应力法又叫做工程法,《金属塑性加工原理》的第七章详细介绍了工程法,关于棒材拉拔力的计算,读者可以参考该书中的 7.6 节,即球坐标轴对称问题的解析。为避免重复,这里仅对空拉管材和固定短芯头衬拉管材的拉拔力计算做简要介绍。

1)空拉管材

管材空拉时,其外作用力情况与棒、线材拉拔时类似,见图 3 - 40,在塑性变形区取微小单元体,其受力状态如图 3 - 41 所示。

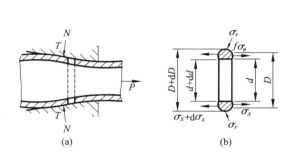

图 3 - 40　管材空拉时的受力情况

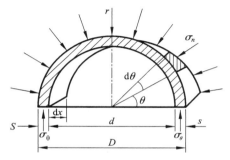

图 3 - 41　σ_θ 与 σ_n 的关系

对微小单元体在轴向上建立平衡微分方程

$$(\sigma_x + \mathrm{d}\sigma_x)\frac{\pi}{4}\big[(D + \mathrm{d}D)^2 - (d + \mathrm{d}D)^2\big] - \sigma_x \frac{\pi}{4}(D^2 - d^2) + \frac{1}{2}\sigma_n \pi D \mathrm{d}D + \frac{f\sigma_n \pi D}{2\tan\alpha}\mathrm{d}D = 0$$

展开简化并略去高阶微分量,得

$$(D^2 - d^2)\mathrm{d}\sigma_x + 2(D - d)\sigma_x \mathrm{d}D + 2\sigma_n D \mathrm{d}D + 2\sigma_n D \frac{f}{\tan\alpha}\mathrm{d}D = 0 \qquad (3 - 21)$$

引入塑性条件

$$\sigma_x + \sigma_\theta = \sigma_s \qquad (3 - 22)$$

由图 3 - 41 可见,沿 r 方向建立平衡方程

$$2\sigma_\theta S \mathrm{d}x = \int_0^x \sigma_n \cdot \frac{D}{2}\mathrm{d}\theta \mathrm{d}x \sin\theta$$

简化为:

$$\sigma_\theta = \frac{D}{D - d}\sigma_n \qquad (3 - 23)$$

将式(3 - 21)、式(3 - 22)、式(3 - 23)引入 $B = f/\tan\alpha$,利用边界条件求解:

$$\frac{\sigma_{x1}}{\sigma_s} = \frac{1 + B}{B}\left(1 - \frac{1}{\lambda^B}\right) \qquad (3 - 24)$$

式中：λ——管材的延伸系数。

定径区的摩擦力作用将使模口处管材断面上的拉拔应力要比 σ_{x1} 大一些，用棒、线材求解，可以导出

$$\frac{\sigma_L}{\sigma_s} = 1 - \frac{1 - \dfrac{\sigma_{x1}}{\sigma_s}}{e^{c_1}} \qquad (3-25)$$

式中：$c_1 = \dfrac{2fl_d}{D_b - S_0}$；

　　　f——摩擦系数；

　　　l_d——模子定径区长度；

　　　D_b——模子定径区直径；

　　　S_0——坯料壁厚。

故拉拔力为

$$P = \sigma_L \cdot \frac{\pi}{4}(D_1^2 - d_1^2) \qquad (3-26)$$

式中：D_1、d_1——该道次拉拔后管材外、内径。

2）固定短芯头拉拔

衬拉管材时，塑性变形区可分减径段和减壁段，对减径段拉应力可采用管材空拉时的公式（3-24）计算，现在主要是解决减壁段的问题，对减壁段来说，减径段终了时断面上的拉应力相当于反拉力的作用。

图3-42中的 d 断面上拉应力 σ_{x2} 按空拉管材的公式进行计算，而公式中的延伸系数 λ，在此是指空拉段的延伸系数：

$$\lambda_{ab} = \frac{F_0}{F_2} = \frac{D_0 - S_0}{D_2 - S_2}$$

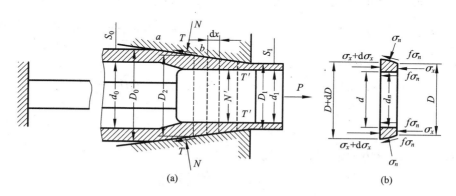

图3-42　固定短芯头拉拔

在减壁段即图3-42中 $b-c$ 段，坯料变形的特点是内径保持不变，外径逐步减小，因此管坯壁厚也减小。为了简化，设管坯内、外表面所受的法向压应力 σ_n 相等，即 $\sigma_n = \sigma_n'$，摩擦系数也相同，即 $f = f'$。按图3-42中所示的微小单元体建立平衡微分方程

$$(\sigma_x + d\sigma_x)\frac{\pi}{4}\big[(D+dD)^2 - d_1^2\big] - \sigma_x\frac{\pi}{4}(D^2 - d_1^2) + \frac{\pi}{2}D\sigma_n dD + \frac{f}{2\tan\alpha}\pi D\sigma_n dD + \frac{f}{2\tan\alpha}\pi d_1\sigma_n dD = 0$$

整理后

$$2\sigma_x DdD + (D^2 - d_1^2)d\sigma_x + 2\sigma_n DdD + \frac{2f}{\tan\alpha}\sigma_n(D+d_1)dD = 0 \qquad (3-27)$$

代入塑性条件 $\sigma_x + \sigma_n = \sigma_s$，整理后得

$$(D^2 - d_1^2)d\sigma_x + 2D\Big\{\sigma_s\Big[1 + \Big(1 + \frac{d_1}{D}\Big)\frac{f}{\tan\alpha}\Big] - \sigma_x\Big(1 + \frac{d_1}{D}\Big)\frac{f}{\tan\alpha}\Big\}dD = 0 \qquad (3-28)$$

以 $\frac{d_1}{D}$ 代替 $\frac{d_1}{D}$，$\overline{D} = \frac{1}{2}(D_2 + D_1)$ 并引入符号 $B = \frac{f}{\tan\alpha}$，将式 3-28 积分并代入边界条件得

$$\frac{\sigma_{x1}}{\sigma_s} = \frac{1 + \Big(1 + \frac{d_1}{D}\Big)B}{\Big(1 + \frac{d_1}{D}\Big)B}\Big[1 - \Big(\frac{D_1^2 - d_1^2}{D_2^2 - d_2^2}\Big)^{\big(1+\frac{d_1}{D}\big)B}\Big] + \frac{\sigma_{x2}}{\sigma_s}\times\Big(\frac{D_1^2 - d_1^2}{D_2^2 - d_2^2}\Big)^{\big(1+\frac{d_1}{D}\big)B} \qquad (3-29)$$

式中 $\frac{D_1^2 - d_1^2}{D_2^2 - d_2^2}$ 为减壁段的延伸系数的倒数，以 $\frac{1}{\lambda_{bc}}$ 表示，并设

$$A = \Big(1 + \frac{d_1}{D}\Big)B$$

代入式(3-29)得

$$\frac{\sigma_{x1}}{\sigma_s} = \frac{1+A}{A}\Big[1 - \Big(\frac{1}{\lambda_{bc}}\Big)^A\Big] + \frac{\sigma_{x2}}{\sigma_s}\Big(\frac{1}{\lambda_{bc}}\Big)^A \qquad (3-30)$$

固定短芯头拉拔时定径区摩擦力对 σ_L 的影响与空拉不同，还有内表面的摩擦应力。用棒材拉拔时的同样方法，可得到

$$\frac{\sigma_L}{\sigma_s} = 1 - \frac{1 - \sigma_{x1}/\sigma_s}{e^{c_2}}; \quad c_2 = \frac{4fl_d}{D_1 - d_1} = \frac{4fl_d}{S_1} \qquad (3-31)$$

式中：D_1——该道次拉拔模定径区直径；

d_1——该道次拉拔芯头直径；

S_1——应为挤压制品壁厚的 2 倍。

3.2.3　拉拔工艺

1. 拉拔配模

为了获得一定尺寸、形状、机械性能和表面质量的优良制品，一般要将坯料经过几次拉拔来完成。拉拔配模设计或称为拉拔道次计算，就是根据成品的要求(有时还包括坯料尺寸)来确定拉拔道次及各道次所需模孔形状、尺寸的工作。

正确的配模设计，除能满足上述要求外，还应保证在尽量减少断头、拉断次数和裂纹、裂口等缺陷的情况下，减少拉拔道次以提高生产率和设备利用率。

拉拔配模分为单模拉拔配模和多模连续拉拔配模。

1)实现拉拔过程的必要条件

拉拔过程是借助于在被加工的金属前端施以拉力实现的。如果拉拔应力过大，超过金属出模口的屈服强度，则可引起制品出现细颈、甚至拉断。因此，必须满足

$$\sigma_L = \frac{P_L}{F_L} < \sigma_s \qquad (3-32)$$

式中：σ_L——作用在被拉金属出模口断面上的拉拔应力；

　　　P_L——拉拔力；

　　　F_L——被拉金属出模口断面积；

　　　σ_s——金属出模口后的屈服强度。

对有色金属来说，由于屈服强度不明显，确定困难，加之在加工硬化后与其抗拉强度 σ_b 相近，故亦可表示为：

$$\sigma_L < \sigma_b$$

被拉金属出模口的抗拉强度 σ_b 与拉拔应力 σ_L 之比称为安全系数 K，即

$$K = \frac{\sigma_b}{\sigma_L} \qquad (3-33)$$

所以，实现拉拔过程的必要条件是 $K > 1$。安全系数与被拉金属的直径、状态（退火或硬化）以及变形条件（温度、速度、反拉力等）有关。一般 K 在 1.40~2.00 之间，即 $\sigma_L = (0.7~0.5)\sigma_b$。制品直径越小，壁厚越薄，$K$ 值应越大些。

由此可见，配模设计的原则就是在保证实现拉拔过程的必要条件下，尽可能增大每道次延伸率。

2）拉拔配模设计的内容

（1）坯料尺寸的确定

①圆形制品坯料尺寸的确定。在拉拔圆形制品——实心棒、线材以及空心管材时，如果能确定出总加工率，那么根据成品所要求的尺寸就可确定出坯料的尺寸。在保证产品质量的前提下，应努力提高生产率，坯料断面尺寸尽可能地取小些为好。关于坯料的长度选择，为了提高生产效率和成品率，根据设备条件和定尺要求应尽量选得长些，并可通过计算加以确定。

②异型管材拉拔坯料尺寸的确定。等壁厚异型管的拉拔都用圆管作坯料。异形管材所用坯料尺寸根据坯料与异形管材的外形轮廓长度来确定，为了使圆形管坯在异形拉模内能充满，应使管坯的外形尺寸等于或稍大于异形管材的外形尺寸。

③实心型材拉拔坯料尺寸的确定。确定实心型材的坯料时，首先有一个坯料形状的问题。实心型材的坯料的断面形状大多采用较简单的表状，如圆形、矩形、方形等。

在确定坯料尺寸时，除了和圆棒的一样外，还应考虑如下几方面：

A. 成品型材的断面轮廓要限于坯料轮廓之内。

B. 型材各部分延伸系数尽可能相等。

C. 形状要逐渐过渡，并有一定的过渡道次。

（2）中间退火次数的确定

坯料在拉拔过程中会产生加工硬化，塑性降低，使道次加工率减小，甚至频繁出现断头、拉断现象。因此需要进行中间退火以恢复金属的塑性。中间退火的次数用下式确定：

$$N = \frac{\ln\lambda_\Sigma}{\ln\lambda'} - 1 \qquad (3-34)$$

式中：N——中间退火次数；

λ_Σ——由坯料至成品延伸系数；

$\bar{\lambda}'$——两次退火间的平衡总延伸系数。

对固定短芯头拉拔，中间退火次数还可用下式计算

$$N = \frac{S_0 - S_K}{\Delta\bar{S}'} - 1 \qquad (3-35)$$

或者

$$N = \frac{N}{n} - 1 \qquad (3-36)$$

式中：S_0、S_K——坯料与成品壁厚，mm；

$\Delta\bar{S}'$——两次退火间的总平均壁量，mm；

n——总拉拔道次数；

$\bar{n}$——两次退火间的平均拉拔道次数。

（3）拉拔道次及道次延伸系数分配

①拉拔道次的确定

根据总延伸系数 λ_Σ 和道次的平均延伸系数 $\bar{\lambda}$ 确定拉拔道次 n

$$n = \frac{\ln\lambda_\Sigma}{\ln\bar{\lambda}} \qquad (3-37)$$

或者由道次最大延伸系数 λ_{max} 计算拉拔道次 n'，即

$$n' = \frac{\ln\lambda_\Sigma}{\ln\lambda_{max}} \qquad (3-38)$$

然后选择实际拉拔道 n 次。

②道次延伸系数的分配

A. 经验法。在分配道次延伸系数时，应考虑金属的冷硬速率、原始组织、坯料的表面状态和尺寸公差、成品精度及表面质量等。对于道次延伸系数分配，一般有两种情况：第一种是像铜、铝、镍和白铜那样塑性好、冷硬速率慢的材料，可充分利用其塑性给予中间拉拔道次较大的延伸系数，由于坯料的尺寸偏差以及退火后表面的残酸、氧化皮等原因，第一道采用较小的延伸系数，最后一次延伸系数较小有利于精确地控制制品的尺寸公差；第二种是像黄铜一类的合金，它的冷硬速率很快，稍予以冷变形后，强度急剧上升使继续加工发生困难。因此，必须在退火后的第一道尽可能采用较大的变形程度，随后逐渐减小，并且在拉 2～3 道次后便需退火。

在实际生产中，最后成品道次的延伸系数 λ_K，往往近似按下式选取：

$$\lambda_K \approx \sqrt{\bar{\lambda}} \qquad (3-39)$$

而中间道次的延伸系数的分配要根据上述的道次延伸系数的分配原则确定。中间道次的延伸系数大约为 1.25～1.5；而成品道次的延伸系数大约为 0.10～1.20。表 3-10 和表3-11 介绍一些金属的道次延伸系数的实际经验数据。

表 3 – 10　铜合金棒平均道次延伸系数

合　金	平均道次延伸系数 $\overline{\lambda}$
紫铜	1. 15 ~ 1. 40
黄铜	1. 10 ~ 1. 20

表 3 – 11　铝合金管平均道次壁厚减缩系数

合　金	平均道次壁厚减缩系数 $\overline{\lambda}_s$	
	挤压或退火后第一道次	第二道次
LF21 LD2	~ 1. 5	~ 1. 4
LY11 LF2	~ 1. 3	~ 1. 1
LY12	~ 1. 25	~ 1. 1
LF3	~ 1. 25	~ 1. 1

B. 计算法。根据材料的延伸系数 λ 与抗拉强度 σ_b 的关系曲线，近似地确定各道次延伸系数。

通常在允许延伸系数范围内，由于延伸系数 λ 与其拉强度 σ_b 近似呈线性关系。则

$$\lambda_2 = \lambda_1 \frac{\sigma_{b_1}}{\sigma_{b_2}}; \quad \lambda_3 = \lambda_1 \frac{\sigma_{b_1}}{\sigma_{b_3}}; \quad \lambda_n = \lambda_1 \frac{\sigma_{b_1}}{\sigma_{b_n}} \qquad (3-40)$$

式中：λ_1、λ_2、$\lambda_3 \cdots \lambda_n$——1、2、3$\cdots n$ 道次的延伸系数

σ_{b_1}、σ_{b_2}、$\sigma_{b_3} \cdots \sigma_{b_n}$——对应 1、2、3$\cdots n$ 道次拉拔后材料抗拉强度。

因为

$$\lambda_{\Sigma} = \lambda_1 \cdot \lambda_2 \cdot \lambda_3 \cdots \lambda_n$$

$$= \lambda_1^n \frac{\sigma_{b_1}^{n-1}}{\sigma_{b_2} \cdot \sigma_{b_3} \cdots \sigma_{b_n}} \qquad (3-41)$$

又由于在 λ_1 到 λ_{Σ} 范围内，σ_b 近似呈直线变化，即

$$\sigma_{b_n} - \sigma_{b_1} \approx (n-1)\Delta\sigma_b$$

所以

$$\lambda_{\Sigma} = \frac{\sigma_{b_1}^{n-1}}{(\sigma_{b_1} + \Delta\sigma_b)(\sigma_{b_1} + 2\Delta\sigma_b)\cdots[\sigma_{b_1} + (n-1)\Delta\sigma_b]} \qquad (3-42)$$

综上所述，确定各道次的延伸系数采用如下步骤：

a) 按式 (3 – 38) 计算 n'，然后选定 n。

b) 采用 $\lambda_1 = \lambda_{\max}$，按 $\sigma_b = \varphi(\ln\lambda)$ 图，求出 σ_{b_1} 和 λ_{Σ} 对应的 σ_{b_n}。

c) 由式 (3 – 42) 确定 $\Delta\sigma_b$。

d) 计算实际的 λ_1。

e) 根据式 (3 – 40) 计算各道次延伸系数 λ_2、$\lambda_3 \cdots \lambda_n$。

(4) 计算拉拔力及校核各道次的安全系数

对每一道次的拉拔力都要进行计算，从而确定出每一道次的安全系数。安全系数过大或过小都是不适宜的，必要时需重新设计与计算。

3）配模设计

在此只介绍单模拉拔配模设计，多模连续拉拔用于线材生产，请参看第四章有色金属线材加工。

（1）圆棒拉拔配模

一般来说，圆棒拉拔配模有三种情况：

A. 给定成品尺寸与坯料尺寸，计算各道次的尺寸。

B. 给定成品尺寸并要求获得一定机械性能。

C. 只要求成品尺寸。

对最后一种情况，在保证制品表面质量前提下，使坯料的尺寸尽可能接近成品尺寸，以求通过最少道次拉拔出成品。

（2）型材拉拔配模

用拉拔方法可以生产大量各种形状的型材，如三角形、方形、矩形、六角形、梯形以及较复杂的对称和非对称型材。设计型材拉拔配模的关键是尽量减小变形不均匀性，正确地确定原始坯料的形状与尺寸。

根据 A·Я·海茵的意见，设计型材模孔时应考虑如下原则：

①拉拔时，要求成品型材的外形必须包括在坯料外形之中。因为实现拉拔变形的首要条件是拉力，材料的横向尺寸难于增加。

②为了使变形均匀，坯料各部分应尽可能受到相等的延伸变形。

③拉拔时要求坯料与模孔各部分同时接触，否则由于未被压缩部分（即未接触模壁部分）的强迫延伸而影响制品形状的精确性。为了使坯料进模孔后能同时变形，各部分的模角亦不同。

④对带有锐角的型材，只能在拉拔过程中逐渐减小到所要求的角度。不允许中间带有锐角，更不得由锐角转变成钝角。这是因为拉拔型材时，特别是复杂断面型材，一般道次较多而延伸系数则不大，这将导致金属塑性的降低，在棱角处因应力集中而出现裂纹。

总之，型材模孔设计的关键是使坯料各部分同时得到尽可能均匀的压缩。根据上述各项原则，在实际生产中常常采用 B·B·兹维列夫提出的"图解设计法"进行型材配模设计。

（3）圆管拉拔配模

①空拉管材配模设计。在确定空拉道次变形量时，要考虑金属出模口的强度以防拉断以及管子在变形时的稳定性的问题，还应考虑到 S_0/D_0 比值和最佳模角的选择问题。

在生产中，空拉时的道次极限延伸系数可达 1.5～1.8，一般以 1.4～1.5 为宜。外径一次减缩量为 2～7mm，其中小管用下限，大管用上限。空拉时的减径量过大或过小对管子质量和拉拔生产都有不利影响。

②固定短芯头拉管配模设计。固定短芯头拉拔所用的坯料可以由挤压、冷轧管或热轧管法供给，在拉拔时，由于金属与芯头接触摩擦面较空拉时的大，所以道次延伸系数较小。表3－12 是国内采用固定短芯头拉拔各种金属管材时常用的延伸系数。

表 3 - 12　固定短芯头拉管时采用的延伸系数

金属与合金	两次退火间		
	总延伸系数	道次	道次延伸系数
紫铜、H96	不限	不限	1.2 ~ 1.7
H68、HSn70 - 1、HAl70 - 1.5 HAl77 - 2	1.67 ~ 3.3	2 ~ 3	1.25 ~ 1.60
H62	1.25 ~ 2.23	1 ~ 2	1.18 ~ 1.43
QSn4 - 0.2、QSn7 - 0.2 QSn6.5 - 0.1、B10、B30	1.67 ~ 3.3	3 ~ 4	1.18 ~ 1.43
L2 ~ L6	1.20 ~ 2.8	2 ~ 3	1.20 ~ 1.40
LD2、LF21	1.20 ~ 2.2	2 ~ 3	1.2 ~ 1.35
LF2	1.1 ~ 2.0	2 ~ 3	1.1 ~ 1.30
LY11	1.10 ~ 2.0	1 ~ 2	1.10 ~ 1.30
LY12	1.10 ~ 1.70	1 ~ 2	1.10 ~ 1.25

　　固定短芯头拉拔时，管子外径减缩量（减径）一般为 2 ~ 8mm，其中小管用下限，大管用上限。只有对 $\phi > 200$mm 的退火紫铜管，其减径量达 10 ~ 12mm。道次减径量不宜过大。

　　在拟订拉拔配模时，为了便于向管子里放入芯头，任一道次拉拔前管子内径 d_n 必须大于芯头的直径 d'_n，一般为

$$d_n - d'_n \geqslant a \qquad (3 - 43)$$

式中：$a = 2 ~ 3$mm。

　　因此，管坯的内径 d_0 与成品管材内径 d_K 之差，必须要满足下列条件：

$$d_0 - d_K \geqslant na \qquad (3 - 44)$$

式中：n——拉拔道次。

　　管材每道次的平均延伸系数要遵守下列关系：

$$\lambda_\Sigma = \frac{F_0}{F_K} = \frac{\pi(D_0 - S_0)S_0}{\pi(D_K - S_K)S_K} = \frac{\bar{D} \cdot S_0}{\bar{D} \cdot S_K} = \lambda_{\bar{D}\Sigma} \cdot \lambda_{S\Sigma} \qquad (3 - 45)$$

$$\bar{\lambda} = \sqrt[n]{\lambda_\Sigma} = \sqrt[n]{\lambda_{\bar{D}\Sigma} \cdot \lambda_{S\Sigma}} = \bar{\lambda}_{\bar{D}} \cdot \bar{\lambda}_S \qquad (3 - 46)$$

式中：$\lambda_{\bar{D}\Sigma}$、$\lambda_{S\Sigma}$——与总延伸系数 λ_Σ 相对应的管子平均直径总延伸系数和壁厚总延伸系数；

　　　　$\bar{\lambda}_{\bar{D}}$、$\bar{\lambda}_S$——管子道次的平均直径延伸系数与壁厚平均延伸系数。

　　上式说明管子每道次的平均延伸系数 $\bar{\lambda}$ 等于相应的平均直径延伸系数 $\bar{\lambda}_{\bar{D}}$ 与壁厚平均延伸系数 $\bar{\lambda}_S$ 的乘积。

　　另外，在保证管子机械性能条件下，为了获得光洁的表面，管坯壁厚 S_0 必须大于成品管壁厚 S_K。当 $S_K \leqslant 4.0$mm 时，$S_0 \geqslant S_K + 1 ~ 2$mm；当 $S_K > 4.0$mm 时，$S_0 \geqslant 1.5S_K$，亦可参考有关经验数据。

　　(4)游动芯头拉管配模

　　游动芯头拉拔与固定短芯头拉拔相比较，具有许多的优点。例如：它可以改善产品的质

量，扩大产品品种，可以大大提高拉拔速度；道次加工率大，对紫铜固定短芯头拉拔，延伸系数不超过 1.5，用游动芯头可达 1.9；工具的使用寿命高，在拉拔 H68 管材时比固定短芯头的大 1~3 倍，特别是对拉拔铝合金、HAl 77-2、B30 一类易黏结工具的材料效果更为显著；有利于实现生产过程的机械化和自动化。

游动芯头拉拔配模除应遵守 3.2.1 节中所规定的原则外，还应注意，减壁量必须有相应的减径量配合，不满足此要求，将导致管内壁在拉拔时与大圆柱段接触，破坏了力平衡条件，其结果使拉拔过程不能正常进行。

当模角 $\alpha = 12°$，芯头锥角 $\alpha_1 = 9°$ 时，减径量与减壁量应满足以下关系：

$$D_1 - d \geqslant 6\Delta S \tag{3-47}$$

即芯头小圆柱段与大圆柱段直径差应大于该道次拉拔减壁量的 6 倍。实际上，由于在正常拉拔时芯头不处于前极限位置，所以在 $D - d < 6\Delta S$ 时仍可拉拔。$D_1 - d$ 与 ΔS 之间的关系取决于工艺条件，根据生产经验，在 $\alpha = 12°$、$\alpha_1 = 9°$，用乳液润滑拉拔铜及铜合金管材时，式（3-47）可改变：

$$D_1 - d \geqslant (3~4)\Delta S \tag{3-48}$$

由于在配模时必须遵守上述条件，与用其他衬拉方法相比较，使游动芯头拉拔的应用受到一定的限制。

游动芯头拉拔铜、铝及合金的延伸系数列于表 3-13、表 3-14。

表 3-13　铜及其合金游动芯头直线拉拔的延伸系数

合　金	道次最大延伸系数		平均道次延伸系数	两次退火间延伸系数
	第一道	第二道		
紫铜	1.72	1.90	1.65~1.75	不限
HA177-2	1.92	1.58	1.70	3
H68、HSn0-1	1.80	1.50	1.65	2.5
H62	1.65	1.40	1.50	2.2

表 3-14　ϕ20~30 mm 铝管直线与盘管拉拔时最佳延伸系数

道　次	14.7 kN 链式拉拔机		ϕ1525 mm 圆盘拉拔机	
	道次延伸系数	总延伸系数	道次延伸系数	总延伸系数
1	1.9		1.71	
2	1.83	3.51	1.67	2.85
3	1.76	6.20	1.61	4.60

2. 拉拔时的润滑

拉拔润滑剂应满足拉拔工艺（如有一定的黏度和化学稳定性、有冷却模具的作用、耐压、耐高温等）、经济（成本低）与环保（对人体无害、不污染环境）等方面的要求。

拉拔润滑剂包括在拉拔时使用的润滑剂和为了形成润滑膜在拉拔前对金属表面进行预处理时所用的预处理剂。润滑剂按其形态可分为湿式润滑剂和干式润滑剂。湿式润滑剂主要包括矿物油、脂肪酸、脂肪酸皂、动植物油脂、高级醇类和松香、乳液等；干式润滑剂主要包括二硫化钼、石墨、肥皂粉等。预处理剂具有把润滑剂带入摩擦面的功能，润滑剂与预处理剂形成整体的润滑膜。因此，从广义来说预处理剂也是润滑剂，预处理剂(膜)有碳酸钙肥皂、磷酸盐膜、硼砂膜、草酸盐膜、金属膜、树脂膜等。

拉拔不同的有色金属与合金的各种制品所采有的润滑剂是不同的，表3－15为有色金属拉拔时所常用的润滑剂。

表3－15   有色金属拉拔管棒材时常用的润滑剂

制品	金属与合金	润滑剂成分
管材	铝及铝合金	(1)机油；(2)重油
	紫铜、黄铜	1%肥皂＋4%切削油＋0.2%火碱＋水
	青铜、白铜	同上
	镍与镍合金	1%肥皂＋4%切削油＋0.2%火碱＋适量油酸＋水
棒材	紫铜	50%～60%机油＋40%～50%洗油
	H62、H68	机油
	H59－1	切削油

3. 拉拔制品的主要缺陷

1)实心材的主要缺陷

从拉拔角度看，制品的主要缺陷有：表面裂纹、起皮、麻坑、起刺、内外层机械性能不均匀、中心裂纹等。在此仅对实心棒材、线材常见的中心裂纹与表面裂纹加以分析。

(1)中心裂纹

一般来说，无论是锻造坯料还是挤压、轧制的坯料，都存在内外层的机械性能不均匀的问题，即内层的强度低于表面层，又由3.2.1节中叙述的拉拔时应力分布规律可知，在塑性变形区内中心层上的轴向主拉应力大于周边层的，因此常常在中心层上的拉应力首先超过材料强度极限，造成拉裂，如图3－43所示。

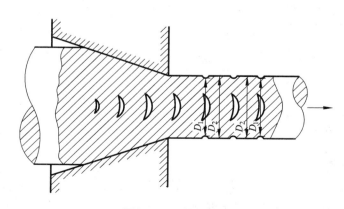

图3－43   中心裂纹

D_1—裂纹处的直径；D_2—无裂纹处的直径

由于拉拔时，在轴线上金属流动速度高于周边层的，轴向应力由变形区的入口到出口逐渐增大，所以一旦出现裂纹，裂纹就越来越长，裂缝越来越宽，其中心部分最宽；又由于在轴向上前一个裂纹形成后，使拉应力松弛，裂口后面的金属的拉应力减小，再经过一段长度后，拉应力又重新达到极限强度，将再次发生拉裂，这样拉裂—松弛—再拉裂的过程继续下去，就出现了明显的周期性。

这种裂纹很小时是不容易发现的，只有特别大时，才能在制品表面上发现细颈，所以对某些产品质量要求高的特殊产品，必须进行内部探伤检查。目前工厂采用超声波探伤仪检查制品内部缺陷。

为了防止中心裂纹的产生，需要采取以下措施：

①减少中心部分的杂质、气孔。

②使拉拔坯料内外层机械性能均匀。

③对坯料进行热处理，使晶粒变细。

④在拉拔过程中进行中间退火。

⑤拉拔时，道次加工率不应过大。

（2）表面裂纹

表面裂纹（三角口）是在拉拔圆棒材、线材时，特别是拉拔铝线时常出现的表面缺陷，如图 3-44 所示。

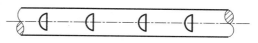

图 3-44　棒材表面裂纹示意图

表面裂纹是在拉拔过程中由于不均匀变形引起的。在定径区中的被拉金属所受的沿轴向上的基本应力分布是周边层的拉应力大于中心层的，再加上由于不均匀变形的原因，周边层受到较大的附加拉应力作用。因此，被拉金属周边层所受的实际工作应力较比中心层要大得

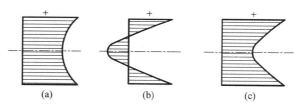

图 3-45　定径区中沿轴向工作应力分布示意图
（a）基本应力；（b）附加应力；（c）工作应力

多，如图 3-45 所示，当此种拉应力超过抗拉强度时，就发生表面裂纹。当模角与摩擦系数增大时，则内、外层间的应力差值也随之增大，更容易形成表面裂纹。

2）管材制品的主要缺陷

拉拔管材常见的缺陷有表面划伤、皱折、弯曲、偏心、裂纹、金属压入、断头等，以偏心、皱折最为常见。

（1）偏心

在实际生产中，拉拔管坯的壁厚是不均匀的，尤其是在卧式挤压机上进行脱皮挤压所生产的铜合金管坯偏心非常严重。利用不均匀壁厚管坯进行拉拔时，空拉能起到自动纠正管坯偏心的作用，使管材偏心度减小，但有的管坯偏心过于严重而空拉纠正不过来，造成管材偏心缺陷。

（2）皱折

若 D_0/S_0 值较大，而管壁薄厚不均匀，道次加工率又较大加之退火不均匀时，管壁易失稳而出现凹陷或皱折。

3.3　管材冷轧

3.3.1　管材冷轧的主要方法

目前生产中应用最广的还是周期式冷轧管机，该机1928年研制，1932年在美国首先使用。它们是获得高精度薄壁管的重要手段，也是外径或内径要求高精度的厚壁管和特厚壁管，以及异形管、边断面管的主要生产方法。两辊式周期冷轧管机的生产规格范围为：4～250mm，壁厚0.1～40 mm。并可生产外径与壁厚比等于60～100的薄壁管。图3－46是两辊式周期冷轧管机的工作过程示意图。

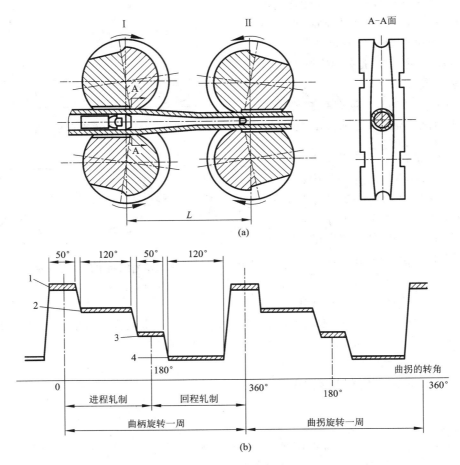

图3－46　两辊式周期冷轧管机的工作过程示意图

(a)周期冷轧机运动示意图 (b)周期冷轧机操作示意图

两辊式周期冷轧管机的孔型沿工作弧由大向小变化，入口比来料外径略大，出口与成品管直径相同，再后孔型略有放大，以便管体在孔内转动。轧辊随机架的往复运动在轧件上左右滚轧。如以曲拐转角为横坐标，操作过程如图3－46(b)所示。开始50°将坯料送进，然后在 120°范围内轧制，轧辊辗至右端后，再用 50°间隙轧件转动 60°，芯棒也作相应旋转，只是转角略异，以求芯棒能均匀磨损。回轧轧辊向左滚辗，消除壁厚不均提高精度，直至左端止。如此反复。

　　1952 年前苏联研制成功了多辊式周期冷轧管机，这种轧机的操作过程和两辊式基本相同。近年来，冷轧的发展趋势是多线、高速、长行程，坯料长度也不断增长。"多线"轧制应用很广，2、3、4、6 线冷轧机均有投产。"高速"是指不断提高机头单位时间内的往复次数。"长行程"是指加大送进量，每次轧制的延伸长度也随之增加。

3.3.2　周期式冷轧管机轧制的变形原理和工具设计

1. 周期式冷轧管机的轧制过程

图 3 - 47 是两辊式周期冷轧管机的进程轧制工作图示。

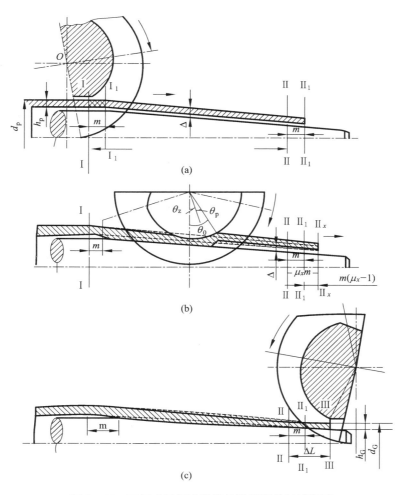

图 3 - 47　两辊式周期冷轧管机的进程轧制过程图

（a）送进；（b）滚轧；（c）转动管六和芯棒

（1）管料送进：轧辊位于进程轧制的起始位置，也称进轧的起点Ⅰ，管料送进m值，Ⅰ－Ⅰ移至$Ⅰ_1$－$Ⅰ_1$，轧制锥前端由Ⅱ－Ⅱ移至$Ⅱ_1$－$Ⅱ_1$，管体内壁与芯棒间形成间隙Δ；

（2）进程轧制：进轧时轧辊向前滚轧，轧件随着向前滑动，轧辊前部的间隙随之扩大。变形区由两部分组成瞬间减径区和瞬间减壁区，各自所对应的中心角分别为减径角θ_p和减壁角θ_o，两者之和为咬入角θ_z，整个区域为瞬间变形区；

（3）转动管料和芯棒：滚轧到管件末端后，设计孔型又稍大于成品外径。将料转动60°～90°，芯棒也同时转动，但转角略小，以求磨损均匀。轧件末端滑移至Ⅲ－Ⅲ，一次轧出总长$\Delta L = m\mu_\Sigma$（μ_Σ总延伸系数）。轧至中间任意位置时，轧件末端移至$Ⅱ_x$－$Ⅱ_x$，轧出长度为$\Delta L_x = m\mu_{\Sigma x}$（$\mu_{\Sigma x}$为中间任意位置的积累延伸系数）；

（4）回程轧制：又称回轧，轧辊从轧件末端向回滚轧。因为进程轧制时机架有弹跳，金属沿孔型横向也有宽展，所以回程轧制时仍有相当的减壁量，约占一个周期总减壁量的30%～40%。回轧时的瞬间变形区与进程轧制相同，也由减径和减壁两区构成。返程轧制时，金属流动方向仍向原延伸方向流动。

每一周期管料送进体积为mF_0（F_0是管料横截面积），轧件出口截面积为F_1，延伸总长ΔL，则按体积不变条件可得：

$$\Delta L = \frac{F_0}{F_1}m = \mu_\Sigma m \qquad (3-49)$$

如按进程轧制展开轧辊孔型，可分为四段变形区：减径段、压下段、预精整段和精整段，见图3－48。

（1）空转管料送进部分。

（2）减径段：压缩管料外径直至内表面与芯棒接触为止。因为减径时壁厚增加、塑性降低，横剖面压扁扩大了芯棒两侧非接触区，降低了变形的均匀性，并且容易轧折。所以减径量愈小愈

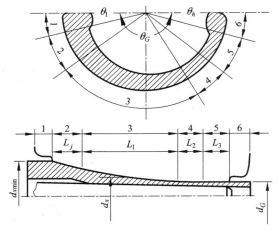

图3－48　两辊式冷轧管机孔槽底部的展开图
1—空转送进部分；2—减径段；3—压下段；
4—预精整段；5—精整段；6—空转回转部分

好。一般管料内径与芯棒最大直径间的间隙Δ取在管料内径的3%～6%以下。壁厚增量

$$\Delta h_j \approx (0.7 \sim 0.8)h_0 \frac{\Delta d_0}{d_0} \qquad (3-50)$$

式中：d_0、Δd_0、h_0——管料的外径、外径减缩量和壁厚。

（3）压下段：是主要变形阶段同时减径、减壁。正确设计这一段变形曲线和孔型宽度，是孔型设计的主要内容，设计应根据加工材料的性能和质量要求进行。

（4）预精整：在此阶段最后定壁。

（5）精整段：主要作用是定径，同时进一步提高表面质量和尺寸精度。

2. 变形区内金属的应力状态分布

变形区内各点的应力状态主要受以下因素影响：外摩擦、变形的均匀性、变形的分散程度。

1）外摩擦的影响

为了解外摩擦影响的应先弄清接触表面间金属与工具的相对滑动特点。图 3 – 49 是冷轧管机进程轧制时孔型内各点的速度分布。如图轧辊绕主动齿轮节圆圆周上一点 O_1 旋转，O_1 是瞬时中心，则变形区出口垂直剖面上各点的速度：轧辊轴心 G，$V_G = R_j\omega_G$；孔型槽底 C，$V_C = (R_j - \rho_c)\omega_G$；孔槽边缘 b，$V_b = (R_j - \rho_b)\omega_G$。$R_j$ 为主动传动齿轮的节圆半径，ω_G 为轧辊转速。

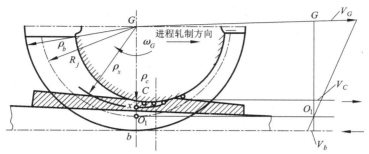

图 3 – 49　进程轧制时变形区出口垂直剖面上沿轧槽各点的速度分布

轧制时可认为整个垂直剖面上的金属以同一速度 V_m 向机架进程轧制的运动方向流动，设与机架运行方向相同的速度为正，则变形区口垂直截面上轧槽各点对接触金属的相对速度 V_{xd} 如图 3 – 50(a) 所示。接触辊面上任一点相对轧件的速度等于

$$V_{xd} = V_m - V_x = V_m - \omega_G(R_j - \rho_x) \qquad (3 - 51)$$

$V_{xd} > 0$ 为前滑区；$V_{xd} < 0$ 为后滑区，在 $V_{xd} = 0$ 的各点为中性点，连接这些点为中性线，如图 3 – 50(b) 中的 ABC，在曲线 ABC 以内为后滑区，出口剖面上 A、C 所对应的半径称为轧制半径 ρ_z。轧制半径应满足以下关系式：

$$V_m = (R_j - \rho_z)\omega_G \qquad (3 - 52)$$

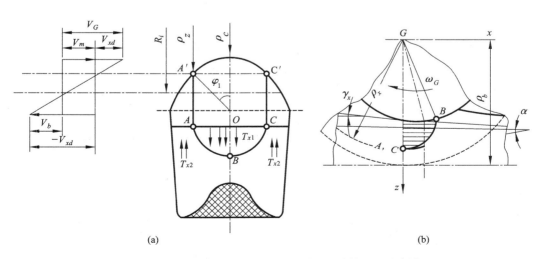

(a)　　　　　　　　　　　　　　　　　　(b)

图 3 – 50　进程轧制时工具接触表面的相对速度和轧件上的摩擦力方向

如减少变形量，变形区内金属流动速度随之下降，后滑区便相应扩大。变形区内工具给轧件接触表面的摩擦力方向如图 3 – 50（b）所示。那么根据周期冷轧管机金属只向机架进程轧制的运动方向流动，则在前滑区金属承受三向附加压应力，在后滑区承受轴向附加拉应力，其他两向为附加压应力。

回程轧制时金属仍按进程轧制的方向流动，轧辊作反向旋转，所以在变形区出口截面内轧辊接触表面相对轧件的速度如图 3 – 51（a）所示。设仍以与机架运行方向相同的速度为正，反之为负，则按式（3 – 51）可得回轧时前、后滑区的分布情况和摩擦力方向，如图 3 – 51（b）所示，$BDD'B'$ 为后滑区。所以回轧时槽底部分金属在外摩擦力作用下受三向附加压应力，槽缘部分金属受轴向张应力，其余两向为压应力。恰好与正轧时相反。

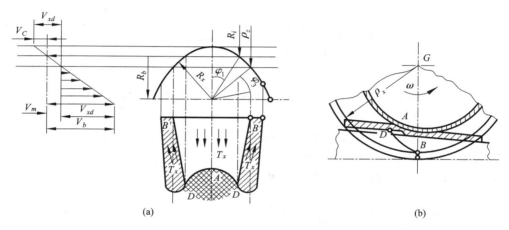

图 3 – 51　回程轧制时工具接触表面的相对速度和轧件上的磨擦力方向

芯棒接触表面的摩擦力方向，因轧件始终向机架进程轧制的运行方向延伸，所以总是和回轧时机架的运行方向相同，对接触表面的金属造成三向附加压应力。

2）不均匀变形的影响

因为周期冷轧管孔型和一般纵轧孔型一样，也有一定的开口度以防啃伤、轧折，所以加工时在孔型开口处形成一定的非接触区，这样无论正轧或回轧，孔型开口部分的金属皆受到附加轴向张应力，槽底部分金属受到附加轴向压应力。

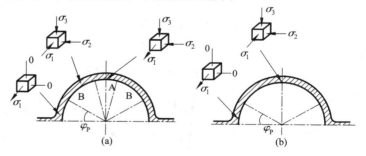

图 3 – 52　周期冷轧管材的工作应力状态图
（a）进程轧制；（b）回程轧制

综上所述周期冷轧管的出口截面上最可能出现的工作应力状态分布将如图 3 – 52 所示。孔型开口处始终承受着拉应力，严重时甚至可能出现横裂，这是限制冷轧管一次变形率的主要原因之一。

3）加工分散程度的影响

因为轧制时有附加应力，轧制后必然以残余应力状态保留下来。但是无论从正轧和回轧造成的残余应力状态来看，还是从不均匀变形来看，只要回轧前旋转 60° ~ 90°，这些残余应力都能互相抵消。所以如果减小每次加工量，增加加工次数，就会降低每次产生的残余应力，而且不断互相抵消，无疑这将促使轧件体内的残余应力均匀化，利于金属塑性的提高。但是增加分散程度又会降低生产率，所以压下段的分散系数应按不同材料规定一个允许的最低值，以控制产品质量。

　　3. 周期轧制中各主要变形参数的计算

　　因为周期式冷轧管机是依次送进，逐渐轧到成品管尺寸，变形锥内任一横剖面总是经过若干周期轧制后才达到要求尺寸的。因此除需要计算从坯料尺寸轧到成品尺寸的总变形量外，还需要计算由坯料尺寸轧到变形锥内任一剖面时的"积累变形量"，和变形锥内任一剖面的"瞬时变形量"。

　　变形锥内任一横截面 F_x 的瞬时延伸系数等于与 F_x 相距 Δx 的前一横截面 $F_{\Delta x}$ 与 F_x 之比。此两截面间包含的体积等于该轧制周期的送进体积 mF_0。m 为每一周期的送进距离，F_0 为来料横截面积。现证明如下：

　　图 3 - 53 中的 AB 曲线是轧辊轧制直径接触点的轨迹，也可近似地视为变形锥的外廓线。现以纵坐标表示轧件横截面面积，横坐标表示轧辊行程，坯料尺寸和成品尺寸皆已知，确定任意截面 F_x 的瞬时延伸系数。给管料一送进量 m，曲线 AB 移到 A_1B_1，F_x 从 CD 移到 C_1D_1。管料从 A 点到 C 点在 x 水平长度上被压缩，使相当于 AC 及 A_1E_1 曲线包络的金属体积右移，C_1D_1 被水平推移到 C_2D_2，移动 Δm。因此未轧部分坯料不再按 E_1B_1 而是按 H_2B_2 承受压缩，H_2B_2 相对 AB 移动 Δx。这样在 CD 位置上被压缩的断面不再是 E_1D，而是 H_2D，所以在 CD 位置的瞬时延伸系数 μ_x 应是 H_2D/CD。

　　按图 3 - 53，送进体积 mF_0 也可表示为体积 $V_{AA_1E_1C}$ 和 $V_{E_1C_1D_1D}$ 之和。在 AC 段上压缩时金属体积向右移动形成 $V_{E_1H_2C_2D_2D_1C_1}$，根据体积不变定律形成的体积 $V_{E_1H_2C_2D_2D_1C_1}$ 应与体积 $V_{AA_1E_1C}$ 相等，所以

$$V_{H_2C_2D_2D} = mF_0$$

由图 3 - 53 可知 $V_{H_2C_2D_2D}$ 相当于 V_{HGDC} 横移 Δx，H_2D 相当于 HG 向右移动 Δx，所以

$$\mu_x = \frac{HG}{CD} = \frac{F_{\Delta x}}{F_x} \tag{3-53}$$

因此只要求得 Δx 便可求得任一断面 F_x 的瞬时变形参数，按图 3 - 53 可得：

$$F_0 m = \int_{x-\Delta x}^{x} F_x \mathrm{d}x \tag{3-54}$$

只要知道函数 $F_x = f(x)$，便可由上式求得 Δx 值，如 $F_x = f(x)$ 是无解析式表达的曲线，或解析式很复杂可将 HGDC 作梯形考虑。当机架一次进程中管壁绝对压下量很小时，可近似地求得：

$$\Delta x = \frac{F_0}{F_x} m = \mu_{\Sigma x} m \tag{3-55}$$

　　设管料的外径、内径、壁厚分别以 d_0、d_0'、h_0 表示，相应的成品管尺寸分别以 d_1、d_1'、h_1 表示，以 d_x、d_x'、h_x 表示 F_x 的尺寸，以 $d_{\Delta x}$、$d_{\Delta x}'$、$h_{\Delta x}$ 表示 Δx 的相应尺寸，则各变形参数可分别表示如下：

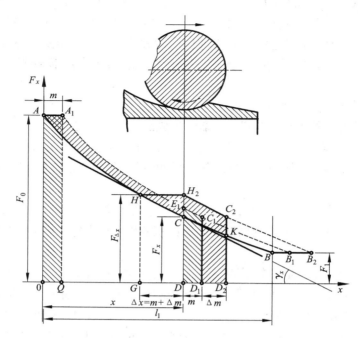

图 3 - 53　轧制毛管横断面面积沿轧辊行程的变化

瞬时延伸系数：　　$\mu_x = \dfrac{F_{\Delta x}}{F_x} = \dfrac{h_{\Delta x}(d_{\Delta x} + d'_{\Delta x})}{h_x(d_x + d'_x)}$

瞬时减壁量：　　　$\Delta h_x = h_{\Delta x} - h_x$

瞬时减壁率：　　　$\dfrac{\Delta h_x}{h_{\Delta x}} = \dfrac{h_{\Delta x} - h_x}{h_{\Delta x}} \times 100\%$

累积延伸系数：　　$\mu_{\Sigma x} = \dfrac{F_0}{F_x} = \dfrac{h_0(d_0 + d'_0)}{h_x(d_x + d'_x)}$

累积减壁量：　　　$\Delta h_{\Sigma x} = h_0 - h_x$

总延伸系数：　　　$\mu_{\Sigma x} = \dfrac{F_0}{F_1} = \dfrac{h_0(d_0 - d'_0)}{h_1(d_1 + d'_1)}$

总减壁量：　　　　$\Delta h_{\Sigma} = h_0 - h_1$

　　　　　　　　　　　　　　　　　　　　　　　　　　　　　　　（3 - 56）

　　瞬时减壁量按图 3 - 54，可按下式计算：

$$\Delta h_x = \Delta x(\tan\gamma_x - \tan\alpha)$$

式中：α——芯头锥角；

　　　　γ_x——A 点横截面处的工作锥度。

　　以上计算的是一个周期的变形量，是由
进程轧制和回程轧制来完成的，回程轧制的
变形量约占总变形量的 30% ~ 40%。

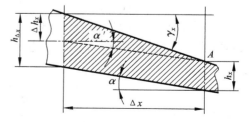

图 3 - 54　变形区 A 点瞬时减壁量图示

　　由式（3 - 55）可知变形区内任一断面，在每一轧制周期中向前移动 Δx，而 Δx 在变形区不同位置是逐渐增大的，所以计算任一断面在变形区内承受的加工次数比较复杂，不同的送进量、变形程度以及孔型形状等都会使各断面在变形区内的加工次数发生变化。如设孔型压下段的展开线为抛物线，则任意断面在变形区内承受的加工次数，即变形分散系数 n_1 可近似地按下式计算：

$$n_1 = \frac{3l_1}{m(1 + 2\mu_\Sigma)} \tag{3-57}$$

式中：l_1——变形区压下段的水平长度。

从生产率来看，n_1 愈小愈好，但过小会加大每一周期的变形量，易在成品管上于孔型开口处出现横裂等缺陷。为此，不同材料的管材应在实践中试验确定允许的最小变形分散系数 n_1，作为孔型设计的依据之一。

4. 两辊式周期冷轧管机的孔型设计

合理的孔型设计应能获得表面良好、尺寸精度高的管材；应使工具磨损均匀，轧机生产率高。设计内容包括：孔型轧槽各段长度的计算；设计孔型轧槽底部的展开线，计算轧槽横断面尺寸，设计计算芯头形状和尺寸。

1）计算孔型轧槽长度

孔型轧槽由工作段 L_G 送进段 L_s，回转段 L_h 构成。设计时应尽量缩短送进和回转段的长度，增加工作段的长度，因为一定的送进量，工作段增长可降低瞬时变形率，并可使用小锥度芯棒降低瞬时减径率改善不均匀变形，提高金属塑性，定径段得到适当加长也利于改善成品表面质量和尺寸精度，但送进、回转过快会使相应机构中的冲击负荷过大，部件磨损严重。目前此两段长度约占总长度的 5% ~ 6%。

轧槽轧制时的回转角 γ_x 与机架行程 L_x 和主动齿轮节圆直径 D_j 间应保持以下关系：

$$\gamma_x = \frac{L_x \times 360° \times 3600}{\pi D_j} \tag{3-58}$$

由图 3 – 48 知轧槽的总回转角是由送进角 θ_s、回转角 θ_h 和工作角 θ_G 组成，目前常用的半圆形轧槽块最大回转角 γ_{max} 一般在 180° ~ 215°。如已知各段行程长度，代入式（3-58）可求得对应的轧槽回转角。反之也可先确定各段的转角，代入式（3-58）求得对应的行程长度，在不同情况下不管采取哪一种设计程序，都必须满足以下条件：

$$\theta_s + \theta_G + \theta_h \leq \gamma_{max} \tag{3-59}$$

$$L_s + L_G + L_h \leq \pi D_j \frac{\gamma_{max}}{360 \times 3600} \tag{3-60}$$

2）设计轧槽槽底的纵向展开曲线

如图 3 – 48 所示轧槽底纵向展开曲线分为四段，减径段、预精整段为直线，与轧制线成一定倾角；定径段是与轧制线平行的直线，压下段是按一定变形规律设计的光滑曲线，也是冷轧管孔型设计的核心。

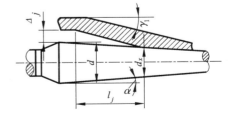

图 3 – 55　确定减径段长度图示

减径段长度 l_j 按图 3 – 55 可由下式计算：

$$l_j = \frac{\Delta_j}{\tan\gamma_1 - \tan\alpha} \tag{3-61}$$

实际经验表明，减径段较合适的锥度为 $\tan\gamma_1 = 0.12 \sim 0.20$，轧制薄壁管时管料内径与芯棒直径间的最大间隙 Δ_j 约为 $1.0 \sim 1.5\text{mm}$。

定径段亦称精整段的轧槽直径应与成品管材的直径相等。长度取决于进入预精整段管料直径与成品管材的直径差，和入精整段管料的椭圆度大小。如果椭圆度较小，轧槽开口度不大，芯头锥度 $2\tan\alpha \leqslant 0.01$，精整次数就可以少一些，一般取 $1 \sim 2$ 次，所以定径段长度即为：

$$l_3 = (1.0 - 2.0)m\mu_\Sigma \tag{3-62}$$

预精整段长度确定，主要考虑管料每一断面可能受到的预精整次数，次数的多少主要看压下段的瞬时延伸率高低，特别是进入预精整段前的瞬时延伸率高低而定，压下段的瞬时延伸率大则预精整的次数就要高一些。现在压下段大多采用逐渐减缓瞬时延伸率的光滑曲线，则预精整段的精轧系数一般取为 $1.0 \sim 1.5$，所以预精整段长度取：

$$l_2 = (1.0 \sim 1.5)m\mu_{\Sigma2} \tag{3-63}$$

式中：$\mu_{\Sigma2}$——预精整段始点的积累延伸系数，一般取 $\mu_{\Sigma2} \approx (0.95 \sim 0.98)\mu_\Sigma$。

为保证纵向壁厚均匀性，应使该段的 $\tan\gamma_2 = \tan\alpha$。

压下段槽底纵向展开线的设计原则是尽可能地充分利用金属塑性。因为轧制过程中随着变形量的增加金属塑性相应下降，所以沿变形区长度方向的壁厚压下率应按逐渐减小的原则设计，从这一原则出发的设计方法很多，现介绍其一如下。

因为设计压下段槽底曲线的指导思想是减壁率逐渐减小，此曲线为减函数，所以它的一阶导数小于零，$f'(x) = -\dfrac{\mathrm{d}h}{\mathrm{d}x}$ 壁厚变量计算式可表达为：

$$\frac{\Delta h_x}{h_x} = f(x) = -\frac{\Delta x}{h_x}\frac{\mathrm{d}h_x}{\mathrm{d}x} \tag{3-64}$$

或

$$\Delta h = \varphi(x) = -\Delta x\frac{\mathrm{d}h_x}{\mathrm{d}x} \tag{3-65}$$

按式(3-55)知：

$$\Delta x = m\frac{F_0}{F_x} = m\frac{(d_0 - h_0)h_0}{(d_x - h_x)h_x}$$

如芯头锥度小，减径量不大，可近似地取为：

$$\Delta x = m\frac{h_0}{h_x} \tag{3-66}$$

将式(3-66)代入式(3-64)、式(3-65)得：

$$\frac{\Delta h_x}{h_x} = f(x) = -m\frac{h_0}{h_x^2}\frac{\mathrm{d}h_x}{\mathrm{d}x} \tag{3-67}$$

$$\Delta h_x = \varphi(x) = -m\frac{h_0}{h_x}\frac{\mathrm{d}h_x}{\mathrm{d}x} \tag{3-68}$$

积分得：

$$h_x = \frac{mh_0}{\int f(x)\,\mathrm{d}x + C} \tag{3-69}$$

$$h_x = \mathrm{e}^{-\frac{\int \varphi(x)\,\mathrm{d}x}{mh_0} + C} \tag{3-70}$$

根据生产经验，提出以下函数表达式：

$$f(x) = \frac{\Delta h_x}{h_x} = A(1 - 2n_1 \frac{x}{l_1}) \qquad (3-71)$$

$$f(x) = \frac{\Delta h_x}{h_x} = A e^{-2n_2 \frac{x}{l_1}} \qquad (3-72)$$

式中：A —— 待定系数；

　　n_1、n_2 —— 系数，依次取 0.1 和 0.64；

　　l_1 —— 轧槽压下段长度。

将式(3-71)、式(3-72)分别代入式(3-69)，利用边界条件($x=0$，$h_x = h_j$；$x = l_1$，$h_x = h_1$)积分得：

$$C = M \frac{A}{n_2}; \quad A = \frac{(m \frac{h_j}{h_1} - 1) n_2}{1 - e^{-n_2}}$$

将以上求得的系数和函数代回式(3-69)分别得到：

$$h_x = \frac{h_j}{\dfrac{\dfrac{h_j}{h_1} - 1}{1 + n_1}(1 - n_1 \frac{x}{l_1})\frac{x}{l_1} + 1} \qquad (3-73)$$

或

$$h_x = \frac{h_j}{\dfrac{\dfrac{h_j}{h_1} - 1}{1 - e^{-n_2}}(1 - e^{-n_2 \frac{x}{l_1}}) + 1} \qquad (3-74)$$

式(3-73)满足相对变形按线性关系逐渐减小的规律。式(3-74)满足相对变形按对数关系逐渐减小的规律。这样设计的孔形对低塑性材料较合适，主要缺点是压下段始端压力有峰值，相应部位的孔型磨损也较严重，只是在大型轧机上轧槽较长，这一矛盾才不太突出。所以对塑性较好的金属亦可按其他原则设计，如按压下段长度上轧制压力不变的原则设计孔型，据此提出的经验公式：

$$\varphi(x) = \Delta h_x = A(1 - n_3 \frac{x}{l_1}) \qquad (3-75)$$

式中：n_3——按压下段轧制压力为常数确定的系数。

将式(3-75)代入式(3-70)，积分得：

$$h_x = \frac{h_j}{\dfrac{h_j}{h_1} \dfrac{2 - n_3 \frac{x}{l_1}}{2 - n_3} \frac{x}{l_1}} \qquad (3-76)$$

式中：h_j——减径段管壁增厚以后的壁厚值。

3)孔槽横断面尺寸的设计

孔槽横断面尺寸过宽过窄都是不利的。过宽横向变形不均增大，孔型开口处管壁增厚严重化，易出裂纹。过窄易出耳子。所以要正确计算开口角 β，见图 3-56。

如图 3-56(a)所示，来料首先与孔型接触于 A、B 两点，引起正压力 P 和摩擦力 t，$t = Pf$（f 是接触表面摩擦系数），合力 $q = P\sqrt{1 + f^2}$。如将合力按水平方向和垂直方向分解则：

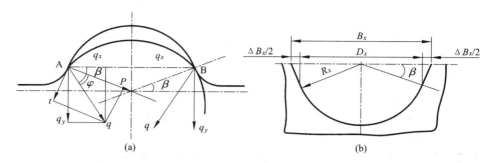

图 3 - 56　计算孔槽宽度示意图
(a)来料接触孔槽时的受力情况；(b)孔槽尺寸示意图

$$\left.\begin{array}{l} q_x = q\cos(\alpha + \varphi) \\ q_y = q\sin(\alpha + \varphi) \end{array}\right\} \tag{3-77}$$

式中：α、φ——孔型开口角和接触摩擦角。

由式(3 - 77)可见，当 $\beta + \varphi < 45°$ 时 $q_x > q_y$，来料按水平作用力方向压扁。当 $\beta + \varphi > 45°$ 时 $q_x < q_x$，来料按垂直作用力方向压扁，增加横向尺寸，易被挤入辊缝。所以应使 $\beta + \varphi < 45°$。冷轧时 $f = 0.06 \sim 0.1$，所以 $\varphi = 3° \sim 6°$，β 因此一般皆小于 $25° \sim 35°$。表 3 - 16 为现在实际的取用值。

表 3 - 16　轧槽开口角 β 值

轧辊直径	开口角(或扩展度)β/(°)			
	减径段开始	压下段内	预精整段	定径段
300	35 ~ 32	32 ~ 29	29 ~ 27	27 ~ 25
364	24 ~ 31	31 ~ 27	27 ~ 25	25 ~ 23
434	20 ~ 35	25 ~ 22	22 ~ 20	20 ~ 18
550	16 ~ 18	22 ~ 20	22 ~ 20	17 ~ 15

如图 3 - 56(b)，孔槽开口为切线侧边，则：

$$cos\beta_x = \frac{D_x}{\Delta B_x + D_x}$$

所以在 β_x 与 ΔB_x 之间，只要正确定出其中之一即可。ΔB_x 可按以下公式计算：

$$\Delta B_x = 2K_1 m\mu'_{\Sigma x}(\tan\gamma_x - \tan\alpha) + 2K_d m\mu_{\Sigma x}\tan\alpha \tag{3-78}$$

式中：K_1——考虑强迫宽展和工具磨损的系数，约为 $1.05 \sim 1.75$，压下段开始部分取上限，向精整段渐趋下限；

　　　K_d—— 压扁系数取 0.7；

　　　$\mu'_{\Sigma x}$、$\mu_{\Sigma x}$ —— 壁厚积累延伸系数和横截面积累延伸系数。

一般也可用以下简化计算式：

$$\Delta B_x = 2Km\mu_{\Sigma x}\tan\alpha \tag{3-79}$$

式中：K ——考虑金属强迫宽展和工具磨损系数取 $1.10 \sim 1.15$，压下段开始部分取上限。

4)芯头尺寸设计

芯头设计的主要参数是锥度、外径、长度。芯头长度应满足轧辊整个工作段长度的要求，它的锥体总长至少应为减径段、压下段和预精整段长度的总和。定径段起点的芯头外径 d_K 如图 3-57 所示，为：

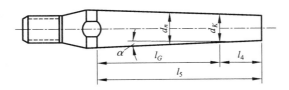

图 3-57　冷轧管芯头形状和尺寸示意图

$$d_K = d_1 - 2h_1 \qquad (3-80)$$

式中：d_1、h_1——成品管的外径和壁厚。

芯头圆柱部分直径 d_n 为：

$$d_n = d_K + 2l_G \tan\alpha \qquad (3-81)$$

同时应满足以下条件：

$$d_n = d_0 - 2h_0 - \Delta_0$$

式中：l_G—— 除定径段以外芯头的实际工作长度；

$\quad d_0$、h_0—— 来料的外径、壁厚。

芯棒的锥度可按下式计算：

$$2\tan\alpha = \frac{\mathrm{d}n - (d_1 - 2h_1)}{l_G} = \frac{(d_0 - d_1) - 2(h_0 - h_1) - \Delta_0}{l_G} \qquad (3-82)$$

实践证明，采用小锥度芯棒可以减少不均匀变形，降低压力，减少轧制过程中的瞬时减径量，改善瞬时变形区内的金属流动。但过小的芯棒锥度，管料端头容易相互切入。经验认为：芯棒锥度的最小极限在 0.002 ~ 0.005，再小轧机调整就比较困难了。所以一般硬合金 $2\tan\alpha = 0.005 ~ 0.015$，软合金 $2\tan\alpha = 0.03 ~ 0.04$。轧制薄壁管材时芯棒锥角应取得更小，外径壁厚比等于 30 ~ 40 时，取 $2\tan\alpha = 0.007 ~ 0.014$，当外径壁厚比在 40 以上取 $2\tan\alpha = 0.0025 ~ 0.0035$。表 3-17 为我国两辊式周期冷轧管机芯头锥度的选用值。

表 3-17　芯头锥度

轧机型号	管坯与管材直径之差/mm	芯头锥度 $2\tan\alpha$
LG-30	<13	0.007 ~ 0.015
	>13	0.02
LG-50	<14	0.01
	14 ~ 18	0.015
	>18	0.02 ~ 0.03
LG-80	12 ~ 16	0.01
	17 ~ 22	0.02
	23 ~ 28	0.03
	>28	0.04

5. 周期式冷轧管机的作用力

周期式冷轧管机的作用力有二：轧制压力和对轧件的轴向力。

1）轧制压力计算

金属对轧辊的压力大小与送进量、延伸系数等工艺参数成正比关系。可按下式计算讨论剖面上金属对轧辊的轧制压力 P：

$$P = pF \tag{3-83}$$

式中：F—— 管壁压下区接触表面的水平投影；

　　　p—— 平均单位压力。

两辊式冷轧管机的平均单位压力可用 Ю·Ф·舍瓦金公式计算。机架进程时金属对轧辊的平均单位压力：

$$p = \sigma_{bx}\left[1.05 + f\left(\frac{h_0}{h_x} - 1\right)\frac{\rho_{cx}}{R_j}\frac{\sqrt{2\Delta h_j \rho_{cx}}}{h_x}\right] \tag{3-84}$$

回程轧制时金属对轧辊的平均单位压力：

$$p = \sigma_{bx}\left[1.05 + (2\sim2.5)f\left(\frac{h_0}{h_x} - 1\right)\frac{\rho_{cx}}{R_j}\frac{\sqrt{2\Delta h_h \rho_{cx}}}{h_x}\right] \tag{3-85}$$

式中：σ_{bx}—— 金属在计算断面变形程度下的抗拉强度，MPa；

　　　1.05—— 考虑中间主应力的影响系数；

　　　h_0、h_x—— 来料壁厚和所取计算剖面的轧件壁厚；

　　　R_j、ρ_{cx}—— 主动传动齿轮的节圆半径和讨论剖面上孔槽底部的轧辊半径；

　　　f—— 摩擦系数，对钢和铝合金 $f = 0.08\sim0.10$；紫铜和黄铜 $f = 0.05\sim0.07$；

　　　Δh_j、Δh_h—— 进程和回程时管壁的绝对压下量，$\Delta h_j = (0.7\sim0.8)\Delta h_h$，$\Delta h_j = (0.2\sim 0.3)\Delta h_h$，$\Delta h_h$ 为管壁一道次的总压下量。

管壁压下区接触面的水平投影 F 按下式计算：

$$F = B_x\sqrt{2\rho_{cx}\Delta h_x} \tag{3-86}$$

式中：B_x—— 讨论剖面的孔槽宽度；

　　　Δh_x—— 讨论剖面的管坯壁厚的绝对压下量。

2）作用于轧件的轴向力分析

周期式冷轧机轧件从变形区出来的速度不是决定于轧辊的瞬时轧制半径，而是取决于轧辊的主动传动齿轮的节圆半径，这一特点使得工具对轧件产生一定的轴向力，力的方向可能是压力也可能是张力。轴向力的存在相当程度上影响着冷轧管机的变形工艺参数和生产率。过大的轴向力会造成管体端头"挤摺"，管端对头切入等。提高送进和脱管力也会加快送进机构的磨损。

试验证明，这种轴向力在机架行程长度上的分布是不均匀的，如图 3-58 所示，最大轴向力产生在回程的末段。壁厚大于 1.0mm 的管材，轴向力约为总压力的 10%~15%，壁厚小于 1.0mm 的约为 25%~40%。

试验研究证明，对轴向力的影响因素很多，总的来说随总延伸系数、送进量、孔型锥度和接触表面的摩擦系数而正变，随管件壁厚而反变，增大孔型开口度将会使回程的最大轴向力升高。但是最有决定影响的是主动传动齿轮的节圆半径 R_j 与轧辊半径 ρ_b 之比。很显然，如果每一瞬时主动传动齿轮的节圆半径都与孔型的轧制半径相等，轴向力将趋于零。但周期

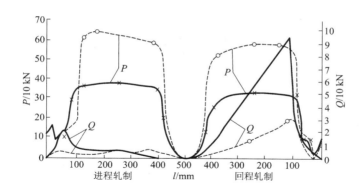

图 3 - 58　轧制压力 P 和轴向力 Q 沿轧机行程的变化

轧机 LG - 64；钢种 1Cr18Ni9Ti；虚线 - 孔型 58×3.5→38×1.20；$\mu_{\Sigma} = 4.3$；

$m\mu_{\Sigma} = 19$ mm；实线 - 孔型 58×2.4→38×0.6；$\mu_{\Sigma} = 5.65$；$m\mu_{\Sigma} = 18.8$ mm

轧制孔型的半径沿周长是变化的，而轧制半径本身还受到总延伸系数、宽展等变形参数的影响，所以要做到这一点是不可能的。理论计算分析也证明，轴向力为零的主动传动齿轮的理想节圆半径在轧机整个行程中都在变化，回程时的理想节圆半径约比进程小 5% ~ 10%；同一绝对压下量理想节圆半径随轧制管径而反变。因此目前只有根据不同型号冷轧机的辊径和轧制管材的规格范围确定出比较理想的辊径和主动齿轮节圆直径的比值范围。据计算分析认为前苏联的 XΠT - 75 冷轧管机如生产外径为 40 ~ 75mm 钢管时 $\frac{\rho_b}{R_j} = 1.107$ 合适，生产外径 75 ~ 110mm 钢管时 $\frac{\rho_b}{R_j} = 1.18 ~ 1.22$ 比较合适。

　　另外在一个轧制周期中，于管料送进前再增加一次转料 60° ~ 90° 操作，是降低轧辊压力和轴向力的有效措施，因为增加一次转料可以在很大程度上降低管体内的残余应力，从而提高了塑性及降低轧制力和轴向力。在此试验条件下，轧制力降低了 8% ~ 12%，轴向力降低近 50%，节约能耗 8% ~ 10%。

第4章 有色金属线材加工

4.1 金属线材的生产方法

由金属制成线材,常分作三步:制成锭坯、制成线杆和制成线材。

第一步制线坯。将金属在电炉或火焰炉中熔化并精炼后,铸成圆锭或方锭,或平铸成"线锭",或连铸、半连铸制成锭坯。对于难熔金属(如钨、钼、钽、铌等)常用粉末冶金法压制并烧结成坯条。

第二步制线杆。制线杆的方法很多,早先只用自由锻造工艺,将线坯退火拔长而成。轧制工艺出现后,锻造逐渐被淘汰,但个别金属仍保留,如镍和镍合金的线杆,常在轧制前先经过锻造开坯。然而孔型轧制是当今制造线杆的主流,它适合于规模大、品种规格单一的工厂。一些装备有挤压机的工厂,用挤压法制线杆,适合于牌号品种多、批量小的生产方式。跳过制锭坯,直接铸成线杆是一种流程短、投资少、准备周期短的方法,目前使用比较多的是:上引法(upcast)和浸涂法(dip forming)制作铜线杆,水平连铸法制作黄铜线杆。对难熔金属,常用旋锻(swaging)法将坯条拔长为线杆,但目前正逐渐被轧制取代。

一般线杆直径为 6~10 mm,以可以柔软地盘绕起来为原则,但也应为产品预先留有足够的冷变形量。细的线杆虽可减少后续拉拔的工作量,但由锻、轧或铸得到良好的表面,难度很大,从而影响成品线的质量,故也不追求过细的线杆。线杆自然越长越好,现在连铸或连铸连轧可以无限长,但限于运输能力和堆放场地,通常每捆重为几吨。

第三步是制线。几乎所有的线材都由拉拔(drawing)而成。然而铅锡焊丝则由挤压法一次制得。另外断面积较大的非硬态的线材,特别是非圆截面的线材,可以用挤压法直接制得。或将线杆用连续挤压法(conform)制取。另外用平辊轧制的方法也可将圆线制成扁线。

综上所述,制线过程可归纳为图4-1所示。

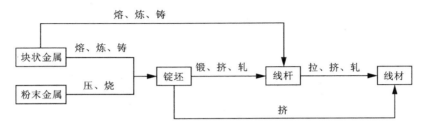

图4-1 线材的生产过程和加工方法

4.2 线杆的生产

4.2.1 线杆的孔型轧制

1. 孔型与孔型结构

孔型轧制中，轧辊圆周上的沟槽称轧槽，型材轧制时轧件在轧槽中受压缩变形而发生伸长。两个或三个轧槽组成的几何形状称为孔型，线材轧制时，轧件通过孔型，截面缩小长度增大，发生了塑性变形。

图 4-2 是传统孔型轧机的轧辊上轧槽和孔型的示意图，在图上可以看到有三个轧辊和三种形状，四种尺寸的十个孔型，它们由 20 个轧槽组成，上辊和下辊各五个轧槽，中辊 10 个轧槽，配对而成，轧件轧制的第一和第二道次，都是在称作为箱孔型的孔型中进行，每一道次准备了两个相同形状和尺寸的孔型，以备磨损后更换，第三道次称为椭圆孔型，第四道称方孔型，各有三个，也为了磨损后更换使用。第一、三道孔型的轧槽在上、中轧辊间，让轧件轧过去；第二、四道次孔在中、下轧辊间，让轧件轧过来。

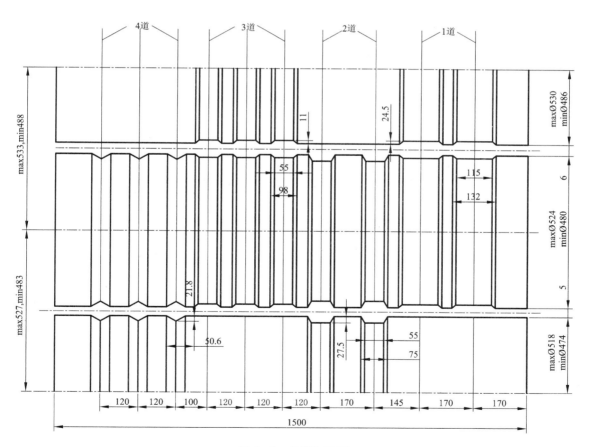

图 4-2　轧槽与孔型

除了如图 4 - 2 所示的箱孔型、六角椭圆孔型和方孔型外还有圆孔型、菱孔型等，另外还有三角形孔型——平三角孔型、弧三角孔型和圆三角孔型，这种三角孔型由三个布置成 120°的轧辊所组成，孔型大部分是开口的，但也可以是闭口的，各种常见孔型如图 4 - 3 所示。

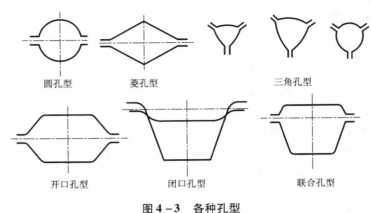

圆孔型　　　菱孔型　　　　　　　三角孔型

开口孔型　　　　　闭口孔型　　　　　联合孔型

图 4 - 3　各种孔型

　　轧辊之间的间隙叫辊缝，调节辊缝可调整孔型的高度。

　　孔型轮廓线条间的圆弧过渡是孔型圆角。

　　孔型侧壁都具有斜度，叫孔型侧壁斜度，可用轧辊轴线与侧壁的夹角来表示，即使是圆孔型，也需要设计有一定的斜度。

　　轧辊的直径：轧辊直径是轧制的重要因素，它是决定轧制速度的因素之一，还影响轧件宽展。与平辊轧制板不同，轧件在孔型中轧制时，轧件高度上各点都对应不同的辊径，故具有不同的线速度。为此把轧辊直径又分作辊环直径、槽底直径和平均直径，如图 4 - 4 所示。轧辊的平均直径又称工作直径，实质上是对应于轧件出口速度的直径（当然还要计入前滑）。

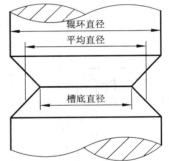

图 4 - 4　轧辊的直径

$$V_{轧件} = \pi D_{工作} \times n/60 \times 1000$$

其中：$V_{轧件}$——轧件离开孔型的速度（m/s）；

　　　　S——前滑值（一般可取为 1.05）；

　　　　n——轧辊的转速（r/min）；

　　　　$D_{工作}$——轧辊的工作直径（平均直径，mm）。

　　平均直径的确定方法，可以用不同的方法来处理，例如用槽底直径与辊环直径的平均，也可用面积来平均，即用轧槽面积被轧槽宽度除。或者在相应的轧机上测量轧件速度与轧辊实际尺寸等方法来处理。

　　2. 孔型系与孔型参数

　　铸锭或锭坯经若干个道次的轧制，得到了线杆。轧件由粗变细，这必须在截面的各个方向上进行压缩（至少两个方向），因而要经过一系列不同形状和尺寸的孔型进行轧制，这一系列孔型称之为孔型系，它们的形状都是搭配好的，它们的尺寸也根据变形量的大小作了规定，轧件经过一个又一个孔型的轧制，截面积逐步减小，长度逐步增大，孔型轧制不必与板材轧制那样，轧一次调一次辊缝，而是预先按排好的轧制规程通过形状尺寸俱已搭配好的一系列孔型实现的，故从理论上说不必要调节辊缝。

在轧制线杆和小棒材时常用的孔型系有：箱—箱孔型系、椭—方孔型系、椭—圆孔型系、弧三角—圆孔型系、菱—菱或菱—方孔型系等。

不同的孔型系都能把锭坯轧细，然而它们的性质有所不同。如这一套孔型与另一套孔型的变形量不同，从而把同样粗的锭坯轧成同样细的线杆，所用的道次就有多有少。椭—圆系比椭—方系变形量小，因此轧制道次便多。然而轧件宽向的变形，椭圆系却比椭方系均匀，另外椭圆轧件在方孔型中轧制，就比在圆孔型中稳定，不易翻倒，这是因为方孔型两个侧边的夹持作用，而圆孔型就没有，轧件在菱和方孔型中也较稳定。然而从散热和轧件截面温度的均匀性看，在菱—方系和菱—菱系中轧制时轧件的角永远是角，边永远是边，热轧的情况下角部散热面积大，因而易于冷却，因而更造成变形的不均甚至引起角部的开裂（在塑性较差的情况下），而椭圆系与椭方系则边、角互换轧件截面上温度较为均匀。

为了增大孔型系统的压下量，减少轧件道次，在椭—方和椭—圆系的情况下，必须将椭圆压得更扁些（宽度更大些、厚度更小些）。然而易造成下一道次轧制时咬入角过大，咬入困难。因而过大的压下量，过少的道次是受到制约的。

对于同样面积的孔型，方孔型时的轧槽深度大于箱孔型，这样减弱了轧辊的强度，因此，当轧件截面较大时使用箱 – 箱孔型系，箱孔型的高宽应有一定比例，过宽时在下一道次轧制时也易失稳。

孔型的参数包括：孔型的面积 $F(\text{mm}^2)$，辊缝的大小 S、孔型的宽度 B、孔型高度 H、弧半径 R、各直边间的过渡圆角半径 r，还有方孔型的边长 A，或圆孔型的直径 D，以上为孔型轮廓，是可测量尺寸的。为了表达更为清楚，还有一些非轮廓尺寸，如直线延长线的交点间距等，各孔型的参数标注如图 4 – 5 所示。

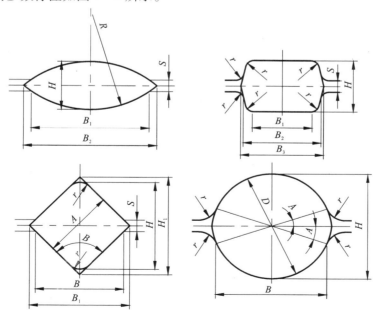

图 4 – 5　各孔型的参数标注

三角孔型的结构和参数较一般孔型复杂,简单介绍如下:

常规孔型轧制时,孔型是上下对称的(与板带的平辊轧制相类似),上下辊径也基本相等,而三角孔型分别由三个轧辊上的三个轧槽所组成,是120°的旋转对称,因此只能以每个轧辊的压下情况再乘3来处理,例如图4-6中阴影线部分是进入孔型前的轧件,轧制后原来的三个尖角被压缩,宽度有所增大,轧出了截面积小于轧坯的另一个三角形截面。

三角孔型的参数有尺寸参数(如图4-7所示),形状参数 K 和面积参数 M,形状参数 $K = b/R$ 表示三角孔形"胖"度,

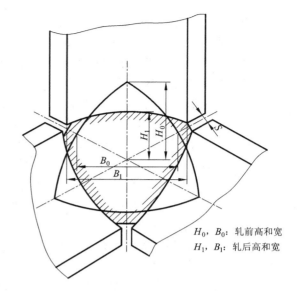

H_0, B_0:轧前高和宽
H_1, B_1:轧后高和宽

图4-6   轧件在三角孔型中的轧制

两极限情况是:三角孔型最"瘦",$K = 0$;而圆角孔型最胖,$K = \sqrt{3}$。面积参数: $M = F/d^2$ 是用内接圆直径来推算面积的参数。

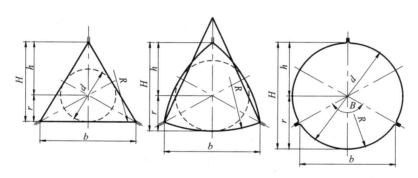

图4-7   三角孔型的参数

在轧槽宽度也即孔型宽度 b 相同的情况下,三角孔型可由平三角到圆三角成任意胖瘦不同的三角,其塞规直径也即孔型的内接圆直径 d 也不相同,平三角的最小为 $1/\sqrt{3}$ 的 b,而圆三角的最大为 $2/\sqrt{3}$ 的 b,弧三角则处于其间。

三角孔型由长半轴 h 和短半轴 r 组成孔型的高度 H,当轧槽宽度 b 一样时,孔型不管胖瘦,长半轴都相同为 $h = b/\sqrt{3}$,而短半轴随孔型胖瘦的增大而增大,由平三角的 $b/2\sqrt{3}$ 增大到圆三角的 $b/\sqrt{3}$。

轧槽曲线的半径 R 在平三角的情况下为 ∞,而在圆三角时为 $d/2$,也即 $d/\sqrt{3}$,更小的 R 是不可能的,同理平三角时孔型的张角 β 为 0 度,圆三角时为 120°,弧三角则处在 0 至 120°间。

用形状系数 K 来标志孔型的胖瘦,已知前述,按定义 $K = b/R$,于是可推得:

$$K = 2\sin\frac{1}{2}\beta$$

故 K 也是张角 β 的函数。

用系数 G 表示轧槽宽度 b 与塞规圆直径 d 的关系定数为 $G = d/b$，同样可推得

$$G = \left(\frac{1}{\sqrt{3}} + \tan\frac{\beta}{4}\right)$$

G 也是 β 的函数。

用系数 M 来计算孔型面积，定义为 $M = F/d^2$，其中 F 为孔型的面积，按几何关系也可以推得：

$$M = \left[\sqrt{3}\sin^2\frac{1}{2}\beta + 3\left(\frac{\pi\beta}{360} - \frac{1}{2}\sin\beta\right)\right] \bigg/ 4\sin^2\frac{1}{2}\beta\left(\frac{1}{\sqrt{3}} + \tan\frac{\beta}{4}\right)^2$$

它也是 β 的函数。

在国产三角串列轧机上，用弧三角 - 圆三角孔型系孔制铝杆时，常用弧三角的 $K = 60 \sim 70$，圆三角的 $K = 1.6 \sim 1.7$，因此有相应的 β、G、M 值如下表 4 - 1：

表 4 - 1　各参数间关系

孔型	弧三角		圆三角		圆
K	0.6	0.7	1.6	1.7	1.732
β	35°	41°	106°	117°	120°
G	0.731	0.750	1.077	1.134	1.155
M	1.07	1.07	0.83	0.80	0.785

于是可以由各孔型的面积和系数 M、G、K 推出孔型的各尺寸，也可由孔型各尺寸推算面积。

在三角孔型系中可使用平三角 - 平三角系、弧 - 角 - 弧三角系和弧三角 - 圆三角系等，但不能用圆 - 圆系。

3. 轧件变形和轧制力

与平辊轧制一样，轧件在孔型中轧制时有绝对变形量和相对变形量，因为轧件在孔型中变形沿宽向的压下量分布不均匀，只能用截面积的变化来表达。

绝对变形量：$\Delta F = |F_0 - F_1|$，相对变形量：$\varepsilon = |F_0 - F_1|/F_0$

延伸系数：$\lambda' = F_0/F_1 = L_1/L_0$，宽展：$\Delta B = B_1 - B_0$

式中 F、L 和 B 分别表示轧件截面积，长度和宽度，注脚 0 和 1 分别表示变形前和变形后，可理解为道次变形也可理解为总变形，（若干道次的总变形）

由体积不变法则，有 $F_0 L_0 = F_1 L_1$，可用以计算变形后的轧件长度，或测得长度反推变形量。与平辊轧制一样还有下列关系：

$$\varepsilon = 1 - \frac{1}{\lambda}$$

$$\lambda_{总} = \lambda_1 \cdot \lambda_2 \cdot \lambda_3 \cdots \lambda_n = \bar{\lambda}^n$$

$$n = \log\lambda_{总}/\log\bar{\lambda}$$

其中 n 为变形道次数，$\lambda_{总}$ 为总延伸系数，$\overline{\lambda}$ 为平均延伸系数。

鉴于在计算中常用到绝对压下量 Δh，而孔型轧制时沿轧件宽度上的绝对压下量又不相同，因此常常采用"平均"的办法来处理，即轧前的平均高度与轧后平均高度之差来处理。

与板带轧制不同的是：轧件宽度与厚度尺寸相当，因此变形时宽展较大，不能作为平面变形而不予考虑，并且由于孔型形状的影响使其不再是自由宽展，而是受到限制，或受到强迫（强迫宽展和限制宽展），如图 4-8 所示。影响宽展的因素除了平辊轧制中的那些因素外，还多一项孔型形状。

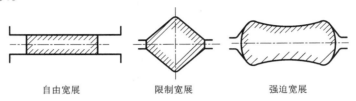

自由宽展　　　　　　限制宽展　　　　　　强迫宽展

图 4-8　孔型轧制中的宽展

接触弧长：孔型轧制时轧件与轧槽的接触与平辊轧制不相同，可以认为是一个柱体和一个回转体相贯。可以用投影几何的方法画出二者的相贯线，进一步求得二者的接触面积和接触弧长。图 4-9 即为椭圆轧件进入方孔型时的接触面积。接触面积可用来计算轧制总压力和轧制力矩。

孔型轧制时，轧制力和轧制力矩的计算方法与平辊轧制时的算法是一致的，电机功率的算法也是一样的。

平辊孔制时，咬件被轧辊的咬入，用 $\alpha < \beta$ 来考核。其中 $\alpha = \cos^{-1}\left(1 - \dfrac{\Delta h}{D}\right)$，$\beta$ 为摩擦角，然而已知前述在孔型中轧制，轧件宽度上各点的 Δh 俱不相同，相应的辊径亦不相同，因而宽度上各点的接触角不同，考虑的方法有三：

（1）使用平均绝对压下量和平均辊径，显然这方法是不代表实际情况的。如图 4-10 所示。

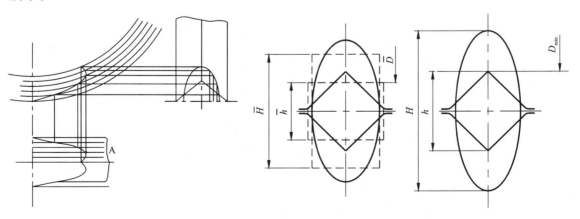

图 4-9　孔型和轧件的接触面积　　　　**图 4-10　孔型中压下宽的计算**

（2）方法之二是用最不利的部位来计算，即使用槽底直径和槽底部位的压下量。

（3）采用轧坯与轧槽最先接触点处的压下量和辊径来计算，这应该是接近实际的，最先接触点可在轧槽轧件相贯线上找到，在图 4 – 9 中，最先接触点为 A 点。

4. 串列式轧制

从线杆轧制的生产方式的演变角度来看，我国 20 世纪 60 年代前采用横列式轧制方式，但由于自身特有的缺点而逐步演变为串列式轧制，70 年代和 80 年代分别开始了铝线杆和铜线杆的串列式轧制，现在已得到了广泛应用，横列式轧制已基本被淘汰。下面将简单介绍在串列式轧机上的线杆轧制。

所谓串列式轧制就是有若干个二辊或三辊 Y 型轧机，机架排成一串间距 400 ~ 500 mm，或更大一些，轧辊的速度一台比一台快（例如速比为 1.25），轧件同时在这一串轧机中轧制，越轧越细越轧越长，同时越轧越快，这样机架间的活套保持不变，不会越长越大。

如图 4 – 11 所示，设截面为 F_0 的锭坯，通过 1 号与 2 号轧机并轧成 F_1 与 F_2 截面，此时各机架间轧件的速度情况可能会有以下三种情况：

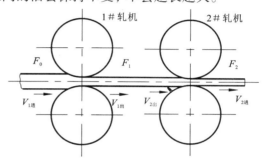

$V_{1出} > V_{2进}$，则两机架间的活套将越长越大，这种情况称之为轧件的堆集状态，简称"堆"状态；若 F_1 较大时，则易将前后机架顶翻，是不允许的；

$V_{1出} < V_{2进}$，则两机架间的轧件将越绷越紧，称之为"拉"状态，这时下轧件在两

图 4 – 11　连轧时的各个参数

机架间被拉细甚至拉断，也是不允许的，特别在 F_1 较小时易于发生。

$V_{1出} = V_{2进}$，这才是轧制所希望的正常状态，在一定的范围内轧件能自动维持这种工作状态。若发生 $V_{1出} < V_{2进}$，此时轧件绷紧，则相当于轧件在 1 号机架的前拉力增大，使前滑增大，$V_{1出}$ 增大，同时轧件在 2 号机架的后拉力增大，使 2 号轧机上后滑增大，即 $V_{2进}$ 减少，于是回复到 $V_{1出} = V_{2进}$ 的正常状态，然而这种自动调节的范围是有限的，因此还有下列两种调节方式。

（1）调整前机架或后机架的速度，从而调节了轧件的速度，使 $V_{1出} = V_{2进}$，调节机架速度即调节机架间的速比 i，这种方法用于各机架可以单独调速的单传动串式轧机上。

（2）调整辊缝，改变轧件截面积：如减小 F_2，因为 $V_{2出}$ 与轧机速度基本相同并维持不变，这样降低了 $V_{2进}$，$V_{1出} = V_{2进}$。这种方式适用于集体传动的串列式轧机，这种轧机，机架间速比是固定的，不能随意调节。

轧件的堆拉状态是可以预测的，如图 5 – 18 所示，设 i 为轧机机架间速比，λ 为变形的延伸系数，S 为轧件的前滑系数，则对第 1 机架与第 2 机架分别有

$$\lambda_1 = F_0/F_1 \qquad \lambda_2 = F_1/F_2 \qquad V_{1出} = \lambda_1 \cdot V_{1进}$$

$$V_{2出} = \lambda_2 \cdot V_{2进} \qquad V_{2进} = \frac{(1 + S_2)U_2}{\lambda_2} \qquad V_{1出} = (1 + S_1)U_1$$

$$V_{2出} = (1 + S_2)U_2$$

另外令 $i_{2/1} = U_2/U_1$ 为机架间速比

这样按 $V_{1出}$ 与 $V_{2进}$ 的关系可以推得

$$\frac{V_{2进}}{V_{1出}} = \frac{i_{2/1}}{\lambda_2} \cdot \frac{(1+S_2)}{(1+S_1)}$$

设两个机架上的前滑相等，即 $S_1 = S_2$ 时

$i_{2/1} = \lambda_2$ 为正常运行状态

$i_{2/1} < \lambda_2$ 为轧件的堆集运行状态

$i_{2/1} > \lambda_2$ 为轧件的拉运行状态

若第一机架的孔型磨损或压下螺丝松弛使 F_1 增大，则 $F_1/F_2 = \lambda_2$ 增，使 $\lambda_2 > i_{2/1}$，使一二两机架间发生"堆"状态运行，为了恢复 $i_{2/1} = \lambda_2$，可有四种方式来调节：

① F_1 减少(第一机架的辊缝调小)；

② F_2 增大(第二机架的辊缝调大)；

③ U_1 调小(第一机架降速)；

④ U_2 调大(第一机架升速)。

反之也可从机架间轧件的堆拉情况来推断发生的原因，和决定调节的方法。

现在有三机架的串连轧机进行轧制：它有两个机架间隔，因此可能产生 9 种运行状态：

正常—正常   堆—正常   拉—正常

正常—堆   堆—堆   拉—堆

正常—拉   堆—拉   拉—拉

它们各自有发生的原因和调节的方法。

对线杆串列轧机而言，机架数很多，7 机架、9 机架、13 机架、15 机架甚至更多情况更为复杂，但不外乎调压下调速度两种方式，或以成品机架为基准向前逐级调节，或以中间机架为基准向上游或下游各机架逐级调整。

堆拉系数：$i_{2/1}/\lambda_2 \not\Rightarrow 100 \pm 0.0X$，绝对等于 1 是不可能的，但差别也不能太大，以便自动调节。

串连工线材轧机的特点：

在形式上有二辊式和三辊 Y 式两种。

在传动和调速方面，分为单独传动和集体传动两种。

对于单线轧制的两辊式轧机，由于每轧辊仅有一轧槽(最多二轧槽)，辊身长度不大，常做成悬臂式轧辊结构，用偏心机构调节辊缝。

为免除轧件扭拧翻转，常将轧机平放与立放交替放置，或 45° 交替放置。

对于高速的钢盘之连轧机，还采用硬质合金的轧辊辊套，以提高硬度和抗磨损能力。

5. 孔型设计——线杆轧制的工艺计算

孔型设计大体上包括下列内容：

设计的目标：线杆的金属品种、尺寸系列和生产能力。

设计的内容包括：

(1)确定轧制的方式，如单机架、横列式、串列式或连铸连轧等。

(2)确定锭坯的截面、长度和重量等。

(3)确定变形量和轧制道次。

(4)确定采用的孔型系统。

（5）确定各孔型尺寸、轧槽尺寸，及轧槽在轧辊上的摆放。

（6）确定粗、中、粗机架的技术特性及摆放。

（7）确定各配套设备的技术特性、型号、规格和台数。

要确定上述各项内容，并非易事，须经调查评比、方案论证等手续。

还要进行下列计算：

（1）核算轧件在每一道次的咬入情况。

（2）核算轧件在每一孔型中的宽展和满充情况。

（3）核算各轧制道次轧件的长度情况。

（4）核算轧制时间，绘制轧制图，分析工作情况。

（5）核算活套长度和活套沟长度的情况（对横列式）。

（6）核算轧件在机架间的"推""拉"运行的情况（串列式）。

（7）核算生产能力。

（8）核算轧件的冷却与温降情况，终轧温度与冷却系统的能力等。

（9）核算轧制力和机架弹跳，与轧件精度的情况。

（10）核算轧制力矩、主电机功率等运用情况。

应该全部通过核算，并处于最优的状态。

最后写出设计的说明书，绘出应绘出的图纸，如孔型图、轧槽图、轧辊图、其他工具图，以及设备布置图等。

4.2.2　线杆的连铸连轧

铸锭的趁热轧制是一种常用的生产方式，它利用液体金属铸造的余热（省去铸锭的中间加热）进行热轧，从而节省了能量，在锌、铝、铜的热轧中，有所使用，但是要求铸锭具有良好的外表与内在质量，而毋需经均匀化和表面修理等中间处理者。一般纯铝、紫铜和锌等都易于达到此要求，而首先得到应用。

使用连续铸造的铸锭（锭坯），不经中断和加热，直接进行轧制可生产无限长的线杆，这一流水作边线称之为线杆的连铸连轧，它具有趁热轧制和串联轧制的好处：其制品长度大，长度上的性能均匀一致，无轧制的间隙时间，生产效率高，一步成杆，减少在制品数量，从而减少流动资金等等一系列好处，目前已广泛地使用于铜杆和铝杆的生产。

连铸连轧作业线包括：熔炼—铸锭—轧制—绕杆等四个步骤，以及它们相应的前后处理和检查监督如配料、锭修理、杆清洗、上蜡、打包以及料的中间及成品检查等。下面将简要介绍线杆轧制工艺。

1. 线杆轧制

连铸连轧都采用单线串列式轧制的方式，并且轧件为非扭转形式通过。因此，使用三辊Y 型轧机和二辊式轧机，对于前者常使用弧三角—圆孔型系统，对二辊式机则大都采用椭圆孔型系。对于二辊式串列轧机，前后机架的摆布有二种：

（1）Mogan 轧机，即轧辊的轴线与地面呈45°放置，前后机架分别是左45°和右45°交替摆布，以实现轧件的非扭转形式通过。

（2）Krupp 轧机，即轧辊呈平、立放置，各机架按平立交替摆。

连铸机来的锭坯先经过处理，剪去不良的端头，刮去飞边，或铣去棱角，然后由夹持辊夹持推送入孔型。

　　锭坯的截面有三种形式：矩型截面，是 Hazelett 铸机铸出的锭坯，而五角形与梯形截面由轮带式轧机铸出，铸坯侧面的斜度是为了便于脱模。五角形截面是用于三辊 Y 型轧机的。图 4 - 12 是在 Y 型轧机上用弧三角 - 圆三角孔型系将 1300mm^2 的锭坯轧成 ϕ9.5mm 铝线杆的孔型。

　　轧辊直径与轧件的截面高度有关，如表 4 - 2 可见，大体上辊径应为轧件高度的 5 倍或更大，应该使变形深透到轧件内部，并且也利于轧件的咬入。

　　轧制道次，也即串列轧机的机架数目与平均道次变形量有关，一般铝线杆为 ϕ9.0 mm，而铜线杆为 ϕ8.0mm，于是可以按下式计算

$$\bar{\lambda} = \log^{-1}\frac{\log\lambda_{\Sigma}}{n} \text{ 和 } \bar{\varepsilon} = 1 - \frac{1}{\bar{\lambda}}$$

　　开轧温度和终轧温度对于线杆的性能和质量也是有影响的，应该严格控制。

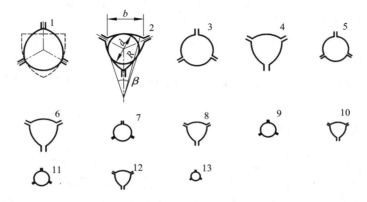

图 4 - 12　13 道次铝杆连轧孔型示意图

表 4 - 2　有关铸机和轧机的参数

作业线	铸机	能力 /t·h^{-1}	铸轮直径 /mm	锭坯截面积 /mm^2	轧机、机架及辊径 /mm
Properxi—Al	I	2.5—2.8	1200	1290	13 架 13 × ϕ255
Properxi—Al	II	3.5—4.0	1500	2092	15 架 15 × ϕ255
Properxi—Al	陕压	2.0—3.5	1500	1575	13 架 13 × ϕ255
Properxi—Al	沈缆	4.1—6.2	2000	2884	
Properxi—Cu	FT—7	7.0	55″ = 1397	1410	10 架 2 × ϕ203 + 8 × ϕ180
SCR—1300—Cu	五轮	5.6	66″ = 1676	1355	9 架 9 × ϕ203
SCR—1300—Cu	五轮	11.5	66″ = 1676	2055	10 架 1 × ϕ254 + 9 × ϕ203
SCR—1300—Cu	五轮	15.0	96″ = 2438	2193	11 架 1 × ϕ305 + 10 × ϕ203
SCR—1300—Cu	五轮	20.0	96″ = 2438		
SCR—1300—Cu	五轮	27.5	96″ = 2438	3225	12 架 1 × ϕ305 + 10 × ϕ203
SCR—1300—Cu	五轮	41.0	120″ = 3050	5700	13 架 1 × ϕ457 + 2 × ϕ305

续表

作业线	铸机	能力 /t·h⁻¹	铸轮直径 /mm	锭坯截面积 /mm²	轧机、机架及辊径 /mm
SCR—1300—Cu	五轮	45.0	120″ = 3050	6845	13 架 1 × φ457 + 4 × φ305
SC10—Cu	29.88 型	6—8	88″ = 2235	2100 = 60 × 35	9 架 3 × φ360 + 6 × φ220
13C10—Cu	29.88 型	10—12	88″ = 2235	2750 = 55 × 50	10 架 4 × φ360 + 6 × φ220
14C11—Cu	20.112 型	13—15	112″ = 2845	2750 = 55 × 50	10 架 2 × φ380 + 2 × φ340 + 6 × φ195
25C12—Cu	20.112 型	20—25	112″ = 2845	4500 = 90 × 50	11 架 3 × φ380 + 2 × φ340 + 6 × φ195
35C(或 W)13—Cu	20.146 型	30—35	146″ = 3708	5400 = 90 × 60	12 架 2 × φ480 + 2 × φ340 + 6 × φ195
50C(或 W)14—Cu	20.146 型	40—50	146″ = 3708	7800 = 130 × 60	13 架 3 × φ480 + 2 × φ340 + 6 × φ195
60C(或 W)16—Cu	20.146 型	50—60	146″ = 3708	9000 = 150 × 60	14 架 4 × φ480 + 2 × φ340 + 6 × φ195

2. 后处理

连铸连轧后的线杆应绕成捆或绕成盘，以便于堆放和运输。大体上有三种绕杆的方式，见图 4 – 13。

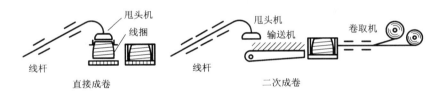

图 4 – 13　线杆的绕制方法

（1）线杆被象鼻形甩头机甩成卷，落在其下的线框中。

（2）线杆被象鼻形甩头机甩成卷，落在其下的输送链板上，由链板送其前进，跌落在线框中。

（3）线杆被引向卷取机，被缠绕成紧密的线捆或绕在线盘上。

对于铜线杆，热轧结束时温度在 600℃ 左右，因此在绕杆之间应先冷却（使用逆向流动的水）和清洗氧化皮，它们在管子中进行。或者用硫酸将氧化铜溶解，或用乙醇将氧化铜还原，而成为具有紫铜本色的铜线杆，称为"光亮铜杆"。酸性反应如下：

$$CuO + H_2SO_4 = CuSO_4 + H_2O$$

$$Cu_2O + H_2SO_4 = Cu + CuSO_4 + H_2O$$

与铸锭再加热轧制不同，锭坯趁热轧制时，与空气接触时间较短，因此轧制后线杆表面的氧化层薄而均匀，清洗之后具有良好的表面质量。而横列式轧制的线锭经加热，表面具有一定厚度的氧化铜鳞皮，虽经轧制破碎而脱落，但仍有少量压入金属内部，清洗不能彻底，线杆表面时有麻坑、不光滑等表现，并且氧化铜、氧化亚铜、铜相互穿插，清洗后有较多的铜粉脱落，沉淀在冲洗槽底和排水管道中。黏附在铜杆上的细铜粉，在之后的拉丝过程中脱落并与润滑乳液结合，影响拉丝过程。而连铸连轧无长期加热过程，上述现象比横列轧制大为减轻。铝杆无须清洗，线杆在绕杆前还要涂蜡涂油，防止存放时间过长引起氧化与变化。

4.2.3　紫铜线杆的直接铸造

用铸造直接生产线杆,也不失为一种好的方法,其流程短,周转快,成本低,投资相对小一些,因而应用也较广泛,然而其规模不大。

紫铜线杆的直接铸造有浸渍成形法(又称浸涂法、热镀法等,英文称 dip forming)和上引法。使用比较广泛(特别是后者)。纯铝和黄铜的线杆常使用水平连铸法。

1. 上引法生产铜杆

工作原理:将一外表进行水冷的管状石墨模,下端垂直地插入熔融的铜水中,使铜水在模内凝固,将凝固的铜从管状石墨模的上端不断引出。石墨模内腔的形状和尺寸,便是铸杆的形状尺寸。铸杆的尺寸一般为 14 ~ 20 mm,引出后盘卷成捆,称之为铸杆,也称铜线杆、铜线坯,如图 4 - 14 所示。

特点:用石墨模引铜杆最为适合,因为金属模易污染铜水,然而石墨易受氧化,模壁被浸蚀而变得粗糙,便增加了与凝固线杆间的摩擦,易使红热的线杆出现裂缝或者黏结。为此上引法制造线杆,只适合于制备无氧铜的线杆,其氧含量只百万分之几。

其次,熔融的铜在石墨模的上端已经凝固,但仍然处于红热状态,但其外有约 1 m 长的水冷套,并且水冷套内壁与铸杆之间间隙抽成真空,因而在铸杆上引并脱离水冷套时,已经冷却,并表面保持光亮,不氧化。

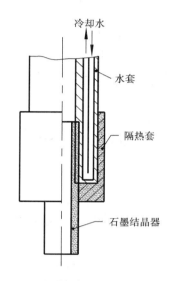

图 4 - 14　上引铜杆用结晶器与冷却水套

与常规的连续铸造一样,对铸件进行停—拉—停—拉操作,停—拉的频率为每分钟 100 ~ 200 次,行程 5 ~ 10 mm。

用于直径 20 mm 铸杆的石墨模,壁厚约 4 mm,长度 110 mm 左右。约一半长度上车有螺纹,以便与水套相连接,石墨应致密,外表光滑,与水套内壁接触紧密,以便传热良好,使铜水在较短的时间内凝固,这样可以使牵引铸杆的速度处于最快的状态。通常,牵引速度为每分钟 1 m 左右,按铸杆直径在 750 ~ 1400 mm/min 范围内变化。

线杆上引作业线由加料机—熔化炉—保温炉—铸模结晶器—铸模随动机构—牵引机—卷取机等组成。作业线的生产能力与线杆直径和线杆头数有关,如表 4 - 3 所示。

表 4 - 3　不同规格作业线的年产量*/t

线杆直径/mm	1 头	8 头	12 头	16 头
ϕ8.0	225	1800	2700	3600
ϕ12.5	500	4000	6000	8000
ϕ16.0	725	5800	8700	11600
ϕ19.0	950	7600	11400	15200
ϕ22.0	1175	9400	14100	18800

*: 按每年运行 7000 h 计算。

一般上引法生产的铜杆，直径为 14 ~ 20 mm，太细生产率过低，太粗拉出的线杆弯曲和卷取费力，然而作为商品仍以 φ8.00 mm 的标准尺寸出售，因此与上引作业相配套的，或者是一台 4 模巨拉机。可将 φ14 mm 的铸杆经 4 道次拉拔成 φ8.0 mm；或者是一台 8 机架 φ150 mm 平立辊的串列轧机，将 φ20 mm 的线坯冷轧成 φ8.0 mm 的线杆。

一般以电解铜为原料，定期加入熔化炉中，熔化炉的生产能力应与作业线能力相适应，或稍大。熔体表面覆盖木炭。熔化炉中铜水温度达 1180℃ 时，倾斜炉体使铜水进入保温炉，保持 1150 ± 5℃ 的铸造温度。为防止氧化，使铜水脱氧，熔体也覆盖木炭，流槽上也有还原性煤气保护。通常熔化炉和保温炉皆采用有熔沟的工频感应电炉，炉子的容量要适当，使保温炉内铜水表面的温度升降不要太大，使熔化炉中铜水温度的波动不要太大。例如：对于年产约 1.5 万 t 的作业线采用了 12 t 容量的熔化炉，和 4 t 容量的保温炉，都为工频感应电炉。前者采用二个 600 kW 感应的线卷；后者采用一个 150 kW 的感应线卷。

铜水进入保温炉，使液面升高并随铸造的进行而不断下降，因而作业线上设置了铸模的随动机构，使液面与铸模的相对位置不变，同时为工艺稳定，设置了液位探测器和温度探测器以便监控。

经济上上引法生产铜线杆的特点是：生产能力为 1.5 万 t ~ 20 万 t 以下至千吨左右，生产流程短设备投资少，很适合于资金少的单位。

图 4 – 15 是上引铜杆作业线示意图。

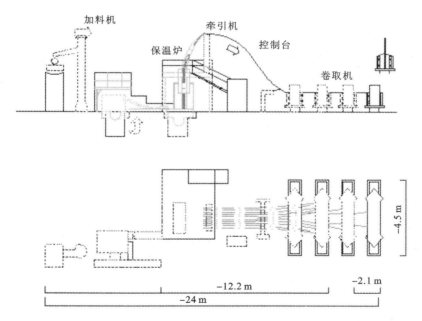

图 4 – 15   上引铜杆作业线示意图

2. 浸涂法生产铜杆

工作原理：浸涂成形法是生产无氧铜线杆的一种方法，即将冷态的芯杆（又称种子杆）以一定的速度，通过装有铜水的石墨坩埚，芯杆与铜水间发生热交换，芯杆的温度升高，铜水的温度下降，并自内而外地凝结在芯杆之外，并成为一个整体，当芯杆从铜水中引出时，直径增大了许多，于是就制得了浸涂铜线杆。如图4-16所示。

这种方法早在线材生产中使用，如钢丝通过锌水得镀锌钢丝，铜丝通过锡水得镀锡铜丝，还有正在研究的钢丝通过铜水制取铜包钢丝等等。而现在是在粗的铜芯线上包上厚的铜层，以作为拉拔铜线的坯料使用。

浸涂后的线杆增重越多，生产效益越高，其增重量与热交换有关，即与芯线温度、引出杆温度、铜水温度有关，和芯线杆通过坩埚的速度和时间有关，从理论上可以算得。已知：铜的热焓 H(kcal/kg) 与温度 T(℃)关系如下表所示。

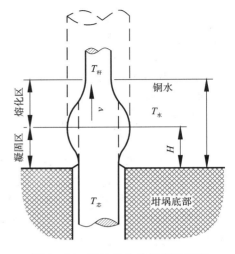

图4-16　浸涂法生产铜杆的原理

T	100	200	300	400	500	600	700	800	900	1000	1100	1200	1300
H	9.31	19.00	29.25	39.68	50.50	62.16	73.85	85.82	95.11	115.51	173.81	186.21	198.4

设芯杆由100℃升温到1000℃而铜水由1200℃降温凝固至1000℃，则

吸热为：115.5-9.3=100.2 kcal/kg

而放热为：186.2-115.5=70.7 kcal/kg

吸放热量比：$Q_{吸}/Q_{放}$ = 106.2/70.7 = 1.50

即要凝固1.50 kg才能与吸热相平衡，换言之达到1000℃的平衡温度，进入1 kg芯杆，可凝出1.5 kg的铜水，即进入1 kg芯杆，可引出2.5 kg的线杆。

因
$$w = \pi d^2 \cdot L \cdot r/4$$

由重量之比为直径的平方比，于是浸涂杆与芯杆的直径比为：
$$D/d = (2.5/1.0)^{1/2} = 1.58$$

芯杆表面应清洁光滑，无油污，为此在浸涂前芯杆应进行剥皮处理，暴露出新鲜的表面再与铜水接触。

设备情况：按照日本昭和公司的介绍，作业线包括下列设备和工序。

(1)电解铜的供应装置电解铜被真空吸盘一张张地定期地放置在输送辊道上。

(2)干燥炉或预热炉将电解铜干燥，排除表面吸附的水分。即在100～300 kW的电炉中加热至100至250℃，或在煤气火焰炉中，预热至700～800℃。

(3)熔化炉与保温炉：电解铜在熔化炉内熔化，然后进入保温炉，保持1120～1150℃，它们是一台炉子两个炉膛，以工频感应供给电能，在生产能力为6 t/h的情况下，炉子的容量为26 t，有两个900 kW的感应线卷供熔化，和一个120 kW的感应线卷供保温使用。

(4)铸造部分是一密封的石墨坩埚，用100 kW 3 kHz的中频线卷对其加热，以保持铜水温度稳定，并且保温炉不停地送来铜水，以保持铜水液位稳定。坩埚的底部为钼合金的套管，芯杆由此引入。采用钼合金是为耐铜水的高温侵蚀，并具有一定高温强度和硬度，耐芯杆的摩擦。钼合金套管是消耗品，其使用寿命影响生产率。密闭坩埚内充满保护气体，防止铜水和铜杆氧化。

（5）水冷部分：在坩埚的上部红热的线杆进入直径 30 mm 密闭的管子中，经过 5 至 6 个喷嘴，喷水冷却至 800℃ 左右，经夹送辊送至轧机，冷却部分也是密闭的，其中充以保护气体。

（6）轧制：线杆经导向轮进入 6 机架串列单传动的轧机进行轧制，对于 6 t/h 能力的浸涂作业线采用 ϕ203 二辊轧辊，用椭圆孔型系经 6 道次将 ϕ17.5 mm 的铸杆热轧成 ϕ8.0 mm 的线杆，或经 2 个或 4 个道次，轧成 ϕ14.0 mm 或 ϕ10.2 mm 的芯杆坯。轧机单独传动，每台电机功率 45kW，直流供电，轧机也是密封的并充以保护气体。

（7）冷却：热轧后的线杆，通过冷却管冷却至 50℃ 以下，冷却液装在 3 ~ 4 m³ 的容器内，循环过滤使用，同时供轧制使用起润滑和冷却作用。

（8）卷取：最后线杆经夹送辊和甩头机进入定盘卷取机，根据需要可卷成 10 t 或以下的捆，即可出售或送拉线车间。

（9）芯杆的制备：芯杆坯先经过一道次约 30% 的拉线变形。使线杆硬化，而后经一个道次拉拔剥皮，使直径减少 0.3 ~ 0.5mm。一方面暴露出新鲜、清洁的表面以便浸涂牢固；一方面保证有精确的外径，使芯杆与坩埚下部的钼合金套管间有合适的间隙。剥皮由剥皮模进行，剥皮模的结构材料和使用直接影响其寿命，从而影响作业线的辅助时间影响生产率。剥皮后的芯杆进入真空室外，经校直后进入浸涂坩埚。

（10）为了作业线的正常生产，有保护气体发生装置、乳液冷却循环系统、水冷却循环系统和电控系统、质量监测系统等。

4.3　线材拉拔及拉线机

4.3.1　拉线理论基础

　　线材拉拔是指将工件的端头碾细，穿过具有嗽叭形模孔的模子，在出口侧向工件施加拉力 P，将工件拉过模孔，使其发生截面积减少、长度增大的塑性变形，如图 4 - 17 所示。在工件运行的反方向，工件进入模孔一侧，也可能存在反向拉力 Q。

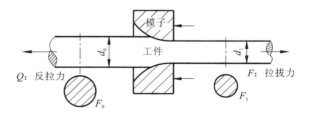

图 4 - 17　拉拔示意图

　　工件、模子和拉力为拉拔的三要素，缺一不可。

　　被拉工件的横截面大都是圆的，也有矩形的、扇形的、六角的和异形的。

　　被拉工件的尺寸：虽然车标规定圆线的最大直径为 6.0 mm，但这就进入了小棒范畴。但线是论盘、论捆供应，而小棒则以条装供应。

　　线杆细些，拉拔道次即可少些。但就生产总体看，就一些技术、经济和历史的原因，通常轧制的铜线杆为 ϕ8.0 mm，铝线杆为 ϕ9 ~ 10 mm，上引铜杆为 ϕ14.5 mm，铜、铝，及其合金水平连铸或挤压线杆大都也在此范围内。型线的截面尺寸较大，为了有足够的冷变形量，线杆直径还要粗些，便如 ϕ16mm，甚至 ϕ21mm。

关于拉拔力将在下文探讨。

通常拉线都在室温下进行，属冷变形，工件发生冷作硬化。但因变形和摩擦，变形后的工件有相当的温升，在高速拉拔的情况下应进行冷却。只有少数几种金属需在热态下拉拔，如钨丝和钼丝。

拉拔与轧制一样，道次变形量有限制，因此，根据成品线的粗细，需拉拔若干个道次。与孔型轧制的计算方法一样，总延伸系数是各道次延伸系数之积，$\lambda_总 = \lambda_1\lambda_2\lambda_3\lambda_4\cdots\lambda_n$，而拉拔的道次 n，为总延伸系数与平均道次延伸系数的对数商，$n = \log\lambda_总/\log\lambda$。

1. 工件的变形、应力状态与拉拔力

线材拉拔时工件的变形与应力状态和棒材拉拔时的相同，读者可以参考本书的第 4 章拉拔部分，这里不再赘述。

拉拔力是拉拔三要素之一，用符号 P 表示。量纲为牛顿（N），或千牛（kN）。

拉拔力加在工件变形区出口的外端，方向向前，如图 4-17 所示。

单位面积上的拉拔力称单位拉拔力：

$$p = P/F_1 \quad （MPa） \qquad (4-1)$$

式中：F_1——工件变形区出口端的截面积。

一些书本和文献中使用"拉伸应力"名之，这样意义容易混淆。在本教材中使用"单位拉拔力"，与"单位轧制力"和"单位挤压力"相对应。

拉拔力是将工件拉过模孔，实现塑性变形所需的力。与工件能承受的力（且用 P_1 表示），和机器能发生的力（P_2）不同。工件能承受的力：

$$P_1 = \sigma_b \cdot \frac{\pi}{4}D_1^2 \qquad （N）(4-2)$$

式中：D_1——拉拔后的线径；

σ_b——工件拉拔后的扩张强度。

实现拉拔的先决条件是：$P < P_1$。否则，即 $P \geq P_1$，则工件在变形区出口面外被拉断，拉拔无法进行。拉拔条件与轧制条件一咬入（$\alpha < \beta$），有相应的含意。

$P < P_1$ 可化为：$P < P_1$。称 P_1/P 也即 σ_b/P 为安全系数，用符号 K 表示。K 应大于 1，其值越大拉拔越安全，即越不易断线。但过大的 K，也没有必要。单头拉线机能发出的力：

$$P_2 = 1000 \cdot \eta/v \qquad （N） \qquad (4-3)$$

式中：N——拉线机电机的功率（kW）；

η——传动效率；

v——拉线速度（m/s）。

拉线力也不宜超过 P_2，否则，将使电机过载运行，而长期或频繁地过载运行，将缩短电机寿命。

讨论拉拔力的另一目的，在于寻找降低拉拔力的方法。这不但有利于拉拔安全和拉线机能力的发挥，而且有利于减少能耗和模具消耗，减少拉拔道次，提高生产率和线材质量。

影响拉拔力的因素有：

（1）工件的材质

工件越硬拉拔力越大，单位拉力与材料变形前后平均抗拉强度基本呈直线比例关系。

（2）变形量

从感性认识，变形量大时要用更大的拉力。由试验可知：单位拉制力与变形量的 ln 呈直线比例关系（图 4－18），式中 B 为斜率，随不同材料而不同。A 为竖轴截距，称"弹性应力值"，用 $\sigma_{L弹}$ 表示。实为工件在模孔中，弹性变形与塑性变形界面上的应力。可以这样理解：单位拉制力（p）中包含了用于弹性变形的力，而横坐标的变形量（λ）仅代表塑性变形的量，因此直线不是从原点，而是从 $\sigma_{L弹}$ 开始上升。由实验得到：$\sigma_{L弹}$ 为工件屈服强度的 6% ～ 17%，在没有试验数据情况下，可采用

$$\sigma_{L弹} = (0.10 \sim 0.12)\sigma_{0.2} \qquad (4-4)$$

（3）反拉力

在工件进入模子的端头，施加与工件运动方向相反的外力，是为"反拉力"，用 Q 表示。单位反拉

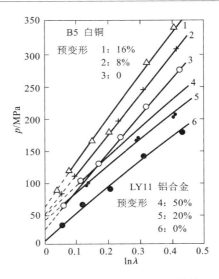

图 4－18　单位拉制力与变形量的关系

力为：$q = Q/F_0$（MPa），式中 F_0 为工件进入模孔前的截面积。加反拉力拉拔时，拉拔力将加大。其加大量为：

$$p_q = q\left(\frac{1}{\lambda}\right)^{\frac{\mu}{\tan\alpha'}} \qquad (4-5)$$

式中：λ——该道次拉制的变形量；

　　　μ——工件与模孔间的摩擦系数；

　　　α'——修正后的模角。

如图 4－19 所示，有

$$\tan\alpha' = \frac{\Delta d}{2}/(L+l) \qquad (4-6)$$

$$L = \frac{\Delta d}{2}/\tan\alpha \qquad (4-7)$$

式中，α 为模角，l 为定径区长度，都为已知值。

然而必须知道，加反拉力拉制时，工件进入模孔前就发生了弹性变形。反拉力虽增大了拉制力，但亦降低了 $\sigma_{L弹}$。故当 $q < \sigma_{L弹}$ 时，增减相抵消，总拉制力并不增大。当 $q > \sigma_{L弹}$ 时，拉制力才按(5－6)式增大。

（4）摩擦

摩擦将增大拉拔力。因而拉拔时须加合适的润滑剂，要采用硬而不易磨损的模具，且将模孔抛光成镜面，有时要对工件表面进行处理，以便有更好的润滑能力，等等。

（5）工件截面形状

工件截面越复杂，拉力越大。这因为工件截面面积相同时，形状越复杂截面周长越长。圆最短，六角次之，正方较大，矩形更长，而异形者尤甚。这不但加重了不均匀变形，还增大工件与模子的接触面积。正压力和摩擦力的增大，当然导致拉拔力的增大。

（6）模角和定径区长

模角（α）过大，在几何上增大了模壁对工件的运动阻力；而模角过小，则增大了工件与

模壁的接触面积。且它们(模角和摩擦)都增大了工件不均匀变形,使拉力增大。分析和实践都证明,模角在6°～12°范围内,拉力最小。

　　模孔定径区长度 l(图4-19):工件在此区段内虽不发生塑性变形,但径向的弹性应力仍将造成摩擦,从而增大拉拔力,这种现象在拉细线时特别明显。

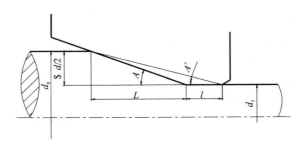

图4-19　模角修正原理图

(7)振动

　　在拉拔的同时,振动拉丝模,此情况下拉拔力降低。然而随拉线速度的升高,此效应逐步减弱,最终消失,故它适合于低速拉线。

　　2. 拉拔力的计算方法

　　1)加夫里林柯计算式

　　加氏由宏观物体的力平衡推出了拉制力的计算式,如图4-20所示。

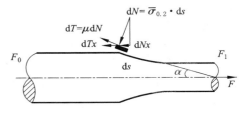

$$P = \overline{\sigma}_{0.2} f_1 (\lambda - 1)(1 + \mu \cot \alpha) \quad (N) \quad (4-8)$$

$$p = \overline{\sigma}_{0.2} (\lambda - 1)(1 + \mu \cot \alpha) \quad (MPa) \quad (4-9)$$

图4-20　拉制时工件的力平衡

式中:λ——工件延伸系数;

　　　　μ——工件与模孔间的摩擦系数;

　　　　F_0、F_1——变形前后的截面积;

　　　　α——模孔的模角;

　　　　$\overline{\sigma}_{0.2}$——工件变形前后屈伏强度的平均值。若采用平均抗张强度 $\overline{\sigma}_b$,则结果将稍有
　　　　　　　　提高。

　　其推导过程为:工件表面微小面积 ds 上受法向力 dN,和切向力 dT。

　　累计成总的法向和切向力 N 和 T。它们的水平分力 N_x 和 T_x 与拉制力 P 相平衡,其中,忽略变形造成的惯性力;而 T 是法向力 N 作用下的摩擦力,故有 $T = \mu N$。

$$P = N_x + T_x = N \sin \alpha + \mu N \cos \alpha$$

$$= (1 + M \cot \alpha) \cdot \sin \alpha \overline{\sigma}_{0.2} \cdot \int_s ds = \overline{\sigma}_{0.2} \cdot F_1 (\lambda - 1) \cdot (1 + \mu \cot \alpha)$$

　　在本计算式中,没有计入定径区的摩擦阻力。为此采用修正的模角 α(图4-18)替代 α。α'的计算方法见(4-6)和(4-7)式。

　　另外,式中 $\mu \cot \alpha'$即 $\mu / \tan \alpha'$,实为 T_x 与 N_x 之比。在模孔抛光和润滑良好的情况下,μ 常在 0.06～0.08 范围内,甚至更小。这与 $\tan \alpha'$值十分接近,故 $\mu \cot \alpha'$值在 1.0 左右。

　　2)彼得洛夫计算式

$$P = \sigma_{0.2} F_1 \ln\lambda (1 + \mu\cot\alpha) \qquad (4-10)$$

$$p = \bar{\sigma}_{0.2} \ln\lambda (1 + \mu\cot\alpha) \qquad (4-11)$$

彼氏与加氏二计算式的差异在于变形量项，分别为 $\ln\lambda$ 与 $(\lambda-1)$。其根源分别是：$\int_{F_1}^{F_0} \mathrm{d}F_x$ 和 $\int_{F_1}^{F_0} \mathrm{d}F/F_1$。从理论分析看彼氏更为合适。有关实验结果说明，$p$ 与 $\ln\lambda$ 呈直线比例关系，从这一点上看也是彼氏计算式好。

而后，考虑到模孔入口端工作弹性区的作用，和单位反拉力 q 的作用，即在工件塑性变形区的入口界面上存在应力 σ_q，则可将 (4-11) 式修正为：

$$p = \ln\lambda [\bar{\sigma}_{0.2} + (\bar{\sigma} - \sigma_q)\mu v\cot\alpha] + \sigma_q \qquad (4-12)$$

拉制时：若 $q \leqslant \sigma_{L弹}$，则用 $\sigma_q = \sigma_{L弹}$；若 $q > \sigma_{L弹}$，则用 $\sigma_q = q$。

而 $\sigma_{L弹} = (0.10 \sim 0.12)\sigma_{0.2}$，已如前述。

3）古布金计算式

古氏用工件变形区内平切面微分体上的力平衡方程，与屈伏准则相联立，解出了单位拉拔力的计算式：

$$p = \bar{\sigma}_{0.2} \left\{ \frac{a}{b} \left[1 - \left(\frac{F_1}{F_0}\right)^a \right] + \frac{\mu n l}{F_1} \left(\frac{F_1}{F_0}\right)^a + \frac{4}{3\sqrt{3}} \left(\tan\alpha + \frac{\mu}{2}\right) \right\} \qquad (4-13)$$

式中：

$$a = \frac{1}{\cos\alpha/2} + \frac{\mu}{\tan\alpha\cos\alpha/2} - 1 = \frac{1 + \mu\cot\alpha}{\cos\alpha/2} - 1$$

$$b = \frac{1}{\cos\alpha/2} + \frac{M}{\tan\alpha\cos\alpha/2} = \frac{1 + \mu\cot\alpha}{\cos\alpha/2}$$

n 和 l 分别为定径区截面之周长和定径区长度。

计算式的第一项是用于主变形的力；第二项是用于克服定径区摩擦的力；第三项是用于克服附加剪变形的力。

4）别尔林计算式

别氏用工件变形区内球切面微分体上的力平衡方程，与屈伏准则相联立，解出单位拉拔力的计算式：

$$p = \frac{1}{\cos^2\left(\frac{\alpha + \rho}{2}\right)} \cdot \bar{\sigma}_{0.2} \frac{a+1}{a} \left[1 - \left(\frac{F_1}{F_0}\right)^a \right] + \sigma_q \left(\frac{F_1}{F_0}\right)^a \qquad (4-14)$$

式中：p——摩擦角，等于摩擦系数的反正切 $p = \tan^{-1}\mu$；

$a = \cos^2\rho(1 + \mu\cot\alpha') - 1$，其中 α' 为修正模角；

σ_q 的含义与用法与 (4-12) 式相同。

考虑到拉线时：摩擦系数 μ 在 $0.06 \sim 0.12$ 范围内，模角 α 在 $6° \sim 12°$ 范围内，如此 $\cos^2\rho = 1$，即 $\alpha = \mu\cot\alpha'$ 和 $1/\cos^2\left(\frac{\alpha + \rho}{2}\right) = 1$。如此 (4-14) 式简化为：

$$p = \bar{\sigma}_{0.2} \left(1 + \frac{1}{\mu\cot\alpha'}\right) \left[1 - \left(\frac{F_1}{F_0}\right)^{\mu\cot\alpha'} \right] + \sigma_q \left(\frac{F_1}{F_0}\right)^{\mu\cot\alpha'} \qquad (4-15)$$

该式就是常用的别尔林计算式。然而还可简化：

因有：

$$\mathrm{e}^x = 1 + \frac{x}{1!} + \frac{x^2}{2!} + \frac{x^3}{3!} + \frac{x^4}{4!} + \cdots$$

用:
$$e^x = 1 + x$$

又:
$$A^B = e^{\ln A^B} \text{ 或 } A^B = e^{\ln\left(\frac{1}{A}\right)^{-B}}$$

故有:
$$\left(\frac{F_1}{F_0}\right)^{\mu\cot\alpha'} = e^{\ln\left(\frac{F_0}{F_1}\right)^{-\mu\cot\alpha'}} = 1 - \mu\cot\alpha' \cdot \ln\left(\frac{F_0}{F_1}\right)$$

即:
$$(F_1/F_0)^{\mu\cot\alpha'} = 1 - \frac{\mu}{\tan\alpha} \cdot \ln\lambda$$

代入(4-14)式,并简化和整理后

有:
$$p = \ln\lambda\left[\bar{\sigma}_{0.2} + \frac{\mu}{\tan\alpha'}(\bar{\sigma}_{0.2} - \sigma_q)\right] + \sigma_q \tag{4-16}$$

在一般情况下,道次变形量不超过25%,即 $\lambda \leqslant 1.34$, $\ln\lambda \leqslant 0.29$,而 $\mu/\tan\alpha'$ 在1.0左右,已如前述。因而误差值 $\leqslant \frac{1}{2}\left[(\ln\lambda)^{\mu/\tan\alpha'}\right]^2$,不是很大。

3. 反拉力及其计算方法

1)反拉力

反拉力来自于滑动式连续拉线的方式。

可以将工件的前端卡死在绞盘上,绞盘的转动则给工件以拉力进行拉拔。也可以将工件在绞盘上缠绕2~3卷后,端头从绞盘的切向引出,送入下一个模子,进行下一道次拉拔。此时绞盘的转动($v_{盘}$),则给工件以摩擦力,合成为拉力(T),用以对工件进行拉拔,如图4-21和图4-22所示。

在此情况下,工件若缠绕不紧,即对绞盘的法向力(N)不大,则在相同摩擦系数(μ')下的摩擦力(T)过小,这就不足以进行拉拔。为使工件缠紧于绞盘,必须向缠在绞盘上工件的二个引出端施加张力。在绞盘进端的张力(P),即是本道次的拉拔力($P = P_n$);在绞盘出的张力(Q),即是下一道次拉拔的反拉力($Q = Q_{n+1}$)。其绞盘、工件和模子分离体的受力图如图4-21所示。按著名的欧拉公式,在此情况下有:

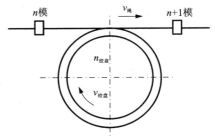

图4-21　滑动连续拉线

$$Q = P/e^{2\pi m\mu'} \tag{4-17}$$

式中:m 为工件在绞盘上缠绕的圈数,$2\pi m$ 即为工件在绞盘上的包角(弧度);μ' 为工件与绞盘间的摩擦系数。

可见,当缠绕圈数越多时,Q 值越小。所以,当缠绕5~6圈以上时,Q 值可忽略不计。亦即工件自然缠紧于绞盘,不会打滑了。还可看到 μ' 值越大,Q 值越小。然而过大的摩擦会消耗能量和擦伤工件表面,是不妥当的。

由(4-16)式可知,欲计算本道次的反拉力 Q_n,需先知道上道次的拉拔力 P_{n-1}。

由工件分离体受力图,可得方程
$$P = T + Q \tag{4-18}$$

说明连续拉线时,拉拔力是由本道次绞盘摩擦力 T 和下道次反拉力 Q 共同提供的。

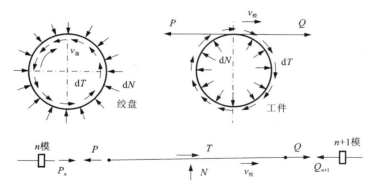

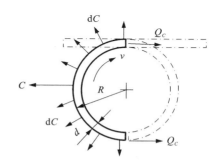

图 4 - 22　工件与绞盘的受力图

2）离心力的作用

绞盘的旋转，使工件受离心力（C）影响，从而使工件对绞盘的箍紧力（N）降低。为此，需加大 Q 力，以保持 N 不变。由离心力要求加大的 Q 力称 Q_c。其计算方法如下（图 4 - 23）。

一圈线在离心力的作用下，有分作两半飞出去的趋势，实际上工件由于 Q_c 的牵引并未甩出。按分离体的力平衡，有：

图 4 - 23　由离心力需增大的反拉力

$$2Q_c = C(N) \tag{4-19}$$

而

$$C = mv^2/R \tag{4-20}$$

式中：m 为半圈线的质量；

$$m = \omega/g = \rho \cdot \frac{1}{4}\pi d^2 \cdot \pi R/g \qquad (\text{kg/m}^2) \tag{4-21}$$

式中：d 和 R 分别为工件直径和绞盘半径（m）；g 为重力加速度，$g = 9.8(\text{m/s}^2)$；ρ 为工件比重（kg/m^3）。

于是

$$C = \rho \cdot \frac{1}{4}\pi d^2 \cdot \pi R \cdot v^2/R \cdot g \qquad (\text{kg})$$

或

$$C = (\rho \cdot \frac{1}{4}\pi d^2 \cdot \pi R \cdot v^2/R \cdot g) \cdot g$$

于是

$$Q_c = C/2 = 1.23 \cdot \rho \cdot d^2 \cdot v^2 \qquad (\text{N}) \tag{4-22}$$

式中：v 为线的运行速度，m/s。

4.3.2 拉线机的拉线原理及其配模设计

1. 非滑动式连续拉线配模设计

非滑动式连续拉线机又称为积蓄式拉线机，这种形式的拉线机是用来拉制铝线的，由若干台立式单头拉线机组成，每个绞盘有单独的电机传动，可以分别停止或开动。

线材的端头从绞盘上端和引线滑环中引出，经导向轮进下一级模子和绞盘。

滑环对绞盘来说是相对自由的。可以在绞盘摩擦力的作用下随绞盘转动。也可以在引出线的拖动下，克服绞盘的摩擦力，作反方向的转动。由于滑环的存在，向绞盘缠绕的线材与从绞盘放出的线材，可以不等，或多或少。一般说绕上的稍多于放出的，于是，绞盘的上线材逐渐增多，因此称之为积蓄式拉线机。当某一绞盘上的线材积满时，即将从绞盘停车，在下一绞盘不停止工作的情况下，此绞盘处于只放不收的工作状态，在积蓄量减少到某允许最低点时，重新开车拉伸，见图 4 – 24。

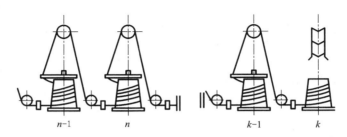

图 4 – 24　积蓄式拉线机工作原理

线材越拉越细，因此各绞盘的速度应一个比一个快，由于最后一个绞盘有三级速度，因此每个绞盘也有相应的三级速度，由于每个绞盘都是由电机经矢轮传动的，因此每个电机也相应有三档速度，因而其功率也是三档。线材越细，拉线的速度要越高，然而拉伸力却越小，因而每个电机的功率是一样的。

以出线第三档速度 12.24 m/s，即使一刻不停地运转，每小时也只能拉伸 44 km 的线材，对于 ϕ1.7 mm 的铝线，只有 270 kg，对 ϕ2.5 mm 的铝线为 580 kg。要提高其产量，只有提高速度与增大收线盘使停车换盘的时间减少，为此近年来拉线机有所改进，如采用不停车的换盘下线，采用静盘收线。由于收线盘上线材重心的偏移，转动时发生振动，以致不能高速收线，影响绞盘高速拉伸，改用静盘后，收线线盘不转动，用经过动平衡的钟形罩来绕线，因而速度可大大提高。减少绞盘直径减少积累量，以减少离心力，从而可提高转速。

一种称之为 MTR 型的积蓄式拉线机，对原有的结构作了改进，如图 4 – 25 所示。

这种机器的绞盘分上下两层，下层为电机驱动的拉线绞盘；上层为空转的放线盘，其转动由工件以下一级拉线要求的速度将其拖动。上下二盘之间有一同轴的拨线器，其功能是将下盘的线拨到上盘去，它也是空转的。线以同一方向缠绕在上下两个盘上，因从切向放线，故总的圈数保持不变。

在正常运行时，也即绞盘的放线速度 v' 等于进线速度 v 时，拨线器是不转动的；当 $v' < v$ 时，拨线器为了保持绞盘上总圈数不变，将自动地向前转动；反之，当 $v' > v$ 时，拨线器向后转动。

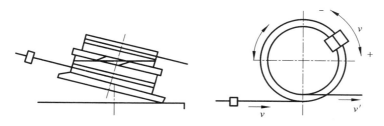

图 4 - 25　MTR 积蓄式拉线机工作原理

绞盘轴稍有倾斜，在存线盘上引出的线只经一个导向轮即进入下一道次模子，线材由切线方向引出，避免了轴向引出造成扭拧。

下面以一个例子说明如何进行非滑动式连续拉线配模计算。

〔例〕　已知 LFD - 450/10 拉线机，绞盘直径 450 mm，用交流电动机通过二级矢轮拖动绞盘，每绞盘皆有一台 11.0kW、1460 r/min 电机拖动，各绞盘所配齿轮如表 4 - 4：

表 4 - 4　LFD - 450/10 拉线机齿数比

绞盘号	1	2	3	4	5	6	7	8	9	10
第一对齿轮齿数比	30/168			40/158				52/146		
第二对齿轮齿数比	32/166	35/163	44/154	42/156	53/145	65/133	78/120	75/123	88/111	90/99

采用 9.0 ± 0.5 mm 的铝杆拉制 $\phi 2.20$ mm 的铝线，试作配模计算。

解：

(1) 绞盘的线速度：$U = \pi \cdot nD/60 \times 1000 \mathrm{m/s}$，

式中：n 为绞盘每分钟转数 $n = \dfrac{Z_1}{Z_2} \cdot \dfrac{Z_3}{Z_4} \cdot n_{电机}$（其中：$n_{电机}$ 为电机之转速/分，为 1460 r/min；Z_1、Z_2、Z_3、Z_4 为第一对和第二对矢轮的矢数，如上表），D 为绞盘直径为 450mm；

(2) 算出前后绞盘之速比 $I_1 = U_n/U_{n-1}$；

(3) 根据道次延伸系数 λ，应等于或稍大于绞盘速比的规定，确定道次 λ。在确定道次 λ 时考虑平均 $\overline{\lambda}$。

考虑最粗的坯料 $\phi 9.5$ mm 拉到 $\phi 2.2$ mm，则总变形量 $\lambda_总 = (9.5/2.2)^2 = 18.65$，拉 10 道：$\overline{\lambda} = \sqrt[10]{18.65}$ 相当于 25.4%；

(4) 圆线：$\lambda = F/f = D^2/d^2 = (D/d)^2$，故配模由细向粗计算时可以 $D = d \cdot \sqrt{\lambda}$；

(5) 计算的初步结果如表 4 - 5 所示。

表 4 – 5　配模计算表

绞盘号	绞盘速度/m·s^{-1}	速比 I	延伸系数 λ	线径/mm
1	1.184	1.114	1.34	8.24
2	1.319	1.331	1.34	7.12
3	1.755	1.336	1.34	6.15
4	2.345	1.357	1.34	5.31
5	3.183	1.337	1.34	4.57
6	4.256	1.330	1.34	3.95
7	5.661	1.320	1.34	3.41
8	7.471	1.300	1.34	2.95
9	9.713	1.261	1.34	2.55
10	12.252			2.20

(6)作拉伸力和安全系数的核算。

(7)作电机功率发热和过载的核算,若核算都合适,则可试拉,试拉合适则可订为规程,否则要进行修改。

要说明的是,各道次的变形量约25%左右,对铝来说是可以的。但第一道次,由9.0拉到8.24只有16%,最考虑轧制所得线坯尺寸偏差较大,即在遇到上偏差:(9.0 + 0.5)mm时,变形量也不致过大。

在1~2和9~10道次间的延伸系数比速比大得多,因此在第一和第九绞盘上,线的积蓄量将有较快的增涨,这是考虑到收线盘满盘后,收线机停车下线时,第十绞盘不停车,以保持生产率。而第一绞盘则考虑放线需要,如要求第一绞盘暂时停车处理乱线,第二绞盘可不停车,因第一绞盘上有多积存。

2. 带滑动多模连续拉拔配模设计

带滑动多模连续拉线机多用于铜及铜合金线材拉拔生产,有时也用于铝合金线材生产。其拉拔过程如图4 – 26所示。由放线盘1放出的线首先穿过模子2的第一个模子,然后在绞盘4上绕2~4圈,再进入第二个模子,依此类推,最后线材通过成品模到收线盘3上。

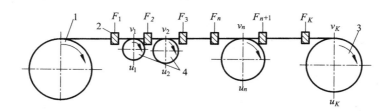

图 4 – 26　带滑动多模连续拉拔过程示意图

1—放线盘;2—模子;3—收线盘;4—绞盘

带滑动多模连续拉拔时,线与绞盘之间存在着滑动,线的运动速度小于绞盘的圆周线速度,即 $u_n < v_n$。

下面对实现滑动多模连续拉拔的条件进行分析。

(1)建立拉拔力的条件。带滑动多模连续拉拔时的拉拔力是靠绞盘转动带动线产生的,若无中间绞盘就无法进行拉拔，这是因为线同时通过几个模子的变形量很大，只靠收线盘施加拉力，则作用在成品线断面上的拉拔应力太大，以致引起断线。现取任一个(第 n 个)绞盘分析如下(图 4 – 27)。

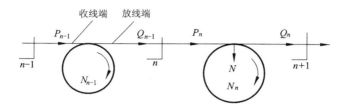

图 4 – 27　带滑动多模连续拉拔时受力分析

为了使 n 绞盘对通过 P_n 模的线建立起拉拔力 n，必须对在 n 绞盘上的线的放线端施以力 Q_n，以 Q_n 力使线压紧在绞盘上，产生正压力 N。当绞盘转动时，绞盘与线材之间产生摩擦力，借以建立 P_n。Q_n 力也是 Q_n 模的反拉力。

P_n 与 Q_n 之间的关系可根据柔性物体绕圆柱体表面摩擦定律得：

$$Q_n = \frac{P_n}{e^{2\pi mf}} \qquad (4 – 23)$$

式中：m——绕线圈数，一般为 2 ~ 4 圈；

f——线与绞盘之间的摩擦系数，取 0.1。

这样 $e^{2\pi mf} = 3.5 ~ 6.6$，$Q_n = 30 ~ 15\% P_n$。由公式(4 – 23)可知，m、f 值越大，则 Q_n 值越小，以至趋近于零。

(2)实现带滑动拉拔的基本条件。绞盘圆周线速度 u_n 与绕在绞盘上线的运动速度 v_n 之间的关系可能有以下三种情况：

①$u_n < v_n$ 时，摩擦力的作用方向与线的运动方向相反，绞盘起到制动作用，绞盘上线的放线端由松边变为紧边，从而使反拉力 Q_n 急剧增大，必将引起 $n + 1$ 绞盘上的拉拔力 P_{n+1} 增加，继而拉拔应力增大而发生断线。

②$u_n = v_n$ 时，线与绞盘间无滑动，绞盘作用给线的摩擦力方向与绞盘转动方向相同，为静摩擦。这种拉拔情况是不能持久的，一旦由于某些原因使放线端的线速度大于绞盘的运动速度时，就会过渡到 $u_n < v_n$ 的情况。

③$u_n > v_n$ 时，拉拔过程是相对稳定的，故 $u_n > v_n$ 是带滑动拉拔过程的基本条件，并可表示为：

$$\frac{v_n}{u_n} < 1 \text{ 或 } R = \frac{u_n - v_n}{u_n} > 0 \qquad (4 – 24)$$

R 称之为滑动率。

(3)如何保证 $u_n > v_n$。每台拉线机各绞盘的圆周线速度是一定的，其数值决定于拉线机的设计。因此，只能考虑 v_n，使它小于 u_n，下面分析一下影响 v_n 的因素。

在稳定拉拔过程中，每个绞盘上的绕线圈数不变，线通过各模子的秒体积相等，即：

$$v_0 F_0 = v_1 F_1 = v_2 F_2 = \cdots = v_n F_n = \cdots = v_K F_K \qquad (4 – 25)$$

v_K 为最后一个成品模的出线速度，因收线盘上的线圈与线盘间无相对滑动，所以 $v_K =$

u_K。随着拉拔过程的进行，收线盘上的线层加厚，直径增大，从而使 v_K 有所增加。近代的拉线机的收线盘皆有调速装置，可以保证 v_K 基本上不变化。

这样，由式(4-25)可得：

$$v_n = \frac{v_K F_K}{F_n} \qquad (4-26)$$

此式说明：在稳定拉拔过程中，任一绞盘上的线速 n 只与该绞盘上的线的断面积 F_n、成品线断面积 F_K 以及收线盘的收线速度 v_K 有关，而与其他中间绞盘的速度和其上的线的断面积完全无关。其中：v_K 是主导的，v_K 大，则 v_n 也增大；$v_K = 0$，则 $v_n = 0$。这也就是说，当收线盘不工作时，尽管中间绞盘转动，也不可能实现拉拔。这样，当成品模孔磨损后 F_K 增大，则 v_n 增加，根据式(4-24)可知，各绞盘上的滑动率就会减小。当任一个模子 n 磨损后使 F_n 增大，则 v_n 就会减小，导致绞盘 n 上的滑动率增加。对其他绞盘上的线速则无影响，因要保持秒体积不变。

所以当成品模 K 磨损引起 v_n 增加时，在 v_n 变化范围内仍必须保证小于 u_n，即：

$$v_n = \frac{v_K F_K}{F_n} < u_n \qquad (4-27)$$

变换后，得：

$$\frac{F_K}{F_n} < \frac{u_n}{v_K} \text{或} \frac{F_n}{F_K} > \frac{v_K}{u_n}$$

因 $v_K = u_K$，故：

$$\frac{F_n}{F_K} = \frac{u_K}{u_n} \text{或} \lambda_{n \to K} > \gamma_{K \to n} \qquad (4-28)$$

此式说明：为了保证拉拔过程的正常进行，第 n 道次以后的总延伸系数必须大于收线盘与第 n 个绞盘圆周线速度之比。这就是带滑动多模连续拉拔配模的必要条件。

但是，在生产中还可能出现一些不利的情况，在这些情况下单纯地满足上面的条件仍不可能可行地保证拉拔过程正常进行。例如使用的润滑剂黏稠或者线材、绞盘上有局部缺陷时，有可能使线与某绞盘产生短时的黏结。在此情况下，线的速度将接近该绞盘的圆周速度，使该道次的滑动率降低。与此同时，还会引起该道次以前所有的线与绞盘间的滑动率减小。但是，这与成品模磨损后引起所有绞盘与线间滑动率的减少不同，它只是暂时的。因为当 n 道次的滑动率减少后，线速加快，但进 $n+1$ 模的线速没变化，这样，绞盘 n 上的线必须松弛，使拉拔过程又恢复正常。

对强度较高或断面较大的线材来说，遇到此种情况容易恢复正常而不会产生断线。但是在拉细而软的线材时必须考虑此影响，否则可能在未恢复正常之前就已产生断线。另外，在穿模时也有此类似的情况。现讨论在任一绞盘上线发生黏结时如何保证 $v_n < u_n$ 的条件。

若第 n 个绞盘上的线与绞盘发生黏结，在极限情况下 $v_n = u_n$，则必然引起 $n-1$ 绞盘上的线速度 v_{n-1} 增加。为了防止断线，其值总应小于 $n-1$ 绞盘的圆周速度 u_{n-1}，即：

$$v_{n-1} = \frac{F_n}{F_{n-1}} u_n < u_{n-1} \qquad (4-29)$$

变换后，得：

$$\frac{F_{n-1}}{F_n} > \frac{u_n}{u_{n-1}} \text{或} \lambda_n > \gamma_n \qquad (4-30)$$

也就是说，任一道次的延伸系数应大于相邻两个绞盘的速比，或者说相邻两个绞盘上线的速比大于该两个绞盘的速比，它即为带滑动多模连续拉拔配模的充分条件。

中间绞盘的速比 u_n/u_{n-1} 可以设计成等值的，也可以是递减的。目前趋向于用等值的。中间绞盘的速比一般为 1.15～1.35。但最后的两个绞盘的速比 u_K/u_{K-1} 为 1.05～1.15，以便能采用较小的延伸系数，从而精确地控制线材的尺寸。

由此可知，绞盘的速比越小，则拉线机的通用性越大。因为根据这个条件可知，延伸系数 λ_n 可在较大的范围内选择。这样，对塑性好的与差的金属皆可在同一台设备上拉拔。此外，绞盘速比小，可以采取小延伸系数配模，减小绞盘磨损和断线率，为实现高速拉拔创造条件。

(4)滑动系数、滑动率的确定及分配。为了可行地保证 $v_n < u_n$ 条件的实现，各道次应该按 $\lambda_n > \gamma_n$ 来配模。此条件可以改写为：

$$\tau_b = \frac{\lambda_n}{\gamma_n} > 1 \qquad (4-31)$$

式中：τ_n——滑动系数。

滑动系数不宜选择得过大。因为过大会使能耗增加和绞盘过早地磨损；对软金属则易划伤表面。τ_n 是根据线坯的偏差大小确定的。当模孔由线材的负偏差增大到正偏差时应更换新模子，即：

$$\tau_n = 1.00 + \frac{F_{n\max} - F_{n\min}}{F_{n\min}} \qquad (4-32)$$

一般，τ_n 在 1.015～1.04 范围内。由式(4-32)可知，如 τ_n 值较大，则 λ_n 也相应大些。故在确定 τ_n 时应考虑一些金属易冷硬的特点，使 λ_n 值逐渐减小。下面对各绞盘上的滑动率分配进行分析。

将所有的线与绞盘的速度分别用下式表示：

$$v_1 = \frac{v_1}{v_2}\frac{v_2}{v_3}\cdots\frac{v_{K-1}}{v_K}, \quad v_K = \frac{1}{\lambda_2\lambda_3\cdots\lambda_K}v_K$$

$$v_2 = \frac{1}{\lambda_3\lambda_4\cdots\lambda_K}v_K$$

$$\cdots$$
$$\cdots$$

$$v_n = \frac{1}{\lambda_{n+1}\lambda_{n+2}\cdots\lambda_K}v_K \qquad (4-33)$$

$$u_1 = \frac{u_1}{u_2}\frac{u_2}{u_3}\cdots\frac{u_{K-1}}{u_K}, \quad u_K = \frac{1}{\lambda_2\lambda_3\cdots\lambda_K}u_K$$

$$u_2 = \frac{1}{\lambda_3\lambda_4\cdots\lambda_K}u_K$$

$$\cdots$$
$$\cdots$$

$$u_n = \frac{1}{\lambda_{n+1}\lambda_{n+2}\cdots\lambda_K}u_K \qquad (4-34)$$

根据式(4-34)可得：

$$\frac{u_n}{v_n} = \frac{u_K \lambda_{n-1} \cdots \lambda_K}{v_K \gamma_{n+1} \cdots \gamma_K} = \frac{u_K}{v_K} \left(\frac{\lambda_{n+1}}{\gamma_{n+1}} \right) \left(\frac{\lambda_{n+2}}{\gamma_{n+2}} \right) \cdots \left(\frac{\lambda_K}{\gamma_K} \right) \tag{4-35}$$

因 $\frac{\lambda_n}{\gamma_n} > 1$，即 $\frac{\lambda_{n+1}}{\gamma_{n+1}}$、$\frac{\lambda_{n+2}}{\gamma_{n+2}}$、$\cdots$、$\frac{\lambda_K}{\gamma_K}$ 皆大于 1，则 $\frac{\lambda_n}{\gamma_n}$ 比值，当 $n = 1$ 时，项数最多，数值最大；$n = K$ 时，项数最少，数值最小。从而得：

$$\frac{u_1}{v_1} > \frac{u_2}{v_2} > \frac{u_3}{v_3} > \cdots > \frac{u_n}{v_n} > \cdots > \frac{u_K}{v_K} \tag{4-36}$$

既然 $\frac{u_{n-1}}{v_{n-1}} > \frac{u_n}{v_n}$，则：

$$1 - \frac{u_{n-1}}{v_{n-1}} > 1 - \frac{u_n}{v_n}$$

或者

$$\frac{u_{n-1} - v_{n-1}}{u_{n-1}} > \frac{u_n - v_n}{u_n}$$

从而保证：

$$\frac{u_1 - v_1}{u_1} > \frac{u_2 - v_2}{u_2} > \cdots > \frac{u_n - v_n}{u_n} > \cdots > \frac{u_K - v_K}{u_K} \tag{4-37}$$

式(4-37)表明，在遵守 $\lambda_n > \gamma_n$ 条件下，正确而可靠的配模应当是使线与绞盘的滑动率变化由第一个绞盘向最后一个绞盘逐渐减小。

4.4　有色金属线材生产工艺

4.4.1　圆铜线

1. 圆铜线

圆铜线主要用于导电，作电线的线芯以及绞合后作电缆的线芯。

在我国圆铜线有三个标准：GB3109—XX，GB3119—XX 和 GB3953—XX（XX—年份标志，标准首次制定后，以后修订时不改变编号，只改变年份标志），它们分别是纯铜线、无氧铜线和电工用圆铜线，以 GB3953 在电线电缆行业中使用得最为广泛。它与国际电工委员会有关圆铜线的规定 IEC-28 相同。

纯铜线即紫铜线，常称铜线，是使用最为广泛的线材，约占铜材产量的1/4。有圆单线、绞线和编织线等品种。电工圆铜线也常绞制或编织后使用，以调和线材截面积与柔软性的矛盾。铜线常绕成线圈以生产磁场，这种线称电磁线，或绕组线。线圈大小常受电机电器结构空间的限制，要求紧密精致，故线的绝缘层应耐热耐电压之外，还要"薄"。漆包线即为其典型，另外还有玻璃丝包线和纸包线等。

铜线的制造过程是先做铜杆，再拉制成线，还有若干辅助工序。目前国内制作铜杆有四种方法：

（1）平炉熔炼→平铸线锭→加热轧制，成为 7.2mm 的黑铜杆。每捆重约 80～120 kg。这种生产方式使轧制与酸洗难以组合成一条作业线，另外，加上生产方式造成的内在质量较低，当前已逐渐淘汰。

（2）$\left.\begin{array}{l}\text{竖炉熔化} \rightarrow \text{前炉过渡}\\ \text{平炉熔化} \rightarrow \text{平炉过渡}\end{array}\right\}$→连铸连轧→还原或酸洗→绕制成为重约 2～5 t 名义直径

8.0 mm 的线捆，为光亮铜杆。本方法制得韧铜或低氧铜杆(含氧稍低于韧铜)，可具有相当规模。用竖炉熔化，前炉过渡者可连续生产，但以电解铜为原料。用平炉熔化者只是半连续作业，但可是用厂内回收得废铜，因在生产中总是有废料产生的。应从经济角度和社会效益角度进行评比。

(3)电炉熔化→前炉过渡→上引铸造→绕制成 2~5 t 的线捆，称上引铜杆。因其高温时处于水套中不与空气接触，不发生氧化，故也是光亮铜杆，无须酸洗。且铜水受木炭长时间覆盖和作用，并为保持石墨结晶器寿命，铜水中含氧极低引出的属无氧铜铜杆。通常引出的铜杆，直径为 14.4 mm 或 20 mm，过细生产率低，过粗则难于缠绕成捆。若改用水平连铸，则丧失了上引的灵活性。上引铜杆作业线需巨拉机或冷连轧机与其配套，将 14.4 mm 或 20 mm 的线杆通过 4 道次拉制 6~8 道次冷轧成为 8.0 mm 的标准线杆，但此时已成为硬态。

(4)电炉熔化→前炉过渡→热浸涂→趁热连轧→还原或酸洗→缠绕成 2~5 t 重的线捆。一般为 8.0 mm 的软态光亮铜杆，称浸涂杆。

黑铜杆外的三种，其原料、成品、规模、投资和生产成本各有长短，国内都有使用。

铜线是通过大、中、小和细各级拉伸机逐步拉到要求的尺寸。根据产品结构、粗细比例确定各类拉伸机的台数。现代化的铜拉机都带有连续退火与连续下线装置。多线拉线机也日益普及。近年拉伸机和漆包机组成作业线，可直接得到漆包线，省去若干中间环节，提高了工作效率。

铜线的加工过程和生产工艺，影响金相结构和组织，从而影响其柔软性。

黑铜杆的工艺是轧完后边水冲边绕杆。连铸连轧光亮杆则是立即进入还原液。不管是前者还是后者，都是淬冷行为，相当于固溶处理。因此终轧温度高，铜中固溶的杂质多，不利于成品线的柔软性。这些都已为轧制温度、终轧温度、线杆缓冷和线杆退火等试验所证实。按现有生产设备，将铜杆退火或缓冷是不现实的，而控制终轧温度较为方便。实验认为在 500℃ 左右为好，不宜太高。

拉线工艺：拉线属冷变形，按一般规律，总变形量越大，退火后的柔软性好，然而过大的变形量反而使柔软性变坏。因此，从塑性和抗力的角度出发，固然铜杆拉制可以不经中间退火直接拉到成品，然而，为了避免成品铜线退火后柔软性下降，还是应采用中间退火。由有关实验知，中间退火的温度以 500℃ 左右为宜，中间退火的时机以接近成品尺寸为好。

漆包线的生产：铜线涂漆后需通过烘炉，将溶剂挥发，并使漆分子聚合交联。即由烘干和反应两个任务，故应控制好温度和时间两个参数。根据漆的品类不同确定温度和速度工艺，但大都炉温稍高于铜线的再结晶温度，时间为十几秒至几十秒(根据漆层要求的厚度和反复涂—烘的次数)。原先是将铜线成批退火后进行漆包的，但是铜线与铜线易于黏结，从而影响漆层的质量，故后将拉制厚的硬线通过管式退火装置接着进入漆包机，组成作业线。后来看到烘漆温度与铜线软化温度相当，故把二者合一，以节省能量。就有了拉线机与漆包机的串联布置。这就要求铜线的杂质成分和制造工艺应保证在烘漆的同时，能良好地软化。

铜线镀锡的方法有：热镀锡、真空热镀锡和电解镀锡等几种方法。热镀时，将铜线通过熔融的锡槽，锡水温度 300℃ 左右，时间几秒钟，也会使铜线软化。

2. 铜线的表面质量

在铜线表面上，时有连续或间断的沟槽与划道，间断或局部的起皮、毛刺、结疤或三角口等缺陷出现。

表面缺陷的来源有二：线杆质量和拉线过程。

线杆上的划道、刮痕、氧化皮及耳子压入、折皱、铁压入等缺陷来源于先天性的轧制方式和后天性的操作不当。迴线式轧制的一大特点是工件在活套沟中拖动，线杆表面擦伤严重，连铸连轧克服了此问题。轧件通过导板进入孔型，轧件和导板的刮擦是不可避免的，特别是导板和孔型的准直性不佳时更为严重。连轧机进行连续无头轧制，虽也设有导板，但不存在轧件端头的反复冲击和尾端的反复甩打，故导板和孔型的准直性始终良好，大大减少了对轧件的刮擦。连铸连轧是趁铸造余热轧制，脱模至轧制仅十几秒至几十秒时间，故锭坯表面来不及生成厚而不均匀的氧化鳞皮，且以钢替代铸铁制作轧辊，其磨损慢，且定期更换，始终保持轧槽光滑，若再设有高压水除鳞，则氧化皮压入轧件的几率大大降低。现代连轧大都采用椭－圆孔型系，轧制道次还有增多的趋势，这样就排除了轧件断面折皱的出现。连轧机上装有活套传感器，轧件秒流量受到自动控制，轧件出耳子的机会减少，从而减少二次氧化皮压入的可能性。以上种种都有利于线杆表面质量的提高，然而当上述各因素控制不当时，即使连铸连轧，线杆表面也会出现缺陷。

拉线对线杆表面缺陷是无法消除的，而随着不断延伸拉长，甚至皮下缺陷也逐渐泛到表面。

拉制时与铜线接触的物件有导轮、绞盘和拉线模。作为导轮应光滑而灵活。拉铜线大都使用滑动式拉线机，绞盘经受长期摩擦而出现沟槽，沟槽又刮伤线的表面。因此减少与绞盘速差，增大绞盘表面硬度，使用更光滑耐磨的材料，模架沿绞盘轴向反复振摆，绞盘定期更换修磨等都是改善铜线表面质量的措施。

另外，在循环使用中应过滤净化乳液，减少乳液对拉线模的磨损，从而提高铜线的表面质量。

3. 铜线的可拉性

通俗地说，可拉性就是拉线时断线的几率，断了线就需停车处理，重新穿模上线，耽误了生产（以 15 m/s 的中速单线拉制，停车 10 min，即减少生产 9 km）。连续退火再重新运行，使铜线性能不均。而长度或重量不足的线盘和线捆也影响后续工序的运行。因此不希望断线。

断线现象在大拉时很少发生，中拉特别进入小拉就逐渐频繁起来。

断线原因是多方面的，不外源于拉线本身和线杆质量。前者如在控制好了拉线设备和工艺即可克服，而后者则不行。故"铜线的可拉性"实际上是"铜杆的可拉性"。

断线的原因是拉力过大，超过了线的承受能力。若硬态铜的抗拉强度为 420 MPa，则 0.20 mm 线的拉断力为 13.2 N，而 0.12 mm 线仅 4.7 N，故微小的冲击和振动都是不利的。机器的启动和运行应该平稳而稳定，另外反向滑动，绞盘压线，模壁粗糙，模孔堵塞，放线不畅，缠结、扭拧或刮擦，都是断线的潜在原因，都应在事发之前加以排除，这些是断线的外因。断裂总是在强度最薄弱的部位出现，在铜线内部和表面，若基体不相连接，则有效截面积减少，这样就不能承受正常的拉力而断线，这是断线的内因。

除材料外，熔、炼、铸、轧各工序都应仔细作业，对铜杆要进行例行检查之外，在连铸连轧作业线上还可装备轧件中心裂纹和热裂纹探测器，线杆表面缺陷的涡流探测器和/或辐射高温探测器和铁磁探测器，随时检测、记录和报警。作业线上共有 8~9 种在线检测，这样再严格地管理，铜杆的质量和可拉性得到大大提高，且质量保持稳定。

4.4.2　圆铝线

虽然铝的导电率只有 61% ~ 61.5% IACS(国际电工委员会规定,在电阻率 $\rho = 0.017241$ $\Omega mm^2/m$ 时相当于导电率为 100% IACS,IACS 为 International Annealed Copper Standard 的简称),然而铝的比重为铜 1/2.3,铝单价只有铜的 2/3 至 1/2,此外,铜的资源不足,因而在输电中大量使用铝,铝线和铜线性能对比见表 4-6。圆铝线的一大用途是制作远距离输电的钢芯铝绞线,据统计:每增容一万千瓦要使用 230 至 300 t 绞线。绞制是为了增大整体绞线的柔软性,与钢丝共绞是为增大绞线的整体强度。

表 4-6　铜、铝及铝合金线性能对比

	相同强度下			相同导电下		
	Cu	Al	Al - Mg - Si	Cu	Al	Al - Mg - Si
导线截面比	1	2.5	1.50	1	1.62	1.83
导线直径比	1	1.6	1.14	1	1.29	1.34
导线重量比	1	0.76	0.40	1	0.50	0.55

关于铝线的标准有 GB3955 电工用圆铝杆,GB3955 电工用圆铝线,还有个 GB3195 导电用铝线,实际上 3955 与国际通用标准相同,是电工行业使用的标准。

GB3955-83 的规定如下:

硬圆线 LY $\rho_{20} \not> 0.028264\ \Omega mm^2/m$ (61% IACS)

半硬圆线 LYB $\rho_{20} \not> 0.028264\ \Omega mm^2/m$ (61% IACS)

软圆线 LR $\rho_{20} \not> 0.028264\ \Omega mm^2/m$ (61.57% IACS)

为了降低输电线路的造价,减少铁塔数目,增大铁塔间距,因此,要求铝绞线有高的强度,为此常用硬态线制作绞线,虽然导电率损失 0.5 至 0.6 个百分点。金属学告诉人们,纯度越高导电性越好,但纯度和强度是一对矛盾,或牺牲纯度提高强度,或牺牲强度提高纯度。采用钢芯铝绞线,既不降低纯度又提高强度,两得其便,但也增大了总体的重量。

既把电阻降下去又不牺牲强度是有办法的,美国的 1350 牌号的纯铝纯度为 99.5%,专作导电使用,又称 EC 铝,它能满足强度和导电的双重要求,查其原因是其杂质允许含量大有差别。

Mn、Cr、Ti、V 四种元素原子直径和在铝中的固溶度与别的杂质不尽相同,是严重影响导电率的元素,必须严加控制,在精炼时给于消除,于是研究出了硼化处理和稀土处理。这样使用 99.5% 的纯铝也能满足双重要求。导电率甚至可达 62% ~ 64% IACS。

铝线的制造工艺:现在大都采用竖炉熔化,保温炉精炼,连铸连轧,多道次积蓄式连续拉线,以制取 LY9 状态的全硬铝线,强度要求 160 ~ 200 MPa(按线径不同),为此:

(1)除常规除气除渣外还应加硼或稀土处理。

(2)配料时控制铁硅含量。

(3)控制连铸连轧线杆的出口温度,以造成一定的冷硬,满足线杆 L、L2、L4、L6 四个等级的要求。

(4)确定线杆的直径(标准规定在 ϕ9.0 mm 至 ϕ12.0 mm 间有 7 个直径档次),使成品线材有一定的冷作量。

（5）确定线杆捆的大小和高度，使线捆内外由于散热和温差造成的性能差别不要太大。

（6）调节拉线配模表，使铝线在拉拔中的温升尽量降低。

这样处理，可以生产出合乎要求的线材。

4.4.3　钨丝

钨丝的用量很大，白炽灯、电子管以及其他一些场合缺其不可。

钨丝有纯钨丝、钍钨丝、含硅钨丝等约八个牌号，直径 15 μm 以上至 1.5 mm，因不同牌号而不同。对钨丝的要求除尺寸公差（细丝用单位长度的重量计）长度、化学成分、抗拉强度外，还要考核色泽表面的光滑性、平直度、裂纹、刮伤、脱层之类，还要考核其绕丝性能。对于钍钨丝要考核其抗振性能。因为它一般用作汽车灯泡。

钨丝的生产常常从钨酸开始，即从冶金开始，这因为钨丝中的添加物（硅、铝、钾、钍等）要在冶金过程中加入。其工艺流程主要是：制备金属钨粉→配粉→压条→垂熔烧结→预烧→旋锻→拉拔和中间退火→精整→蚀洗。主要步骤具体介绍如下：

由钨酸制取钨酸铵（液体），$H_2WO_4 + NH_3 \cdot H_2O = (NH_4)_2WO_4 + 2H_2O$，然后浓缩并使仲钨酸铵沉淀出来：$12(NH_4)_2WO_4 \rightarrow 5(NH_4)_2O \cdot 12WO_3 + 14NH_3 + 7H_2O$，然后将其焙烧，去水去氨成为 WO_3，它是嫩黄色的粉末，这主要是提纯的化学过程。而后加入硅酸钾、硝酸铝或硝酸钍的溶液，搅拌均匀烘干过筛等。然后在氢气中加热还原二次，第一次还原成 WO_2，第二次还原成带有微量添加元素的钨粉，即是纯灰色的金属粉了。

然后加入石蜡的四氯化碳溶液增加塑性，便于压制成形，在粉末压力机上在钢模中压成 12.5 mm × 12.5 mm 截面的钨条。先在氢气中在 1200℃ ~1150℃ 下烧结 30 min，使钨条具有一定的强度和导电性后，进行垂熔，即钨条放在氢气中，通电加热到高温，此时钨条中的杂质挥发，密度提高，强度增大，当然垂熔的工艺是很讲究的。之后进入压力加工。

先在 1500℃ 的温度下进行旋锻 25 次左右，直径逐步减少到 φ2.5 mm，每锻一次加热一次，加热温度随截面的减少也逐步降低至 1200℃ 左右。其间在直径 8.5 ~9.0 mm 和 6.0 mm 时要作中间退火。然后在链式拉床上作直线式的拉伸。钨的特点是塑性差强度高，因此在石墨乳的保护和润滑下，作 1100 ~1200℃ 的热拉伸，约 9 个道次，拉到 φ1.10 mm 左右，然后在盘式拉线机上热拉 20 道次左右，至 φ0.25 mm。拉伸的温度也逐道次降低，根据不同牌号最后道次在 550 ~850℃。此时进行退火，然后继续向下拉拔成不同规格的成品，也是热拉，不过温度更低些，每拉若干次后也作一次退火，最后进行成品退火和精整，再把丝倒在胶木盘上，合格后即可出售。

钨丝生产过程长、工序多，要控制的工艺因素也多。在压力加工阶段应注意以下问题：

（1）旋锻的前 3~6 道次，是将方条逐渐锻成圆棒。故在对边与对角两个方向上的变形量相差很大，此时工件的周向可出现四个亮带。且此时的变形尚难渗透到钨条中心，故这阶段工件中有较大的副应力。且该阶段钨条的塑性尚低，故在副应力的作用下易出现亮带裂纹，并可能逐渐发展为网状裂纹。副应力在旋锻的后期也易引起工件端头劈裂，故必须剪去，以防向中段宽展而造成全部报废。为克服上述缺陷，应减少不均匀变形，同时改善垂熔条的塑性。

（2）钨丝拉拔时要采用热拉，因为钨的脆热转变温度很高，在垂熔条阶段约为 1400℃，细丝阶段约为 400℃。拉拔第一道次时用 1200～1250℃，并逐道次降低，至最细时用 460℃。拉制温度过低会造成工件分层和劈裂，但拉制温度过高，则易造成"缩丝"现象，这是因为出口侧温度过高，屈服强度过低，小于拉拔力所致。

4.4.4　扁线和型线

1. 扁线和型线的截面和规格

扁线实为矩形线，以棱角半径之大小分正矩形和鼓矩形。前者 r 为 0.5～1.0mm，后者 r 为 $a/2$（图 4-28）。扁线有厚和宽两个尺寸，二者组合成 $a \times b$ 就有无限多个规格。为了系列化，标准 GB5584 规定：当 b/a（宽厚比）处于 1.4～8.0 范围内时称扁线，若 b/a 在 9～100 范围内则称为带，其次规定扁线的宽度 b 在 2.00～16.00 mm 范围内，因此相应的 a 边在 0.8～7.10 mm 范围。扁线用于制造电机和变压器的绕组，也用于配电设备和其他场合，它们的制作材料一般为导电铜和铝。

线材截面为异型的称为型线，如作电缆芯线的扇形线、作电力机车和城市电车馈电的双沟电车线、作眼镜框架用的半圆线，以及其他三角形、扁圆形等。六角线和方线以内接圆直径称呼，按 GB3110 的规定，尺寸由 3.0～6.0 mm，共 7 个规格。按 GB3957，扇形线有三个系列，分别用于二芯、三芯（图 4-29）和四芯的电力电缆，因此它们的扇面张角分别大体为 180°、120° 和 90°。它们或用紫铜与纯铝制造或用各种铜合金制作，根据用途和要求而定。

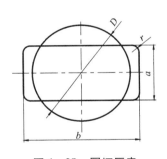

图 4-28　圆坯压扁

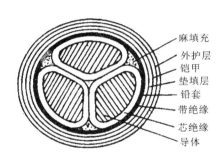

图 4-29　三芯电力电缆

2. 扁线和型线的生产方法

一般有如下几种方法：

(1) 常规挤压，可直接挤得成品线材。

(2) 连铸连轧得铝线杆，再进 Conform 连续挤压机，挤得铝的扁线、扇形线和其他型线。扇形线也可采用辊压模或整体模拉拔。

(3) 若要求硬态线材或高精度尺寸时，还需拉拔，用挤、轧、上引或水平连铸的圆线杆或非圆线杆经过一次或多次拉拔，得到成品。如接触网电车即属于此类。

(4) 变形除用挤压法一次挤得外，还可以用圆线坯或扁线坯，以不同的拉模（如整体模、组合模、辊式模）拉得成品。也可用如下工艺：

生产扁线时应注意：大截面扁线可以热轧出扁线坯，再拉伸成形。中小截面扁线常常先拉成圆截面的线坯，再在平辊轧机上冷轧成形，若尺寸精度要求严格时，则最终再拉伸一道。此时要正确确定圆坯的直径（图 5 - 60），使扁线的宽度和厚度合乎成品要求。对此，各工厂根据各自的工艺和设备条件，都有各自的经验，其实质是正确估算压下和宽展的大小。在一个道次压成的情况下线坯直径

$$D = a + (0.67/0.56)(b - a)$$

拉拔扁线所用的模子有整体模和组合模，还有辊式模等。整体模为一个模子一个尺寸，因此对于各种规格的成品模和过桥模，实在数量太多，制造也较麻烦，而组合模与辊式模则可一模多规格，可以调节，就省了许多工具费用。

辊式模如同轧制，然而辊子随线材而转动（自己没有动力），如此大大地减少了模与线间的摩擦力，因而在线材安全的情况可以加大变形量，减少拉伸道次。

组合型的辊压模有四个可旋转的辊轮由滚针支撑在芯轴上，并置于小滑块中，两个小滑块直接安装在模架中，另两个小滑块却分别置于两个大滑块中，而大滑块再安装在模架上，大小滑块分别有六只调节螺丝进行调节，改变四个辊轮围成的孔型状和尺寸，如果辊轮表面做成斜度或车有轧槽还可以拉拔异形断面的线材。扁线也可以通过挤压的方法直接得到。

4.4.5　双金属线

双金属线又称复合线，是指具有两层或多层金属的线材，它们在截面上大都呈同心圆状，但也不完全尽然，也有型扁线和不对称布置的。

复合线有如铜包钢线、铝包钢线、铜包铝线等。广义的看，镀锡、镀银或镀镍的铜线等都是双金属线。

其所以要复合，是使线材兼备各层之所长，得到良好的综合性能（如强度、硬度、导电性、抗氧化性、热稳定性、抗蚀性、焊接性，还有价格上的经济性等等），使用于不同的场合。故对于不同的复合线分别有力学、理化和工艺性能方面的要求，它们取决于各层材料的本性和各层材料所占的比例。

包铝的方法多种多样，可挤压包复，可轧制结合，可套管后拉制，也可电镀和热镀（热浸涂）。现分别介绍如下。

1. 铜包钢线及其生产

铜包钢线的方法，大体有：

（1）浇铸包复法：本方法是将融化的铜水浇铸在红热的钢棒之外，冷凝后成铜包钢铸锭，再热轧成杆，冷拉成线。用本方法制得的铜包钢线，钢芯不圆、铜层不均等问题较突出，故本方法已逐渐淘汰。

（2）热压包覆法：本方法用两条无氧铜带和一根钢芯，加热到 900℃ 左右，送入轧辊，以孔型将它们轧结成一体。因为有相当的变形量，故结合良好。本方法是用一条流水作业线进行一系列处理：开卷、脱脂、清洗、刷光、矫直、加热、轧结、冷却、切边、卷取等等。为了不停顿地生产，还设置对焊接机和活塞存储器等，与该作业线配置的还有铜带纵剪作业线和拉线机等。本方法技术是成熟的，但铜的损耗较大。

（3）冷压包覆法：又分套管法和焊管法两种。

套管法：将钢芯穿入无缝铜管中，一起拉制使二者结合。本方法所得成品不长。为了得

到长度大的成品,线与线需头尾对焊。但这种焊头对于直径为 2.0mm 以上的成品是不允许的。

焊管法:将铜带逐次冷弯成(直缝)管状,同时将钢芯包在其内,再用氩弧焊将焊缝焊死,而后拉制,使二者结合。本法拉制得的线坯长度不受限制。

(4)热浸涂法:铜包钢的热浸涂法生产与铜杆的热浸涂法生产是一样的。但有下列特点:为使铜层表面光滑均匀,且与钢芯结合良好,钢芯进入铜水前应预热到 500℃,在预热之前,钢芯应去油。

(5)电解电镀法:生产流程:钢芯线→化学除油→清洗→碱性溶液清洗→HCl 浸蚀→清洗→氰化预镀铜→清洗酸性镀铜→清洗→铜包钢线成品。

2. 铜包铝线及其生产

铜包铝线的制造方法有:

(1)将铜带和铝杆在孔型中热轧结合,再剥去飞边和进行拉制。

(2)将铜带弯卷成直缝管的同时,把铝杆包在其中,然后氩弧焊焊合管缝,再进行拉制。

(3)将铜板包裹的铝锭进行静液挤压。

(4)使用电镀法,在无氧气氛中(液体或气体)将铝杆剥皮,以得到无氧化膜的清洁表面,然后直接进入电镀槽进行镀铜。

3. 铝包钢线及其生产

英国的 Bobcock 线材装备公司(BWE)在 1972 年发明 Conform 连续挤压的基础上,于 1976 年开始研制挤制铝包钢线的技术,于 1984 年得到成功,称之为 Conklad。它不但可制备铝包钢的线坯,也可用来制备铝包光导纤维,现已普遍使用。

该方法采用 φ9.5mm、强度不大于 90MPa、纯度 99.7% 的电工圆铝杆为铝坯。采用含碳 0.7% 以下,6.5～8.5mm 铅淬火的钢盘元为钢芯。除先在线清洗外,钢芯在进入 Conklad 机之前还在氮气保护下,感应加热至 320℃。Conklad 出口处工件的温度约 500℃。然后冷却,再拉制。

铝包钢线坯使用高压模进行拉制。其作用为:通过润滑剂(固体的或液体的)静压力和动压力,使模壁和线之间具有较厚的油膜,甚至造成流体润滑状态。机理上是外摩擦降低到最小,使变形表里均匀一致,从而防止了铝层从钢芯上脱落,拉速可 300～400m/min。

另外,铝包钢线铝层的厚度约为半径的 10%,其性质较硬,接近于钢丝,故应采用非滑动式拉钢线的拉线机。且变形温升大,故绞盘要足够大,并有良好的冷却体系。

第 5 章　有色金属锻造与冲压成形

5.1　自由锻

　　自由锻造是利用冲击力或压力使金属在上、下砧之间产生变形，以获得某种形状和尺寸的锻件的加工方法，锻件的形状和尺寸主要由工人操作来控制。由于自由锻造生产率较低，加工余量较大，故一般只适用于单件或小批量生产，但自由锻造是制造大型锻件的主要方法。

　　自由锻造的基本工序有镦粗、拔长、冲孔、弯曲、错移、切割等。下面将主要介绍镦粗、拔长、冲孔和扩孔工艺。

5.1.1　镦粗

　　使坯料高度减小，横截面增大的成形工序称为镦粗。在坯料上某一部分进行的镦粗称为局部镦粗。

　　镦粗是自由锻最基本的工序，不仅一些锻件（如饼块锻件、空心锻件）必须采用镦粗成形，在其他锻造工序（如拔长、冲孔等）中也都包含镦粗因素。因此，了解镦粗时的变形规律，对掌握锻造工艺具有重要意义。

　　镦粗的坯料有圆截面、方截面和矩形截面等。一般镦粗时，由于模具与坯料间接触面的摩擦应力场的作用，使坯料内的应力场和应变场很不均匀。

　　本节结合圆截面坯料讨论镦粗时的变形流动规律和质量控制问题。

　　1. 镦粗工序的变形流动特点和主要质量问题

　　用平砧镦粗圆柱坯料时，随着高度的减小，金属不断向四周流动。由于坯料和工具之间存在摩擦，镦粗后坯料的侧表面将变成鼓形，同时造成坯料内部变形分布不均。通过采用网格法的镦粗实验可以看到（图 5-1），根据镦粗后网格的变形程度大小，沿坯料对称面可分为三个变形区。

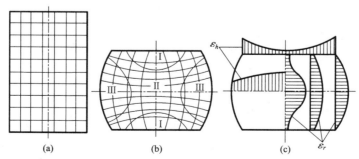

图 5-1　圆柱坯料镦粗时的变形分布
（a）变形前的网格；（b）变形后的网格及分区；（c）变形过程中的应变分布

区域 I：由于摩擦影响最大，该区变形十分困难，称为"难变形区"。

区域 II：不但受摩擦的影响较小，应力状态也有利于变形，因此该区变形程度最大，称为"大变形区"。

区域 III：其变形程度介于区域 I 与区域 II 之间，称为"小变形区"。因鼓形部分存在切向拉应力，容易引起表面产生纵向裂纹。

对不同高径比尺寸的坯料进行镦粗时，产生的鼓形特征和内部变形分布也不同，如图 5 - 2 所示。

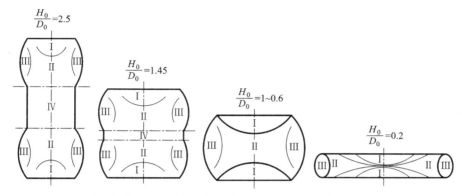

图 5 - 2　不同高径比坯料镦粗时鼓形情况与变形分布

I—难变形区；II—大变形区；III—小变形区；IV—均匀变形区

高径比为 $H_0/D_0 = 2.5 \sim 1.5$ 时，在坯料的两端先产生双鼓形，形成 I 、II 、III 、IV 四个变形区。其中，区域 I 、II 、III 同前所述，坯料中部为均匀变形区 IV，该区受摩擦影响小，内部变形均匀分布，侧表面保持圆柱形。如果继续镦粗到 $H/D = 1$，则由双鼓形变为单鼓形。

高径比为 $H_0/D_0 \leqslant 1$ 时，只产生单鼓形，形成三个变形区。

高径比为 $H_0/D_0 \leqslant 0.5$ 时，由于相对高度较小，内部各处的变形条件相差不太大，变形较均匀些，鼓形程度也较小。这时，与工具接触的上、下端金属相对于工具表面向外滑动。而一般坯料镦粗初期，端面尺寸的增大主要是靠侧表面的金属翻上去而达到。

由此可见，坯料在镦粗过程中，鼓形不断变化，镦粗开始阶段鼓形逐渐增大，当达到最大值后又逐渐减小。

坯料更高（$H_0/D_0 > 3$）时，镦粗时容易失稳而弯曲，尤其当坯料端面与轴线不垂直，或坯料有初弯曲，或坯料各处温度和性能不均，或砧面不平时更容易产生弯曲。弯曲了的坯料不及时校正而继续镦粗时则可能产生折叠。

坯料镦粗时的主要质量问题有：侧表面易产生纵向或呈 45° 方向的裂纹；坯料镦粗后，上、下端常保留铸态组织；高坯料镦粗时由于失稳而弯曲等。

镦粗时产生变形不均匀的原因主要是工具与坯料端面之间摩擦力的影响，这种摩擦力使金属变形困难，使变形所需的单位压力增高。从高度方向看，中间部分（II 区）受到摩擦力的影响小，上、下两端（I 区）受到的影响大。在接触面上，中心处的金属流动还受到外层金属的阻碍，故愈靠近中心部分受到的流动阻力愈大，变形愈困难。

热镦时产生变形不均匀的原因除工具与毛坯接触面的摩擦影响外，温度不均也是一个很重要的因素，上、下端金属（I 区）由于与工具接触，造成温度降低快，变形抗力大，故较中间处(Ⅱ区)的金属变形困难。

由于以上原因,使第Ⅰ区金属的变形程度小和温度低,故镦粗锭料时此区铸态组织不易破碎和再结晶,结果容易保留部分铸态组织。而第Ⅲ区由于变形程度大和温度高,铸态组织被破碎和再结晶充分,形成具有细小等轴晶粒的变形组织,消除了铸态组织的疏松和缩孔等缺陷。

由于第Ⅱ区金属变形程度大,第Ⅲ区变形程度小,于是第Ⅱ区金属向外流动时便对第Ⅲ区金属在径向方向上作用有压应力,在切向上产生拉应力。愈靠近坯料表面切向拉应力愈大,当切向拉应力超过材料的强度极限或切向变形超过材料允许的变形程度时,便会引起纵向裂纹。低塑性材料由于抗剪切的能力弱,结果容易在侧表面产生45°方向的裂纹。

2. 改善镦粗质量的措施

由上述分析可见,镦粗时的侧表面裂纹和内部组织不均匀都是由于变形不均匀引起的,其原因是表面摩擦和温度降低。因此,为保证内部组织均匀和防止侧表面裂纹产生,应当采取合适的变形方法以改善或消除引起变形不均匀的因素。通常采取的措施有:

1)使用润滑剂和预热工具

为降低工具与坯料接触面的摩擦力,镦粗低塑性材料时采用玻璃粉、玻璃棉和石墨粉等润滑剂;为防止变形金属很快地冷却,镦粗用的工具应预热至200~300℃。

2)采用凹形毛坯

凹形坯料镦粗时,沿径向产生压应力分量(图5-3),可对侧表面的纵向开裂起阻止作用。

3)采用软金属垫

热镦粗较大型的低塑性锻件时,在工具和锻件之间放置一块不低于坯料温度的软金属垫板(对于钢锭一般采用碳素钢作垫板,对于硬铝,则可用软

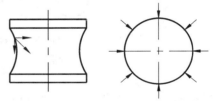

图5-3 凹形坯料镦粗时的受力情况

铝作垫板),使锻件不直接接受到工具的作用(图5-4)。由于软垫的变形抗力较低,优先变形并拉着锻件径向流动,导致锻件的侧面内凹。当继续镦粗时,软垫直径增大,厚度变薄,温度降低,变形抗力增大,镦粗变形便集中到锻件上,使侧面内凹消失,呈现圆柱形。再继续镦粗时,可以获得高度不大的鼓形。

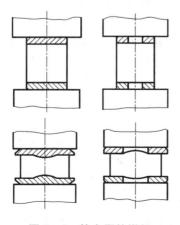

图5-4 软金属垫镦粗

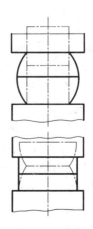

图5-5 叠起镦粗

4）采用铆镦、叠镦和套环内镦粗

（1）铆镦。就是预先将坯料端部局部成形，再重击镦粗，把内凹部分镦出。

（2）叠镦。就是将两件锻件叠起来镦粗，形成鼓形（图5-5），然后翻转锻件继续镦粗消除鼓形。叠镦不仅能使变形均匀，而且能显著地降低变形抗力。这种方法主要用于扁平的圆盘锻件。

（3）套环内镦粗。这种镦粗方法是在坯料的外圈加一个外套，靠套环的径向压力来减小坯料的切向拉应力，镦粗后再将外套去掉。

上述成形措施均是造成坯料沿侧表面有压应力分量产生，因此产生裂纹的倾向显著降低。又由于坯料上、下端面部分也有了较大的变形，故不再保留铸态组织。

3．矩形截面坯料镦粗时的应力应变特点

矩形截面坯料在平砧间镦粗

（图5-6）时，根据最小阻力定律，由于金属沿 m 和 l 两个方向受到的摩擦阻力不同，变形体内各处的应变情况也不同。在图5-6中可以分为两个区域。在 I 区内，m 方向（长度方向）的阻力大于 l 方向

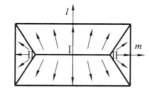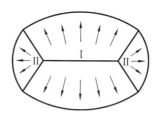

图5-6　矩形截面坯料镦粗时金属流动情况

（宽度方向）的阻力。坯料在高度方向被压缩后，金属沿 l 方向的伸长应变大，m 方向则较小，在对称轴（l 轴）上，伸长应变最大。在 II 区内，l 方向的阻力大于 m 方向的阻力，于是镦粗时，m 方向的伸长应变较大，对称轴（m 轴）上伸长应变最大。因此矩形坯料镦粗时，较多金属沿宽度方向流动，并趋于形成椭圆形截面。

4．镦粗时应注意的事项

（1）为防止镦粗时产生纵向弯曲，圆柱体坯料高度与直径之比不应超过 $2.5 \sim 3$，在 $2 \sim 2.2$ 的范围内更好。对于平行六面体坯料，其高度和较小基边之比应小于 $3.5 \sim 4$。

镦粗前坯料端面应平整，并与轴线垂直。

镦粗前坯料加热温度应均匀；镦粗时要把坯料围绕着它的轴线不断地转动；坯料发生弯曲时必须立即校正。

（2）镦粗时每次的压缩量应小于材料塑性允许的范围。如果镦粗后进一步拔长时，应考虑到拔长的可能性，即不要镦得太矮。禁止在终锻温度以下镦粗。

（3）为减小镦粗所需的打击力，坯料应加热到该种材料所允许的最高温度。

（4）镦粗时坯料高度应与设备空间尺寸相适应。在锤上镦粗时，应使

$$H_{锤} - H_0 > 0.25 H_{锤}$$

式中：$H_{锤}$——锤头的最大行程；

$\quad H_0$——坯料的原始高度。

在水压机上镦粗时，应使

$$H_{水} - H_0 > 100 \quad （mm）$$

式中：$H_{水}$——水压机工作空间最大距离；

$\quad H_0$——坯料的原始高度。

5.1.2　拔长

使坯料横截面减小而长度增加的锻造工艺称为拔长。

拔长除了用于轴杆锻件成形，还常用来改善锻件内部质量。

由于拔长是通过逐次送进和反复转动坯料进行压缩变形，所以它是锻造生产中耗费工时最多的一种锻造工序。因此，在研究拔长工序时，除了分析影响拔长质量的因素以外，还应分析影响拔长效率的有关因素。

1. 拔长变形特点

坯料拔长时，每送进压下一次，只有部分金属变形。如图 5-7 所示，拔长前变形区的长为 l_0、宽为 b_0、高为 h_0。l_0 又称送进量，$\dfrac{l_0}{h_0}$ 称为相对送进量。拔长后变形区的长为 l、宽为 b、高为 h。$\Delta h = h_0 - h$ 称为压下量，$\Delta b = b - b_0$ 称为展宽量，$\Delta l = l - l_0$ 称为拔长量。

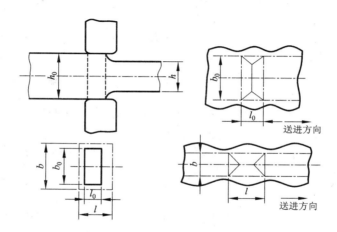

图 5-7　拔长变形

拔长的变形程度是以坯料拔长前后的截面积之比——锻造比（简称锻比）K_L 来表示，即：

$$K_L = \frac{F_0}{F} \tag{5-1}$$

式中：F_0——拔长前坯料的截面积，即 $F_0 = h_0 \times b_0$；

F_0——拔长后坯料的截面积，即 $F = h \times b$。

拔长时的金属流动规律：根据最小阻力定律可知，当 $l_0 = b_0$ 时，考虑到未变形部分（刚端）的影响，Δl 近似等于 Δb；当 $l_0 > b_0$ 时，则 $\Delta l < \Delta b$；当 $l_0 < b_0$ 时，则 $\Delta l > \Delta b$。由此可见，采用小送进量拔长时，拔长量大而展宽量小，有利于提高拔长效率。因此，通常多以小送进量进行拔长。但是送进量也不能过小，否则会增多压下次数，这在一定程度上将降低拔长效率。如采用型砧拔长，由于金属横向流动受到限制，迫使金属主要沿着轴向流动，所以与平砧相比拔长效率可提高 20% ~40%。

在坯料沿着轴向逐次送进拔长时，变形相当于一系列镦粗工序组合。通过采用网格法的拔长实验可看到（图 5-8），拔长具有与镦粗变形相类似的特征，即坯料侧表面产生鼓形，内部的变形分布不均匀。所不同的是拔长有刚端的影响,横向展宽相对减小,轴向伸长得到增加。但是必须指出,从拔长过程网格变化可看到(图 5-9),坯料各个部分都能充分变形,因而拔长后锻件内部组织比较均匀。这也就是拔长能够改善内部组织、提高锻件质量的原因所在。

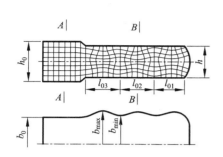

图 5-8　拔长过程中纵向剖面网格变化

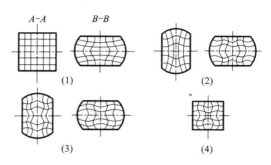

图 5-9　拔长过程中横向剖面网格变化

2. 拔长变形计算

采用平砧拔长矩形截面坯料时,高度方向压缩减少的金属体积,一部分沿纵向转移使坯料伸长,一部分沿横向转移使坯料展宽。拔长时坯料横截面的变化,如图 5-10 所示。一般情况下:$F_{III} < F_{I}$,上式也可写成:

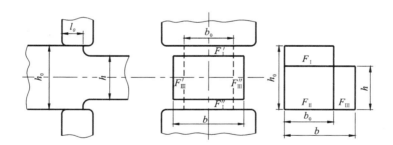

图 5-10　拔长时坯料横截面的变化

$$F_{III} = fF_{I} \tag{5-2}$$

$$f = \frac{F_{III}}{F_{I}} = \frac{h(b - b_0)}{b_0(h_0 - h)} \tag{5-3}$$

式中:F_{I}——坯料高度方向减小的面积,$F_{I} = F'_{I} + F''_{I}$;

　　　F_{III}——坯料宽度方向增加的面积,$F_{III} = F'_{III} + F''_{III}$;

　　　h_0、b_0——坯料拔长前的高度和宽度;

　　　h、b——坯料拔长后的高度和宽度。

系数 f 称为展宽强度系数(亦称恰列系数),它反映坯料拔长变形时展宽与伸长的关系。如 $f = 1$,即全部展宽,伸长为零。如 $f = 0$,即全部伸长,展宽为零。

拔长实际情况是既有伸长也有展宽,所以展宽强度系数 f 的变化范围为:$1 > f > 0$。

根据实验,展宽强度系数 f 取决于送料比 $\frac{l_0}{b_0}$、坯料尺寸 $\frac{h_0}{b_0}$,即 $f = \varphi\left(\frac{l_0}{b_0}; \frac{h_0}{b_0}\right)$。具体数值

可参考表 5 - 1 确定。

表 5 - 1　拔长宽展强度系数

$\dfrac{l_0}{b_0}$		0.5	0.6	0.7	0.8	1.0	1.2	1.4	1.6	1.8	2.0
f	$\dfrac{h_0}{b_0}=1$	0.19	0.23	0.27	0.30	0.37	0.43	0.48	0.54	0.55	0.58
	$\dfrac{h_0}{b_0}=2$	0.22	0.24	0.26	0.28	0.31	0.35	0.38	0.41	0.44	0.47

展宽强度系数 f 与锻比 K_L 和高度相对变形程度 ε_H 的关系如下：

$$K_L = \frac{F_1 + F_{\mathrm{II}}}{F_{\mathrm{III}} + F_{\mathrm{II}}} = \frac{h_0}{h + f(h_0 - h)} = \frac{1}{1 - \varepsilon_H(1 - f)} \qquad (5-4)$$

对一定尺寸的坯料，当 ε_H 与 f 已定时，可以算出锻比 K_L。从而，便能确定每次拔长后的锻坯尺寸，以及确定拔长所需的压下次数。

$$l = K_L l_0 \qquad (5-5)$$

$$h = h_0(1 + \varepsilon_H) \qquad (5-6)$$

$$b = \frac{F}{h} = \frac{F_0}{K_L h} = \frac{b_0}{K_L(1 - \varepsilon_H)} \qquad (5-7)$$

式中：F_0、F——坯料拔长前后的横截面积；

　　　　l——坯料压下一次后的变形区长度。

如沿坯料整个长度 L_0 压了一遍，坯料拔长后全长为 L，所需的压缩次数为 n，则

$$L = L_0 \cdot K_L \qquad (5-8)$$

$$n = \frac{L_0}{l_0} \qquad (5-9)$$

5.1.3　冲孔

在坯料上锻制出透孔或不透孔的工序叫作冲孔。

锻造各种带孔锻件和空心锻件时都需要冲孔，常用的冲孔方法有实心冲子冲孔（图 5 - 11）、在垫环上冲孔（图 5 - 12）和空心冲子冲孔三种。

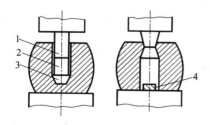

图 5 - 11　实心冲子冲孔
1—坯料；2—冲垫；3—冲子；4—芯料

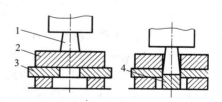

图 5 - 12　在垫环上冲孔
1—冲子；2—坯料；3—垫环；4—芯料

实心冲子冲孔过程如图 5 - 11，冲到深为坯料高度的 70% ~80% 时，将坯料翻转 180°，再用冲子从另一面把孔冲穿，因此又叫双面冲孔。

冲孔是局部加载、整体受力、整体变形。将坯料分为直接受力区(A 区)和间接受力区(B 区)两部分(图 5 - 13)。B 区的受力主要是由 A 区的变形引起的。

下面分析 A 区和 B 区的应力应变情况：

1. A 区

A 区金属的变形可看做是环形金属包围下的镦粗。A 区金属被压缩后高度减小，横截面积增大，沿径向外流，但受到环壁的限制，故处于三向受压的应力状态。通常 A 区内的金属不是同时进入塑性状态的。在冲头端部下面的金属由于摩擦力的作用成为难变形区，当坯料较高时，由于沿加载方向受力面积逐渐扩大，应力的绝对值逐渐减小，造成变形是由上往下逐渐发展的。随着冲头下降，变形区也逐渐下移(图 5 - 13)。由于是环

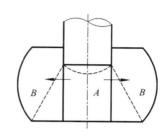

图 5 - 13　开式冲孔变形区分布

形金属包围下的镦粗，故冲孔时的单位压力比自由镦粗时要大，环壁愈厚，单位冲孔力也愈大。单位冲孔力的公式为：

$$p = \sigma_s \left(2 + 1.1 \ln \frac{D}{d}\right)$$

式中：D——坯料外径；

　　　d——冲孔直径。

可见 D/d 愈大，即环壁愈厚时，单位冲孔力 p 也愈大。

2. B 区

B 区的受力和变形主要是由于 A 区的变形引起的。由于作用力分散传递的影响，B 区金属在轴向也受一定的压应力，愈靠近 A 区其轴向压应力愈大。

冲孔时坯料的形状变化情况与 D/d 关系很大，如图 5 - 14 所示。一般有三种可能的情况：

$D/d \leqslant 2 \sim 3$ 时，高向拉缩现象严重，外径明显增大，如图 5 - 14(a)；

$D/d = 3 \sim 5$ 时，几乎没有拉缩现象，而外径仍有所增大，如图 5 - 14(b)；

$D/d > 5$ 时，由于环壁较厚，扩径困难，多余金属挤向端面形成凸台，如图 5 - 14(c)。

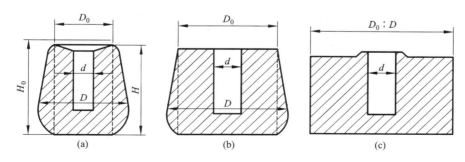

图 5 - 14　冲孔时坯料形状变化的情况

坯料冲孔后的高度,总是小于或等于坯料原高度 H_0。随着冲孔深度的增加,坯料高度将逐渐减小。但当超过某极限值后,坯料高度反而又增加,这是由于坯料底部产生翘底现象的缘故。D/d 的比值越小,拉缩现象越严重。这是由于 A 区的金属与 B 区的金属是同一连续整体,被压缩的 A 区金属必将拉着 B 区金属同时下移。这种作用的结果使上端面下凹,而高度减小。

综上所述,实心冲子冲孔时,坯料直径 D 与孔径 d 之比应大于 $2.5 \sim 3$,坯料高度 H_0 要小于坯料直径 D,即 $H_0 < D_0$。坯料高度可按以下考虑:

当 $\dfrac{D}{d} \geqslant 5$ 时,取 $H_0 = H$;

当 $\dfrac{D}{d} < 5$ 时,取 $H_0 = (1.1 \sim 1.2)H$。

式中:H——冲孔后要求的高度;

　　　H_0——冲孔前坯料的高度。

实心冲子冲孔的优点是操作简单,芯料损失较少。连皮高度为 $h = (0.7 \sim 0.75)H$。这种冲孔方法广泛用于孔径小于 $400 \sim 500\mathrm{mm}$ 的锻件。

在垫环上冲孔时坯料形状变化小,但芯料损失比较大,连皮高度为 $h = (0.7 \sim 0.75)H$。这种冲孔方法只适用于高径比 $H_0/D < 0.125$ 的薄饼锻件。

空心冲子冲孔就是冲头是圆筒形,冲孔时坯料形状变化较小,芯料损失大。这在锻造大型锻件时能将质量差的部分冲掉,为此在冲孔时应把锭坯冒口端向下。这种冲孔方法主要用于孔径在 $400\mathrm{mm}$ 以上的大锻件。

5.1.4　扩孔

减小空心坯料壁厚而增加其内外径的锻造工序叫扩孔。

常用的扩孔方法有冲子扩孔(图 5 - 15)、芯轴扩孔(图 5 - 16)。

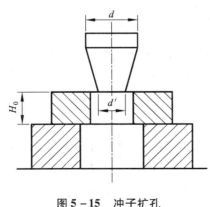

图 5 - 15　冲子扩孔

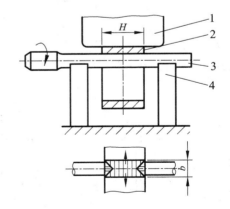

图 5 - 16　芯轴扩孔

1—锤头;2—锻件;3—芯轴;4—支架

1. 冲子扩孔

冲子扩孔(图 5 - 15)时,坯料径向受压应力,切向受拉应力,轴向受力很小。坯料尺寸的相应变化是壁厚减薄，内、外径扩大，高度有较小变化。

冲子扩孔所需的作用力较小，这是由于冲子的斜角较小，较小的轴向作用力可产生较大的径向分力，并在坯料内产生数值更大的切向拉应力。另外，坯料处于异号应力状态，较易满足塑性条件。

由于冲子扩孔时坯料切向受拉应力，容易胀裂，故每次扩孔量不宜太大。

冲子扩孔时锻件的壁厚受多方面因素的影响，例如，坯料壁厚不等时，将首先在壁薄处变形；如果原始壁厚相等，但坯料各处温度不同，则首先在温度较高处变形；如果坯料上某处有微裂纹等缺陷，则将在此处引起开裂。总之，冲子扩孔时，变形首先在薄弱处发生，因此如控制不当可能引起壁厚差较大。但是如果正确利用上述因素的影响规律也可能获得良好的效果。例如，扩孔前将坯料的薄壁处沾水冷却一下，以提高此处的变形抗力，将有助于减小扩孔后的壁厚差。

扩孔前坯料的高度尺寸按下式计算：

$$H_0 = 1.05H$$

式中：H_0—— 扩孔前坯料高度；

　　　H—— 锻件高度。

冲子扩孔一般用于 $D/d > 1.7$ 和 $H > 1.125D$ 的壁不太薄的锻件（D 为锻件外径）。壁较薄的锻件可以在马杠上采用芯轴扩孔。

2. 芯轴扩孔

芯轴扩孔时，变形区金属沿切向和宽度（高度）方向流动。这时除宽度（高度）方向的流动受到外端的限制外，切向的流动也受到限制（图 5 - 16）。外端对变形区金属切向流动阻力的大小与相对壁厚（t/d）有关。t/d 愈大，阻力也愈大。

芯轴扩孔时变形区金属主要沿切向流动。在扩孔的同时增大内、外径，其原因是：

（1）变形区沿切向的长度远小于宽度（即锻件的高度）。

（2）芯轴扩孔的锻件一般壁较薄，故外端对变形区金属切向流动的阻力远比宽度方向的阻力小。

（3）芯轴与锻件的接触面呈弧形，有利于金属沿切向流动。

因此，芯轴扩孔时锻件尺寸的变化是壁厚减薄，内外径扩大，宽度（高度）稍有增加。由于变形区金属受三向压应力，故不易产生裂纹破坏。因此，芯轴扩孔可以锻制薄壁的锻件。为保证壁厚均匀，锻件每次转动量和压缩量应尽可能一致。另外，为提高扩孔的效率，可以采用较窄的上砧（$b = 100 \sim 150mm$）。

5.1.5　锻造设备吨位选择

在制订锻造工艺规程时，首先应进行设备吨位选择。若选的设备吨位太小，锻件内部锻不透，而且生产率低；若设备吨位过大，不但浪费动力，提高锻造成本，而且操作也不灵便，还易打坏工具。因此，锻造设备吨位大小要适当。

确定锻造设备吨位的方法有理论计算法和经验类比法两种。

1. 理论计算法

理论计算法是根据塑性成形原理建立的公式，算出锻件成形所需的最大变形力（或变形功），按此选取设备吨位。尽管目前的一些理论计算公式还不够精确，但仍能给确定锻造设备的吨位提供一定依据。

在所有自由锻造工序中,镦粗工序的变形力(变形功)最大。很多锻造过程与镦粗有关,因此,一般常以镦粗力(镦粗功)的大小来选择设备。下面介绍工程上常用的主应力法关于变形力的计算方法。

用液压机锻造时,由于压下速度比较慢,通常是根据锻件成形所需的变形力 P 来选择设备吨位。

$$P = p \cdot F \tag{5-10}$$

式中: p ——坯料与工具接触面上的单位流动压力(也称平均单位压力);

　　　F ——坯料与工具的接触面在水平方向的投影面积。

因此,只要算出单位流动压力 p ,便可确定变形力 P 。

1)圆柱体坯料镦粗

当 $\dfrac{H}{D} \geqslant 0.5$ 时,单位流动压力可按下式计算:

$$p = \sigma_s \left(1 + \frac{\mu}{3} \frac{D}{H} \right) \tag{5-11}$$

式中: D 、 H ——镦粗终了时锻件的直径和高度;

　　　σ_s ——屈服应力,是坯料在相应变形温度和速度条件下的真实应力;

　　　μ ——摩擦系数,在热锻时 $\mu = 0.3 \sim 0.5$,热锻如无润滑,一般取 $\mu = 0.5$ 。

当 $\dfrac{H}{D} \leqslant 0.5$ 时,单位流动压力可用下式计算:

$$p = \sigma_s \left(1 + \frac{\mu}{4} \frac{D}{H} \right) \tag{5-12}$$

2)长方体坯料镦粗

长为 l 、宽为 a 、高为 H 的锻件,单位流动压力的计算公式为:

$$p = 1.15\sigma_s \left[1 + \frac{\mu\left(1 - \dfrac{1}{3}\dfrac{a}{l}\right)}{2} \cdot \frac{a}{H} \right] = 1.15\sigma_s \left[1 + \frac{3l - a}{6l}\mu\,\frac{a}{H} \right] \tag{5-13}$$

若为长板锻件,即 $l \gg a$, $\dfrac{a}{l}$ 较小时,则

$$p = 1.15\sigma_s \left(1 + \frac{\mu}{2} \frac{a}{H} \right) \tag{5-14}$$

若是方形锻件,即 $l = a$ 时,则

$$p = 1.15\sigma_s \left(1 + \frac{\mu}{3} \frac{a}{H} \right) \tag{5-15}$$

3)坯料进行拔长

采用上下平砧拔长矩形坯料时,可按下式计算单位流动压力:

$$p = 1.15\sigma_s \left(1 + \frac{\mu}{3} \cdot \frac{l_0}{h} \right) \tag{5-16}$$

式中: l_0 ——送进量;

　　　h ——锻件高度。

采用圆弧砧子拔长圆形坯料时,则按下式计算单位流动压力:

$$p = \sigma_s \left(1 + \frac{2}{3} \mu \frac{l_0}{d} \right) \qquad\qquad (5-17)$$

式中：d——锻件直径。

2. 经验类比法

经验类比法是在统计分析生产实践数据的基础上，整理出经验公式、表格和图线，根据锻件某些主要参数(如重量、尺寸、接触面积)，直接通过公式、表格或图线选定所需锻压设备吨位。锻锤吨位可按如下经验公式计算：

镦粗时　　　　　　$G = (0.002 \sim 0.003) kF$　　(kW)　　　(5-18)

式中：k——与坯料强度极限 σ_b 有关的系数，按表 5-2 确定；

　　　F——锻件镦粗后与锻锤的接触面积，mm^2。

拔长时　　　　　　$G = 2.5F$　　(kW)　　　(5-19)

式中：F——坯料横截面面积，cm^2。

自由锻锻锤的锻造能力范围，可参照表 5-3。

表 5-2　系数 k

σ_s /(N·mm^{-2})	k
400	3 ~ 5
600	5 ~ 8
800	8 ~ 13

表 5-3　自由锻锻锤的锻造能力范围

锻件类型	锻锤吨位/kN	2.5	5	7.5	10	20	30	50
圆饼	D/mm	< 200	< 250	< 300	≤ 400	≤ 500	≤ 600	≤ 750
	H/mm	< 35	< 50	< 100	< 150	< 250	≤ 300	≤ 300
圆环	D/mm	< 150	< 350	< 400	≤ 500	≤ 600	≤ 1000	≤ 1200
	H/mm	≤ 60	≤ 75	< 100	< 150	≤ 200	< 250	≤ 300
圆筒	D/mm	< 150	< 175	< 250	< 275	< 300	< 350	≤ 700
	d/mm	≥ 100	≥ 125	> 125	> 125	> 125	> 150	> 500
	L/mm	≤ 150	≤ 200	≤ 275	≤ 300	≤ 350	≤ 400	≤ 550
圆轴	D/mm	< 80	< 125	< 150	≤ 175	≤ 225	≤ 275	≤ 350
	G/kg	< 100	< 200	< 300	< 500	≤ 750	≤ 1000	≤ 1500
方块	$H = B$/mm	≤ 80	≤ 150	≤ 175	≤ 200	≤ 250	≤ 300	≤ 450
	G/kg	< 25	< 50	< 70	≤ 100	≤ 350	≤ 800	≤ 1000
扁方	B/mm	≤ 100	≤ 160	< 175	≤ 200	< 400	≤ 600	≤ 700
	H/mm	≥ 7	≥ 15	≥ 20	≥ 25	≥ 40	≥ 50	≥ 70
成形锻件	G/kg	5	20	35	50	70	100	300
吊钩	起重量/t	3	5	10	20	30	50	75
钢锭直径/mm		125	200	250	300	400	450	600
钢坯边长/mm		100	175	225	275	350	400	550

注：D—锻件外径；d—锻件内径；H—锻件高度；B—锻件宽度；L—锻件长度；G—锻件重量。

5.1.6 自由锻锻件的结构工艺性

　　由于自由锻只限于使用简单的通用工具成形,因此自由锻件外形结构的复杂程度受到很大限制。典型的自由锻锻件如图5-17所示。

　　在设计自由锻锻件时,除满足使用性能的要求外,还应考虑锻造时是否可能,是否方便和经济,即零件结构要符合自由锻的工艺性要求。自由锻零件的结构工艺性具体要求见表5-4。

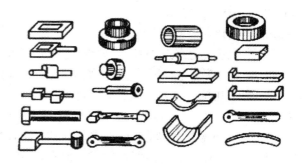

图5-17　典型的自由锻锻件

表5-4　自由锻零件的结构工艺性

工　艺　要　求	合理结构	不合理结构
1. 尽量避免锥体或斜面结构		
2. 应避免圆柱面与圆柱面相交		
3. 避免椭圆形、工字形或其他非规则形状截面及非规则外形		
4. 避免加强筋和凸台等结构		
5. 复杂件设计成为由简单件构成的组合体		

5.2　模锻

　　模锻是把热态金属坯料放在具有一定形状和尺寸的锻模模膛内承受冲击力或静压力产生

变形而获得锻件的加工方法。与自由锻相比,模锻生产率要高几倍乃至几十倍,锻出的锻件形状复杂程度高,加工余量少,尺寸精确,锻件纤维分布合理,力学性能较高。但模锻锻模加工成本高,因而只适用于大批量生产。由于模锻时工件是整体变形,受设备能力限制,一般仅用于锻造 450 kg 以下的中小型锻件。

5.2.1　概述

锻模一般由上模和下模组成,下模固定在砧座(或工作台)上,上模固定在锤头(或压力机的滑块)上,并同锤头一起作上、下运动。坯料置于下模腔,当上、下模腔合拢时,坯料受锤击(或压力)变形充满模腔,最后获得与模腔形状一致的模锻件。锻件从模腔中取出,多数带有飞边,还需用切边模切除飞边,切边时可能引起锻件变形,又需要进行校正。

1. 锻模的各类模腔

锻模模腔按其作用可分为模锻模腔和制坯模腔两大类。

(1)模锻模腔。包括终锻模腔和预锻模腔。

终锻模腔是锻件最终成形的模腔。模腔尺寸应为模锻件图的相应尺寸加上收缩量(铝合金锻件的收缩量为 0.7% ~0.8%,钢质锻件约为 1% ~1.5%)。模腔分模面周围有飞边槽,起阻流、缓冲和调节金属量以保证终锻成形、尺寸精度等作用。

预锻模腔是当锻件形状较复杂时,须经过预锻,以保证终锻成形饱满,延长模腔使用寿命。预锻模腔的形状、尺寸与终锻模腔相近,但具有较大的斜度和圆角,没有飞边槽。

(2)制坯模腔。为使坯料具有与锻件相适应的截面变化和形状,复杂形状的锻件多需预先制坯。制坯模腔包括镦粗平台、拔长模腔、滚压模腔、弯曲模腔、切断模腔等。

镦粗平台。置于锻模一角,对于圆盘类锻件,用来将坯料镦粗,然后再放入终锻模腔完成终锻。

拔长模腔。用来减少坯料某部分横截面积并增加其长度。操作时须送进并翻转。

滚压模腔。用来减小坯料某部分横截面积以增大另一部分横截面积。坯料可直接或先经拔长而送入滚压模腔,操作时须不断翻转。

弯曲模腔。用来使坯料某部分弯曲变形。

切断模腔。它是在上模与下模的角上组成一对切口,用来切下已锻好的锻件。形状简单的锻件,在锻模上只需一个终锻模腔;形状复杂的锻件,根据需要可在锻模安排多个模腔。图 5-18 是弯曲连杆锻件的锻模(下模)及模锻工序图。锻模上有 5 个模腔。坯料经拔长、滚压、弯曲 3 个制坯工序,使截面变化,并使轮廓与锻件相适应,再经预锻、终锻制成带有飞边的锻件。最后在切边模上切去飞边。

2. 模锻件图的制定

模锻件图(图 5-19)是制定模锻工艺的基础,也是设计和制造锻模的依据,它是根据零件图制定的。制定时应考虑以下几点:

(1)分模面。分模面是上、下模的分界面,选择分模面时应符合下述原则:保证锻件能顺利从模腔中取出;应使模腔浅而宽,以利于金属充满模腔和便于模腔加工;应使上下两模的模腔轮廓一致,以便易于发现上、下模的相对位移;应尽量选择平直分模面,避免产生水平分力;简化锻模制造,便于切除飞边等。按照这些原则综合分析,图 5-20 中的 $d-d$ 面是最合理的分模面。

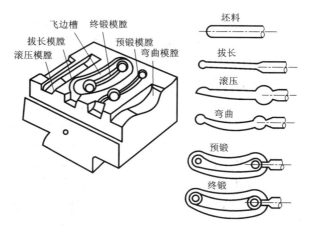

图 5 – 18 　连杆锻模 (下模膛) 与模锻工序

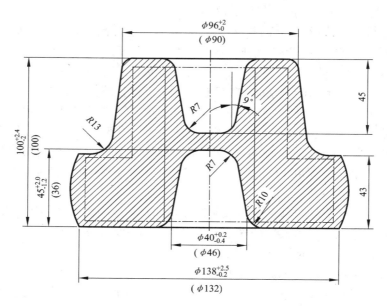

图 5 – 19 　模锻件图

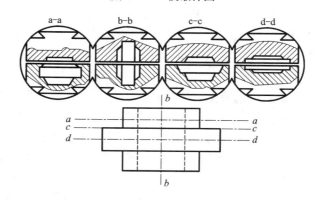

图 5 – 20 　分模面的选择比较

（2）锻件的公差、加工余量及敷料。由于锻件尺寸比较精确，表面粗糙度不高，故其公差和加工余量都较自由锻件小。公差一般为 ±（0.3～3）mm，加工余量一般为 1～4 mm。与钢、钛合金等相比，铝合金在模锻过程中的表面氧化、污染及金相组织变化均不明显，因此其锻件的机加工余量应当小一些（实际应用时参照相应国家标准）。阻碍锻件从模膛中取出的凹槽、凹台等应加上敷料，不予锻出。

（3）冲孔连皮直径小于 30 mm 的孔，一般不锻出；直径大于 30 mm 的孔，不能直接冲透，必须在孔内保留一层冲孔连皮，其厚度一般为 4～8mm。

（4）模锻斜度。为使锻件易于从模膛中取出，沿锤击方向的表面应有模锻斜度，外壁约为 5°～15°。当模膛深度大而宽度小时，取较大值。考虑到锻件在冷却时容易与内壁夹紧，所以内壁斜度要比外壁斜度大 2°～3°。

（5）圆角半径。锻件上所有两平面交角处均应做成圆角，以利于金属充满模膛和提高锻模寿命。通常锻件的外圆角半径取 1.5～12mm，内圆角半径较外圆角半径大 2～3 倍。

从模锻的成形方式上，可分为开式模锻和闭式模锻。下面分别介绍其变形特点。

5.2.2　开式模锻

为获得图 5－21(a)所示的锻件，将坯料放在孔板间进行镦挤[图 5－21(b)]，使金属挤入孔内。坯料内各处的金属由于受力情况不同分别向两个方向流动，即沿径向流入两垫环的空隙处和沿轴向流入垫环的孔内。在坯料内每一瞬间都有一个流动的分界面，分界面的位置取决于沿两个方向流动的阻力大小。因此，为使较多的金属流入孔内，必须增加沿径向外流的阻力，于是人们在实践中改进了工具，将孔板改为模具[图 5－21(c)]。这样，除了垂直方向的模壁引起阻力外，由于飞边部分减薄，径向阻力增大，保证了金属流入孔内充满模膛。最后，多余的金属由飞边处流出，即是开式模锻。开式模锻时，金属变形流动过程见图 5－22，由图中可看出模锻变形过程可以分为三个阶段：第 Ⅰ 阶段是由开始模压到金属与模具侧壁接触为止；第 Ⅰ 阶段结束到金属充满模膛为止是第 Ⅱ 阶段；金属充满模膛后，多余金属由桥口流出，此为第 Ⅲ 阶段。下面分析各阶段的应力应变和金属变形流动的特点，并讨论各因素对金属充填模膛的影响。

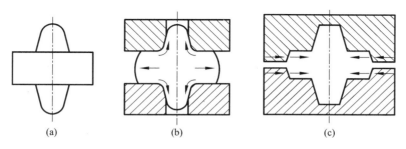

图 5－21　孔板间镦粗和开式模锻

1．开式模锻各阶段的应力应变分析

1）第 Ⅰ 阶段

第 Ⅰ 阶段是由开始模压到金属与模具侧壁接触为止，这阶段如同孔板间镦粗（在没有孔腔时相当于自由镦粗），由于金属流动没有受到模壁的阻碍，此阶段变形力最小。

2）第Ⅱ阶段

第Ⅱ阶段，金属有两个流动方向，金属一方面充填模腔，另一方面由桥口处流出形成飞边，并逐渐减薄。这时由于模壁阻力，特别是飞边桥口部分的阻力（当阻力足够大时）作用，迫使金属充满模腔。由于这一阶段金属向两个方向流动的阻力都很大，处于明显的三向压应力状态，变形抗力迅速增大。

3）第Ⅲ阶段

第Ⅲ阶段主要是将多余金属排入飞边。此时变形仅发生在分模面附近的一个碟形区域内（图5－22），其他部位则处于弹性状态。此阶段由于飞边厚度进一步减薄和冷却等关系，多余金属由桥口流出时的阻力很大，使变形抗力急剧增大。

第Ⅲ阶段是锻件成形的关键阶段，也是模锻变形力最大的阶段，从减小模锻所需的能量来看，希望第Ⅲ阶段尽可能短些。因此研究锻件的成形问题，主要研究第Ⅱ阶段，而计算变形力时，则应按第Ⅲ阶段。

2. 开式模锻时影响金属成形的主要因素

从开式模锻变形金属流动过程可以看出，变形金属的具体流动情况主要取决于各流动方向上阻力间的关系，此外，载荷

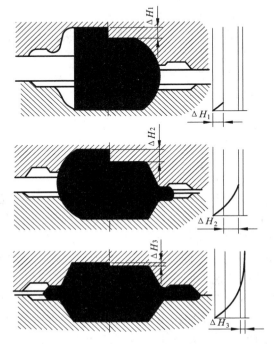

图5－22 开式模锻时金属流动的三个阶段

性质（即设备工作速度）等也有一定影响。开式模锻时影响金属变形流动的主要因素有：模腔的结构、飞边槽的尺寸和位置、坯料的形状和尺寸、温度不均引起的各部分金属变形抗力的差异、设备工作速度等。

1）模腔结构的影响

从模腔结构看，使金属以镦粗方式比以挤入方式更容易充填模腔。除此以外，模腔的阻力与下列因素有关：

（1）变形金属与模壁的摩擦系数；

（2）模壁斜度；

（3）孔口圆角半径；

（4）模腔的宽度与深度；

（5）模具温度。

孔壁加工的表面光滑和润滑较好时，摩擦阻力小，有利于金属充满模腔。

模腔制成一定的斜度是为了模锻后锻件易于从模腔内取出，但是模壁斜度对金属充填模腔是不利的。因为金属充填模腔的过程实质上是一个变截面的挤压过程，当模壁斜度愈大时，所需的挤压力 F 也愈大。

　　模具孔口的圆角半径 R 对金属流动的影响很大，当 R 很小时，金属质点要拐一个很大的角度再流入孔内，需消耗较多的能量，故不易充满模膛，而且 R 很小时，还可能产生折叠和切断金属纤维。同时此处温度升高较快，模具容易被压塌。R 太大，则增加金属消耗和机械加工量。总的看来，为保证锻件质量，圆角半径 R 应适当。

　　模膛窄和深时，使金属以挤入方式成形，金属向孔内流动时的阻力增大，孔内金属温度容易降低，充满模膛困难。

　　模具温度较低时，金属流入孔部后，温度很快降低，变形抗力增大，使充填模膛困难，尤其当孔口窄（小）时更为严重。

　　2）飞边槽的影响

　　常见的飞边槽形式如图 5-23 所示。它包括桥口和仓部。桥口的主要作用是阻止金属外流，迫使金属充满模膛；另外，它使飞边厚度减薄，以便于切除。仓部的作用是容纳多余的金属，以免金属流到分模面上，影响上、下模打靠。

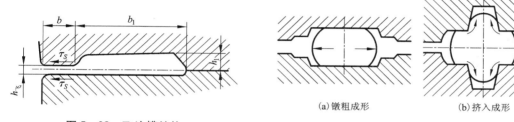

　　　　图 5-23　飞边槽结构　　　　　　　　图 5-24　金属充满模膛的形式

　　设计飞边槽主要是确定桥口的高度和宽度。桥口阻止金属外流的作用是由于沿上、下接触面摩擦阻力作用的结果。这一摩擦阻力的大小为 $2b\tau$，（设摩擦力达最大值，等于 τ）。由该摩擦力在桥口处引起的径向压应力（或称桥口阻力）为：

$$\sigma_1 = 2b\tau_s / h_{飞}$$

　　即桥口阻力的大小与 b 和 $h_{飞}$ 有关。桥口愈宽，高度愈小，亦即 $b/h_{飞}$ 愈大，阻力愈大。

　　从保证金属充满模膛出发，希望桥口阻力大一些。但是若过大，变形抗力将会很大，可能造成上、下模不能打靠等问题。因此阻力的大小应取得适当，应当根据模膛充满的难易程度来确定，当模膛较易充满时，$b/h_{飞}$ 取小一些，反之取大一些。如对镦粗成形的锻件［图 5-24（a）］，因金属容易充满模膛，$b/h_{飞}$ 应取小一些。对挤入成形的锻件［图 5-24（b）］，金属较难充满模膛，$b/h_{飞}$ 应取大一些。

　　桥口部分的阻力除了与 $b/h_{飞}$ 有关外，还与飞边部分的变形温度有关。变形过程中，如果此处金属的温度降低很快，则此处金属的变形抗力高，从而使桥口处的阻力增大。

　　3）设备工作速度的影响

　　设备工作速度高时，金属变形流动的速度也快。这将使摩擦系数有所降低；同时，金属流动的惯性和变形热效应等都有助于充填模膛。例如，在高速锤上模锻时，由于变形金属具有很高的流动速度，变形金属容易充填模膛，可以锻出厚度为 1.0～1.5 mm 的薄肋；相比而言，在模锻锤上一般是 1.5～2mm；而在压力机上，则是 2～4 mm。

5.2.3　闭式模锻

闭式模锻亦称无飞边模锻。即在成形过程中模膛是封闭的,分模面间隙是常数。其优点是:①减少飞边材料损耗(飞边金属约为锻件重量的10%~50%,平均约为30%);②节省切边设备;③有利于金属充满模膛,有利于进行精密模锻;④闭式模锻时金属处于明显的三向压应力状态,有利于低塑性材料的成形。

闭式模锻能够正常进行的必要条件主要是:①坯料体积准确;②坯料形状合理并能在模膛内准确定位;③能够较准确地控制打击能量或模压力;④有简便的取料措施或顶料机构。由于以上条件,使闭式模锻的应用受到一定限制。

1. 闭式模锻的变形过程分析

闭式模锻的变形过程如图5-25所示,变形可分为三个阶段:①基本成形阶段;②充满阶段;③形成纵向飞边阶段。各阶段模压力的变化情况如图5-25所示。

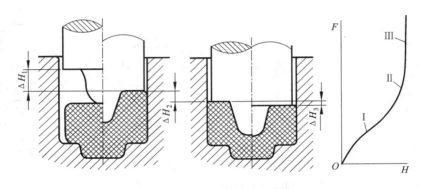

图5-25　闭式模锻变形过程

1)第Ⅰ阶段:基本成形阶段

第Ⅰ阶段由开始变形至金属基本充满模膛,此阶段变形量最大,但变形力的增加相对较慢。根据锻件和坯料的情况,金属在此阶段的变形流动可能是镦粗成形、挤入成形或者是冲孔成形。

2)第Ⅱ阶段:充满阶段

第Ⅱ阶段是由第Ⅰ阶段结束到金属完全充满模膛为止。此阶段结束时的变形力比第Ⅰ阶段末可增大2~3倍,但变形量 ΔH_2 却很小。

无论在第Ⅰ阶段以什么方式成形,在第Ⅱ阶段的变形情况都是类似的,此阶段开始时,坯料端部的锥形区和坯料中心区都处于三向(或接近三向)等压应力状态(图5-26),不发生塑性变形。坯料的变形区位于未充满处附近的两个刚性区之间(图中阴影处),并且随着变形过程的进行逐渐缩小,最后消失。

此阶段作用于上模和模膛侧壁的正应力 σ_z 和 σ_c 的分布情况如图5-26所示。

锻件的高径比 H/D 对 F_0/F 的影响如图5-27所示。

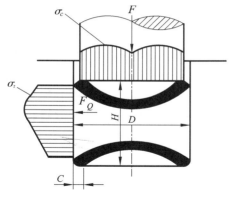

图 5 - 26　充满阶段受力特点

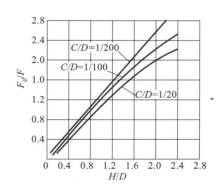

图 5 - 27　锻件径高比（H/D）对 F_Q/F 的影响

3）第Ⅲ阶段：形成纵向飞边阶段

此时坯料基本上已成为不变形的刚性体，只有在极大的模压力作用下，或在足够的打击能量作用下，才能使端部的金属产生变形流动，形成纵向飞边。飞边的厚度越薄、高度越大，模腔侧壁的压应力也越大。这样大的压应力容易使模腔迅速损坏。

这个阶段的变形对闭式模锻有害无益，是不希望出现的。它不仅影响模具寿命，而且容易产生过大的纵向飞边，使锻出模以及飞边清除比较困难。

上述分析表明：

（1）闭式模锻变形过程宜在第Ⅱ阶段末结束，即在形成纵向飞边之前结束，允许在分模面处有少量充不满或仅形成很矮的纵向飞边。

（2）模壁的受力情况与锻件的 H/D 有关，H/D 越小，模壁受力状况越好。

（3）坯料体积的精确性对锻件尺寸和是否出现纵向飞边有重要影响。

（4）打击能量或模压力是否合适影响闭式模锻的成形情况。

（5）坯料形状尺寸和在模腔中的位置对金属分布的均匀性有重要影响。坯料形状不合适和定位不正确，将可能使锻件一边已产生飞边而另一边尚未充满。生产中，整体都变形的坯料一般以外形定位，而仅局部变形的坯料则以不变形部位定位。为防止模锻过程中产生纵向弯曲引起"偏心"流动，对局部镦粗成形的坯料，应使变形部分的高径比 $H_0/D_0 < 1.4$；对冲孔成形的坯料，一般使 $H_0/D_0 < 0.9 \sim 1.1$。

2. 坯料体积和模腔体积变化对锻件尺寸的影响

闭式模锻时，坯料体积和模腔体积的变化主要反映在锻件的高度尺寸上，锻件高度尺寸偏差值 ΔH 与坯料体积和模腔体积偏差值 ΔV 的关系如下：

$$\Delta H = \frac{4 \Delta V}{\pi D^2}$$

式中：D——锻件最大外径。

由上式可以看出，锻件的最大外径对高度偏差值有很大影响。影响 ΔV 值的因素有两方面：一方面是影响坯料实际体积的因素，其中主要是坯料直径和下料长度的公差、烧损量的变化、实际锻造温度的变化等；另一方面是影响模腔实际体积的因素，其中主要是模腔的磨损、压机的弹性变形量的变化、锻模温度的变化等。

5.2.4 锻锤吨位计算

为了获得优质锻件并节省能量，保持正常的生产率、锻模使用寿命及锻锤工作状态，选用适当吨位的锻锤也是至关重要的。时至今日，对模锻成形过程与变形力的关系，理性认识仍很不够，虽有不少分析的理论计算方法，但由于工艺因素复杂，在计算上都有不同程度的偏差。在生产上，为方便起见，多用从经验中总结出来的经验或经验－理论公式进行快速的运算以确定吨位；更为简易的办法是，参照相似锻件直接判断所需锻锤吨位。这里仅简单介绍几种经验公式：

双动模锻锤 $\qquad G = (3.5 \sim 6.3)k \cdot S_{件}$ （N）

单动模锻锤 $\qquad G_1 = (1.5 \sim 1.8)G$ （N）

无砧座锤 $\qquad\qquad G_2 = 2G$

式中：$S_{件}$——锻件和毛边（按仓部的50%计算）在水平面上的投影面积，mm^2；

$\qquad k$——材料系数，查阅相关加工手册确定。

当要求高的生产率时，公式中的经验系数可用6.3，一般取3.5~6.3之间的数值。

5.2.5 模锻件的结构工艺性

设计模锻零件时，应根据模锻特点和工艺要求，使其结构与模锻工艺相适应，以便于模锻生产和降低成本。为此，锻件的结构应符合下列原则：

（1）模锻零件应具有合理的分模面，选定分模原则详见5.2.1节中模锻件图的制定。

（2）模锻零件上，除与其他零件配合的表面外，均应设计为非加工表面。这是因为模锻件的尺寸精度较高，表面粗糙度值较小。模锻件的非加工表面之间形成的角应设计模锻圆角，与分模面垂直的非加工表面，应设计出模锻斜度。

（3）零件的外形力求简单、平直、对称，避免零件截面间差别过大，或具有薄壁、高肋等不良结构。一般说来，零件的最小截面与最大截面之比不要小于0.5，否则不易于模锻成形。如图5－28(a)所示零件的凸缘太薄、太高，中间下凹太深，金属不易充型。图2－28(b)所示零件过于扁薄，薄壁部分金属模锻时容易冷却，不易锻出，对保护设备和锻件也不利。图5－28(c)所示零件有一个高而薄的凸缘，使锻件的制作和锻件的取出都很困难。改成如图5－28(d)所示形状则较易锻造成形。

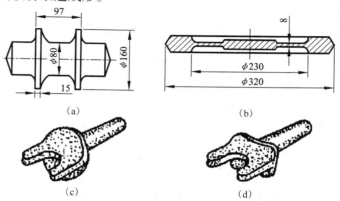

图5－28 模锻件结构工艺性

（4）在零件结构允许的条件下，应尽量避免有深孔或多孔结构。孔径小于 30mm 或孔深大于直径两倍时，锻造困难。如图 5-29 所示齿轮零件，为保证纤维组织的连贯性以及更好的力学性能，常采用模锻方法生产，但齿轮上的四个 ϕ20mm 的孔不方便锻造，只能采用机加工成形。

（5）对复杂锻件，为减少工艺余块，在可能的条件下，应采用锻造—焊接或锻造—机械连接组合工艺，如图 5-30 所示。

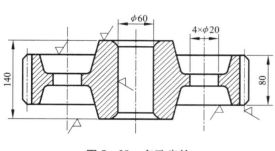

图 5-29　多孔齿轮

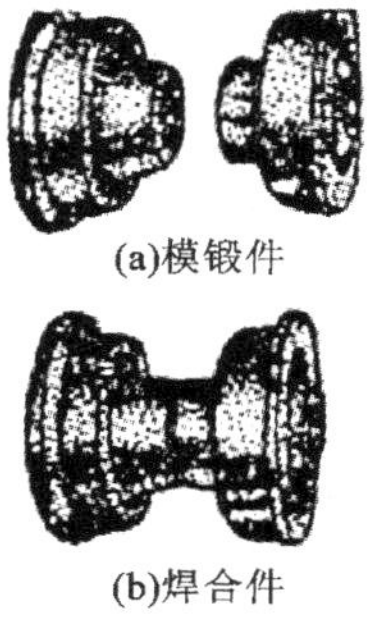

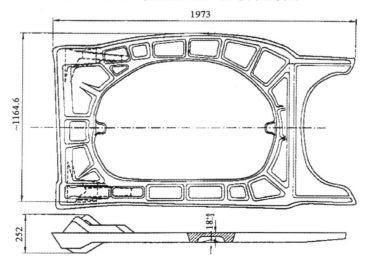

(a)模锻件

(b)焊合件

图 5-30　锻—焊结构模锻零件

5.2.6　模锻工艺举例

模锻是有色金属构件成形的重要技术，尤其对于航空航天用高强度铝合金锻件，模锻成形是关键工序之一。如图 5-31 所示的框架模锻件是某型号飞机机翼与机身的重要连接件。锻件材料为 2A14-T4 铝合金。该锻件形状复杂，制坯难度大，带筋肋面系非加工面，截面变化悬殊，性能和精度要求高。该锻件先在 6000 kN 水压机上通过自由锻造镦拔制坯，其后分别在 10000 kN、20000 kN 和 30000 kN 水压机上经六火模锻成形。

图 5-31　某型号飞机铝合金模锻件

该锻件的加工工艺过程见表5-5。

表5-5　2A14-T4铝合金框架锻造工艺过程

工序名称	设备	操作内容	备注
1. 备料	电炉	熔铸2A14合金铸锭	
2. 铸锭均匀化	电炉	按右列规范均匀化处理	加热到 $470^{+20}_{-10}℃$ 保温 24 h,随冷炉冷却
3. 铸定加热	电炉	按右规范加热铸锭。锻压温度 470~350℃	加热到 $450^{+20}_{-10}℃$ 送锻造
4. 制坯	6000 kN 水压机	(1)将铸锭镦粗至 450 mm (2)将坯料镦拔成偏方 (3)在扁方坯上压制出两凸耳及拔长、展宽	
5. 酸洗	酸洗槽	清洗掉表面氧化皮	
6. 打磨	风动力铣刀	清除坯料表面缺陷	
7. 坯料加热	电炉	按右规范加热坯料	加热到 $450^{+20}_{-10}℃$
8. 锻造	水压机	锻造温度 470~440℃ (1)第一火在预锻模内以 100000 kN 级压力预压 (2)第二火以 200000 kN 级压力终压 (3)第三火以 300000 kN 级压力终压,欠压 15~25 mm (4)第四火以 300000 kN 级压力终压,欠压 10~20 mm (5)第五火以 300000 kN 级压力终压,欠压 7~15 mm (6)第六火以 300000 kN 级压力终锻,并达到公差要求	
9. 切边	带锯及铣床	在工序8的(3)(4)(5)(6)工步后,都须切掉毛边	
10. 固溶处理	热处理炉	按右列规范热处理	加热到 501~504℃ 保温 3 h,在 50℃ 水中淬火
11. 矫正	液压机	将热处理变形的锻件矫直	
12. 时效处理	空气循环电炉	按右列规范时效处理	加热到 $150^{+5}_{0}℃$
13. 酸洗	酸洗槽	清除锻件表面氧化皮	
14. 最终检验		(1)超声波探伤:逐件按规定部位检验,A级标准探伤 (2)抽一件进行高、低倍组织检查 (3)力学性能检查,每批抽一件在规定部位取样试验	

5.3　冲压成形

5.3.1　冲裁

1.冲裁变形过程

1)剪切区应力状态分析

图 5-32 所示是模具对板料进行冲裁时的情形。当凸模下降至与板料接触时,板料就受到凸、凹模端面的作用力。由这种作用力产生的力矩使板料发生弯曲。由于板料与模具接触区域狭小,凸、凹模作用于板料的垂直压力分布不均匀,向模具刃口方向急剧增大。

冲裁时,由于板料弯曲的影响,其剪切区的应力状态复杂,且与变形过程有关。对于无卸料板压紧板料的冲裁,其剪切区应力状态如图 5-33 所示。其中 σ_1 为径向应力,σ_2 为切向应力,σ_3 为轴向应力。

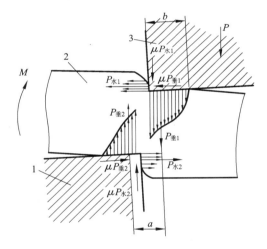

图 5-32　冲裁时作用于板料上的力

1—凹模;2—板料;3—凸模

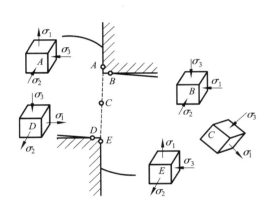

图 5-33　冲裁应力状态图

2)冲裁过程

冲裁过程包括弹性变形、塑性变形和断裂三个阶段。当凸模下降到接触板料时,凸模开始对板料加压,由于力矩 M 的存在,使板料产生弹性压缩并有弯曲,且稍微压入凹模腔口。随着凸模下压,模具刃口压入板料,当应力状态满足塑性条件时,产生塑性变形,在塑性变形的同时还伴有纤维的弯曲与拉伸。随着变形的增加,刃口附近产生应力集中,一直达到最大值。当刃口附近材料中应力达到破坏应力,便在凸、凹模刃口侧面产生微裂纹,并沿最大剪应力方向向材料内部发展,使材料分离。

3)冲裁件断面情况

冲裁件的断面有三个特征区,即圆角带、光亮带和断裂带(图 5-34)。圆角带是由于纤维弯曲和拉伸所致,软材料比硬材料的圆角大。光亮带是在侧压力作用下切刃相对板料滑移的结果。一般占全断面的 1/2~1/3。断裂带是微裂纹在拉应力作用下扩展所形成的撕裂面，使断面粗糙，且有一定斜度。零件断面各带的大小随模具间隙、模具结构和刃口状态等因素不同而变化。

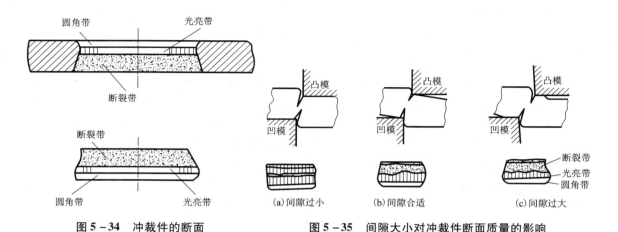

图 5-34　冲裁件的断面　　　　　　　　图 5-35　间隙大小对冲裁件断面质量的影响

2. 冲裁间隙

冲裁间隙是指凸、凹模刃口间缝隙的大小，一般称单面间隙。

1) 间隙对冲裁件质量的影响

冲裁件质量是指断面质量、尺寸精度及形状精度。断面应平直、光洁，尺寸应保证不超过图纸规定的公差范围，表面要尽可能平整。

(1) 间隙对断面质量的影响

冲裁时，裂纹不一定从凸、凹模刃口同时发生，上下裂纹是否重合与凸、凹模间隙值有关。间隙合理时，上下刃口处产生的裂纹在冲裁过程中将相互重合。此时冲出的制件断面虽有一定斜度，但比较平直、光洁，毛刺很小[如图 5-35(a)]，且冲裁力小。

间隙过小时，凹模刃口处产生的裂纹进入凸模下的压应力区后扩展受到抑制。当凸模继续下压时，在上、下裂纹中间将产生二次剪切，零件断面的中部留下撕裂面[如图 5-35(b)]。此时，两头呈光亮带，端面出现毛刺，但易去除。制件穹弯小，断面垂直。因此，只要中间撕裂不太深，仍可应用。

间隙过大时，材料的弯曲与拉伸增大，拉应力增大，材料易被撕裂。裂纹在离刃口稍远的侧面上产生，致使零件光亮带减小，圆角与斜度都增大，毛刺大而厚，难以去除[如图 5-35(c)]。

(2) 间隙对尺寸精度的影响

冲裁件的尺寸精度指冲裁件的实际尺寸与公称尺寸的差值 δ。差值越小，则精度越高。这个差值包括两方面的偏差，即冲裁件相对于模具尺寸的偏差和模具本身的制造偏差。

冲裁件相对于模具尺寸的偏差，主要是因为板料冲裁过程中伴随挤压变形、纤维伸长和穹弯发生的弹性变形，在零件脱离模具时消失所造成的。偏差值可能是正的，也可能是负的。影响这一偏差的主要因素是模具间隙(如图 5-36)。零件的材料性质、形状及尺寸对此也有一定影响。

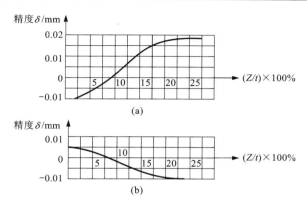

图 5 – 36　间隙对冲裁件精度的影响

材料：黄铜，料厚：4 mm

（a）冲孔；（b）落料

2）间隙对冲裁力的影响

随着模具间隙的减小，冲裁力增大，这是因为间隙小，弯矩 M 减小，材料所受拉应力减小，而压应力增大。增大间隙，冲裁力减小，但继续增大间隙值，由于从凸、凹模刃口产生的裂纹不重合，所以冲裁力下降变缓。

3）间隙对模具寿命的影响

冲裁模具的寿命通常以保证获得合格产品的冲裁次数表示。冲裁过程中模具的损坏形式主要是磨钝、崩刃和凹模刃口涨裂。

增大间隙可使冲裁力减小，因而模具的磨损也减小。但间隙取得太大，因弯矩与拉应力增大，使模具刃口损坏。一般间隙为材料厚度的 10% ~ 15% 时，磨损最小，模具寿命较高。当间隙小时，落料件卡在凹模洞口，可能引起模具开裂。

为了提高模具寿命，一般采用较大的间隙。若采用较小的间隙，就必须提高模具硬度和模具制造精度，改善润滑条件，以减小磨损。

4）合理间隙值的确定

（1）理论方法。由以上分析可知，凸、凹模间隙对冲裁件质量、冲裁力、模具寿命等都有很大影响。因此，在设计和制造模具时必须选择一个合理的间隙值，使冲裁件质量好，尺寸精度高，所需冲裁力小，模具寿命高。但是，分别从这些方面确定的合理间隙值并不是同一个数值，只是彼此接近。考虑到模具制造中的偏差及使用中的磨损，生产

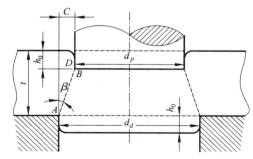

图 5 – 37　合理间隙值的确定

中通常选择一个适当的范围作为合理间隙。在此范围内选用间隙值可以获得合格的零件。这个范围的最小值称为最小合理间隙，最大值称为最大合理间隙值。由于模具在使用过程中的磨损使间隙增大，设计与制造新模具时采用最小合理间隙值。

确定合理间隙值的理论方法的依据是保证凸、凹模刃口处产生的裂纹重合。由图 5 – 37 中可以得到合理间隙的计算公式如下：

$$C = t(1 - h_0/t)\tan\beta \qquad\qquad (5-20)$$

式中：C——间隙；

　　　t——板料厚度；

　　　h_0——凸模压入深度；

　　　β——破裂时的倾角。

上式表明，间隙 C 与板料厚度及材料性质有关。

（2）经验方法。经验方法也是根据材料的性质与厚度来确定最小合理间隙值。建议按下列数据确定双面间隙值：

软材料：$t < 1$ mm　　　$C = (6\% \sim 8\%)t$

　　　　　$t = 1 \sim 3$ mm　　$C = (10\% \sim 15\%)t$

　　　　　$t = 3 \sim 5$ mm　　$C = (15\% \sim 20\%)t$

硬材料：$t < 1$ mm　　　$C = (8\% \sim 10\%)t$

　　　　　$t = 1 \sim 3$ mm　　$C = (11\% \sim 17\%)t$

　　　　　$t = 3 \sim 5$ mm　　$C = (17\% \sim 25\%)t$

间隙值也可按表 5-6 确定。试验研究结果与实践经验表明，对于尺寸精度和断面垂直度要求高的零件，应选用较小的间隙值。

表 5-6　冲裁模初始双面间隙值

材料厚度 /mm	软铝		紫铜、黄铜、含碳 0.08%~0.2% 的软钢		杜拉铝、含碳 0.3%~0.4% 的中等硬钢		含碳 0.5%~0.6% 的碳钢	
	Z_{min}	Z_{max}	Z_{min}	Z_{max}	Z_{min}	Z_{max}	Z_{min}	Z_{max}
0.2	0.008	0.012	0.010	0.014	0.012	0.016	0.014	0.018
0.3	0.012	0.013	0.015	0.021	0.018	0.024	0.021	0.027
0.4	0.016	0.024	0.020	0.028	0.020	0.032	0.028	0.036
0.5	0.020	0.030	0.025	0.035	0.030	0.040	0.035	0.045
0.6	0.024	0.036	0.030	0.042	0.036	0.048	0.042	0.054
0.7	0.028	0.042	0.035	0.049	0.042	0.056	0.049	0.063
0.8	0.032	0.048	0.040	0.056	0.048	0.064	0.056	0.072
0.9	0.036	0.054	0.045	0.063	0.054	0.072	0.063	0.081
1.0	0.040	0.060	0.050	0.070	0.060	0.080	0.070	0.090
1.2	0.050	0.084	0.072	0.096	0.084	0.108	0.096	0.120
1.5	0.075	0.105	0.090	0.120	0.105	0.135	0.120	0.150
1.8	0.090	0.126	0.108	0.144	0.126	0.162	0.144	0.180
2.0	0.100	0.140	0.120	0.160	0.140	0.180	0.160	0.200
2.2	0.132	0.176	0.154	0.193	0.176	0.220	0.198	0.242
2.5	0.150	0.200	0.175	0.225	0.200	0.250	0.225	0.275
2.8	0.168	0.224	0.196	0.252	0.224	0.280	0.252	0.308
3.0	0.180	0.240	0.210	0.270	0.240	0.300	0.270	0.330
3.5	0.245	0.215	0.280	0.350	0.315	0.385	0.350	0.420
4.0	0.280	0.260	0.320	0.400	0.360	0.440	0.400	0.480
4.5	0.315	0.405	0.360	0.450	0.405	0.490	0.450	0.540

续表 5-6

材料厚度/mm	软铝		紫铜、黄铜、含碳0.08%~0.2%的软钢		杜拉铝、含碳0.3%~0.4%的中等硬钢		含碳0.5%~0.6%的碳钢	
	Z_{min}	Z_{max}	Z_{min}	Z_{max}	Z_{min}	Z_{max}	Z_{min}	Z_{max}
5.0	0.350	0.450	0.400	0.500	0.450	0.550	0.500	0.600
6.0	0.480	0.600	0.540	0.660	0.600	0.720	0.660	0.780
7.0	0.560	0.700	0.630	0.770	0.700	0.840	0.770	0.910
8.0	0.720	0.880	0.800	0.960	0.880	1.040	0.960	1.120
9.0	0.870	0.990	0.900	1.080	0.990	1.170	1.080	1.260
10.0	0.900	1.100	1.000	1.200	1.100	1.300	1.200	1.400

注：1. 初始间隙的最小值相当于间隙的公称数值。

　　2. 初始间隙的最大值是考虑到凸模和凹模的制造公差所增加的数值。

　　3. 在使用过程中，由于模具工作部分的磨损，间隙将有所增加，因而超过表列数值。

3. 凸、凹模刃口尺寸计算

1）尺寸计算原则

模具刃口尺寸精度是影响冲裁件尺寸精度的首要因素。模具的合理间隙值也要靠模具刃口部分尺寸及其公差来保证。因此，在确定凸、凹模刃口部分尺寸及其制造公差时，必须考虑到冲裁变形规律、冲裁公差等级、模具磨损和制造工艺等方面。

实践证明，由于存在着模具间隙，冲裁件的断面都带有锥度，落料件的大端尺寸接近于凹模刃口尺寸，冲孔件的小端尺寸接近于凸模刃口尺寸。在使用过程中，凸模越磨越小，凹模越磨越大，结果使间隙越用越大。因此，在设计和制造模具时，需遵循下述原则：

（1）设计落料模时，以凹模为准，间隙取在凸模上；设计冲孔模时，以凸模为准，间隙取在凹模上。

（2）设计落料模时，凹模公称尺寸应取零件尺寸公差范围内的较小尺寸；设计冲孔模时，凸模公称尺寸应取零件孔的尺寸范围内的较大尺寸。

（3）凸、凹模刃口部分尺寸的制造公差要按零件的尺寸要求决定，一般模具的制造精度比冲裁件的精度高 2~3 级。若零件未注公差，对于非圆形件，冲模按 IT9 精度制造；对于圆形件，一般按 IT6~7 级精度制造。

2）刃口尺寸计算方法

由于模具加工和测量方法不同，凸、凹模刃口尺寸的计算方法和标注方法也不同。

（1）凸模与凹模分开加工

这种方法适用于圆形或形状简单的冲裁件。采用这种方法时，要分别标注凸、凹模刃口尺寸与制造公差。为了保证凸凹模间隙值，模具的制造公差应当满足下列条件：

$$\left.\begin{array}{l} \delta_p + \delta_d \leqslant Z_{max} - Z_{min} \\ \delta_p = 0.4(Z_{max} - Z_{min}) \\ \delta_d = 0.6(Z_{max} - Z_{min}) \end{array}\right\} \qquad (5-21)$$

式中：δ_p、δ_d——分别为凸模和凹模的制造公差，mm。

下面对冲孔和落料两种情况进行讨论：

①冲孔。设零件孔的尺寸为 $d_{+\Delta}$，冲孔模的允许偏差位置如图 5 – 38(a)所示，其凸、凹模工作部分尺寸的计算公式如下：

$$d_p = (d + x\Delta)_{-\delta_P} \qquad (5-22)$$

$$d_d = (d_p + Z_{\min})^{+\delta_d}$$

$$= (d + x\Delta + Z_{\min})^{+\delta_d} \qquad (5-23)$$

式中：d_p——凸模尺寸，mm；

$\quad\quad d_d$——凹模尺寸，mm；

$\quad\quad x$——考虑磨损的系数，按零件公差等级选取。零件精度在 IT10 以上时，$x = 1$；零件精度为 IT11 ~ 13 时，$x = 0.75$；零件精度为 IT14 时，$x = 0.50$。

②落料。设零件尺寸为 $D_{-\Delta}$，落料模的允许偏差位置如图 5 – 38(b)所示，其凸、凹模工作部分尺寸的计算公式如下：

$$D_d = (D - x\Delta)^{+\delta_d} \qquad (5-24)$$

$$D_p = (D_d - Z_{\min})_{-\delta_p} = (D - x\Delta - Z_{\min})_{-\delta_p} \qquad (5-25)$$

式中：D_d——凹模尺寸，mm；

$\quad\quad D_p$——凸模尺寸，mm。

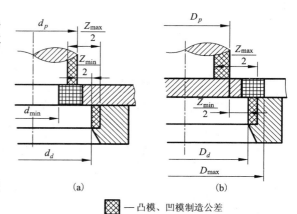

■—凸模、凹模制造公差
▦—工件公差

图 5 – 38　冲裁模的尺寸分差

(a)冲孔；(b)落料

（2）凸、凹模配合加工

对于形状复杂的零件，为了保证模具间隙，必须采用配合加工。这种加工方法是以凸模或凹模为基准，配作凹模或凸模。因此，只在基准件上标注尺寸和制造公差，另一件仅标注公称尺寸并注明配作时应留有的间隙值。这样 δ_p（或 δ_d）不再受间隙限制。一般取 δ_p（或 δ_d）为 $\Delta/4$。由于形状复杂的零件，各部分尺寸公差不同，所以基准件的刃口部分尺寸需要按不同的方法计算。如图 5 – 39(a)所示的落料件，应以凹模为基准件，凹模尺寸按磨损情况可分为三类：

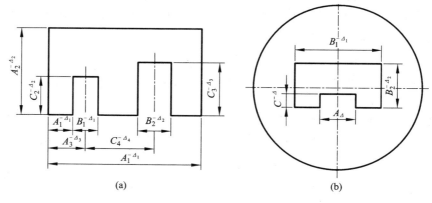

图 5 – 39　冲裁件尺寸分类

(a)落料件；(b)冲孔件

第一类是凹模磨损后尺寸增大(图 5 - 39 中 A 类);

第二类是凹模磨损后尺寸变小(图 5 - 39 中 B 类);

第三类是凹模磨损后尺寸不变(图 5 - 39 中 C 类)。

对于图 5 - 39(b)所示的冲孔件的凸模尺寸也可按磨损情况分成 A、B、C 三类。因此不管是落料件还是冲孔件,根据不同的磨损类型,其基准件的刃口部分尺寸均可按以下公式计算:

$$A \text{ 类:} A_j = (A_{max} - x\Delta)^{+\delta} \tag{5-26}$$

$$B \text{ 类:} B_j = (B_{max} + x\Delta)_{-\delta} \tag{5-27}$$

$$C \text{ 类:} C_j = (C_{max} + 0.5\Delta) \pm \delta \tag{5-28}$$

式中: A_j、B_j、C_j——基准件尺寸;

A_{max}、B_{max}、C_{max}——相应的零件极限尺寸,mm;

Δ——零件公差,mm;

δ——基准件制造公差,mm,当标注形式为 $\pm\delta$ 时,$\delta = \Delta/8$。

4. 冲裁力的计算及降低冲裁力的方法

1)冲裁力的计算

计算冲裁力的目的是为了合理选用压机、设计模具以及校核模具强度。压机的吨位必须大于所计算的冲裁力。

平刃口模具冲裁时,其冲裁力可按下式计算:

$$P = kF\tau = kLt\tau \tag{5-29}$$

式中: P——冲裁力,N;

F——冲切断面积,mm^2;

L——冲裁周边长度,mm;

τ——材料抗剪强度,MPa;

k——系数,一般取 $k = 1.3$。

2)降低冲裁力的方法

在冲裁高强度材料或厚度大、周边长的零件时,所需冲裁力如果超过车间现有压力机吨位,就必须采取措施降低冲裁力。一般采用如下的方法:

(1)加热冲裁。材料加热后,抗剪强度大大降低,从而可降低冲裁力,但因加热冲裁时形成氧化皮,所以此法只适用于厚板或零件表面质量及公差等级要求不高的零件。

(2)阶梯凸模冲裁。在多凸模冲模中,将凸模做成不同的高度,呈阶梯形布置,使各凸模冲裁力的最大值不同时出现,以降低总的冲裁力。特别是在几个凸模直径相差悬殊、彼此距离又很近的情况下,采用阶梯形布置还能避免小直径凸模在挤压力作用下发生折断或倾斜的现象(为了保证模具刚度,尺寸小的凸模应做短些)。凸模间的高度差 h 取决于材料厚度,h 一般取为 $t(t < 3 \text{ mm})$ 或 $0.5t$ $(t > 3 \text{ mm})$。

(3)斜刃模具冲裁。斜刃冲裁时(图 5 - 40),整个刃口不是同时切入板料,剪切面积减小,因而可降低冲裁力。落料时,应将凹模制成斜刃、凸模制成平口;冲孔时则相反。设计刃口时,斜刃应对称布置,斜刃参数可按下列值选取:

当 $t < 3$ mm 时,$h = 2t$,$\varphi = 5°$;

当 $3 \leq t \leq 10$ mm 时,$h = t$,$\varphi < 8°$。

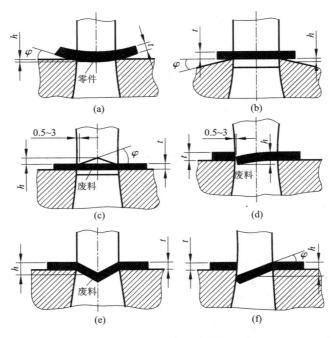

图 5 – 40   斜刃口裁模

式中：φ——斜刃角度。

斜刃冲裁时冲裁力可按下式计算：

$$P_s = 0.5kt^2\tau/\tan\varphi \qquad\qquad (5-30)$$

式中：P_s——斜刃冲裁力；

　　　k——系数，取 $k = 1.3$；

　　　τ——材料的抗剪强度；

斜刃冲模的制造和修磨比较复杂，因而只适用于大型零件或厚板冲裁。

3）卸料力、推件力和顶件力的计算

影响这些力的因素较多，主要有材料力学性能、板料厚度、零件形状、尺寸、模具间隙、搭边大小及润滑条件等，在生产中，一般采用下列经验公式计算：

$$P_1 = nk_1P \qquad\qquad (5-31)$$
$$P_2 = k_2P \qquad\qquad (5-32)$$
$$P_3 = k_3P \qquad\qquad (5-33)$$

式中：P_1，P_2，P_3——分别表示推件力、顶件力、卸料力；

　　　n——卡在凹模孔内的零件数；

　　　k_1，k_2，k_3——推件力系数、顶件力系数和卸料力系数，可按表 5 – 7 确定。

表 5 - 7　推件力系数、顶件力系数和卸料力系数

料厚		k_1	k_2	k_3
钢	≤0.1	0.1	0.14	0.065 ~ 0.075
	0.1 ~ 0.5	0.063	0.08	0.045 ~ 0.055
	0.5 ~ 2.5	0.055	0.06	0.04 ~ 0.05
	2.5 ~ 6.5	0.045	0.05	0.03 ~ 0.04
	6.5	0.025	0.03	0.02 ~ 0.03
铝、铝合金		0.03 ~ 0.07		0.025 ~ 0.08
紫铜钢、黄铜		0.03 ~ 0.09		0.02 ~ 0.06

注：卸料力系数 k_3 在冲多孔、大搭边和轮廓复杂零件时取上限。

4）冲裁工艺力的计算

冲裁工艺力包括冲裁力、推件力、顶件力和卸料力，因此，在选择压力机吨位时，应根据模具结构进行冲裁工艺力的计算。采用弹性卸料及上出料方式，总冲裁力为：

$$P_0 = P + P_2 + P_3 \qquad (5 - 34)$$

采用刚性卸料及下出料方式，总冲裁力为：

$$P_0 = P + P_1 \qquad (5 - 35)$$

采用弹性卸料及下出料方式，总冲裁力为：

$$P_0 = P + P_1 + P_3 \qquad (5 - 36)$$

5.3.2　弯曲

1. 弯曲变形过程分析

1）弯曲变形过程

板料的 V 形与 U 形弯曲是最基本的弯曲变形。图 5 - 41 所示为 V 形件的弯曲变形过程。弯曲的开始阶段属自由弯曲，随着凸模进入凹模，支点距离和弯曲圆角半径 r 发生变化，使力臂和弯曲半径减小，同时外力和弯矩逐渐增大。当弯曲圆角半径达到一定值后，板料开始出现塑性变形，并且随着变形发展，塑性变形区的厚度增大，而弹性变形区厚度减小。最终将板料弯曲成与凸模形状尺寸一致的零件。

2）弯曲过程的特点

（1）中性层位置的内移。当板料弯曲时，靠凹模一侧纤维受拉，靠凸模一侧纤维受压，其间总存在着既不伸长也不缩短的纤维层，称为应变中性层。而毛坯截面

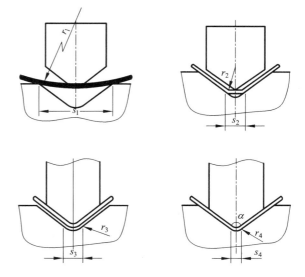

图 5 - 41　V 形件弯曲变形图

上应力发生突然变化或应力不连续的纤维层，称为应力中性层。当弹性弯曲时，应力中性层和应变中性层处于板厚的中央。当弯曲变形程度较大时，应变中性层和应力中性层都从板厚中央向内移动。

（2）弯曲件的回弹。当弯曲变形结束，工件不受外力作用时，由于中性层附近纯弹性变形以及内、外区变形中的弹性部分的恢复，使弯曲件形状和尺寸与模具形状和尺寸不一致，这种现象称为弯曲件的回弹。

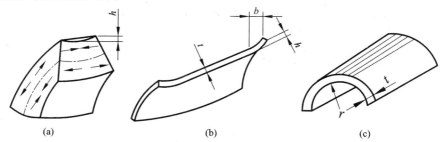

图 5 - 42　板料弯曲后的畸变

（3）变形区板厚的减小。当板料弯曲时，外层纤维受拉使厚度减薄，内层纤维受压使厚度增厚。实践证明，当 $r/t < 4$ 时，中性层位置向内移，其结果是外层拉伸变薄区范围逐步扩大，内层压缩增厚区范围不断减小，从而使外层减薄量大于内层增厚量，弯曲区板料厚度变薄。r/t 值愈小，变形程度愈大，变薄现象愈严重。

（4）变形区横截面的畸变。当相对宽度 $b/t \leqslant 3$（b 为板料的宽度）时，弯曲后板料横截面变为梯形，且发生微小的翘曲；如图 5 - 42（a）所示。当相对宽度 $b/t > 3$ 时，弯曲后横截面形状变化不大，仍为矩形，仅在端部可能出现翘曲和不平 [图 5 - 42（b）]，同时，容易在板料外侧出现拉裂，如图 5 - 42（c）所示。相对弯曲半径 r/t 愈小，拉裂的可能性也愈大。

3）纯塑性弯曲时的应力 - 应变状态。

板料弯曲时，变形区的应力 - 应变状态与变形过程有关。随着相对弯曲半径 r/t 的不断减小，板料从初始的弹性弯曲，经弹—塑性弯曲和线性纯塑性弯曲（$r/t = 200 \sim 5$），最后到立体纯塑性弯曲（$r/t \leqslant 5$）状态。弯曲零件的 r/t 值一般为 $3 \sim 5$。同时，板料弯曲变形区的应力 - 应变状态还与相对宽度 b/t 有关。一般称 $b/t \leqslant 3$ 的板料为窄板，$b/t > 3$ 的板料为宽板。

（1）窄板弯曲。当窄板弯曲时，内外层纤维分别压缩和伸长，所以切向应变为最大主应变，外层应变为正，内层应变为负。在宽度方向上，外层应变 ε_b 为负，内层应变 ε_b 为正；在径向上，外层径向应变 ε_p 为负，内层径向应变 ε_p 为正。

当窄板弯曲时，外层纤维切向受拉，切向应力 σ_θ 为正；内层纤维切向受压，切向应力 σ_θ 为负。在宽度方向上，材料可自由变形，所以内、外层应力接近于零（$\varepsilon_b \approx 0$）。当弯曲时板料纤维之间相互压缩，内、外层径向应力 ε_p 均为负值。

从以上分析可知，窄板弯曲时内、外层的应变状态是立体的，应力状态是平面的，如图 5 - 43（a）所示。

（2）宽板弯曲。当宽板弯曲时，切向和径向的应变状态与窄板相同，而在宽度方向，变形阻力较大，材料流动比较困难，弯曲后板宽基本不变，因此，内外层在宽度方向的应变接近于零（$\varepsilon_b \approx 0$）。

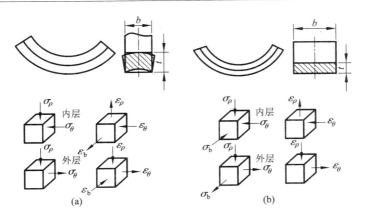

图 5 - 43 弯曲变形时应力与应变状态

宽板弯曲时的切向和径向的应力状态与窄板相同。而在宽度方向，由于纤维之间相互制约，材料不能自由变形，外层由于弯曲引起的宽度方向的收缩受到阻碍，所以 ε_b 为拉应力；同理，内层材料的宽度方向的伸长受到限制，ε_b 为压应力。从以上分析可知，宽板弯曲时内、外层的应变状态是平面的，应力状态是立体的，恰与窄板弯曲时相反 [图 5 - 43(b)]。

2. 弯曲件的工艺计算

1) 弯曲力

弯曲力是拟订弯曲工艺和选择设备的重要依据之一。板料首先发生弹性弯曲，弯曲力成直线上升；之后变形区内外层纤维进入塑性状态，并逐渐向板料的中心扩展，进行自由弯曲，此过程中弯曲力缓慢下降；最后是凸、凹模与板料接触并冲击零件，进行校正弯曲，此时弯曲力又快速上升。

(1) 自由弯曲力

自由弯曲力的大小与板料尺寸 $(b、t)$、板料力学性能及模具结构参数等因素有关。最大自由弯曲力 $P_{自}$ 为

$$P_{自} = \frac{kbt^2}{r+t}\sigma_b \qquad (5-37)$$

式中：r——弯曲半径，mm；

σ_b——成形材料的抗拉强度，MPa；

t——板料厚度，mm；

b——板料宽度，mm；

k——安全系数，对于 U 形件，k 取 0.91；对于 V 形件，k 取 0.78。

(2) 校正弯曲力

为了提高弯曲件的精度，减少回弹，在弯曲终了时需对弯曲件进行校正。校正弯曲力可按下式近似计算：

$$P_{校} = Fq \qquad (\text{N}) \qquad (5-38)$$

式中：F——弯曲件校正部分面积，mm^2；

q——单位校正力，其值可参考相关书籍。

在选择冲压设备时，除考虑弯曲模尺寸、模具闭合高度、模具结构和动作配合以外，还

应考虑弯曲力大小。对于自由弯曲,有压料板或推件装置时,设备吨位应为 $P_{自}$ 的 $(1.3 \sim 1.8)$ 倍。对于校正弯曲,一般设备吨位大于或等于 $P_{校}$ 即可。

2)弯曲件毛坯尺寸的计算

板料弯曲时,应变中性层的长度保持不变。因此,在弯曲件工艺设计时,可根据弯曲前、后应变中性层长度不变的原则,确定弯曲件毛坯的尺寸。其方法有下列两种:

(1)有圆角半径($r/t > 0.5$)的弯曲。弯曲件的展开长度等于各直边部分和各弯曲部分中性层长度之和,即:

$$L_{总} = \sum L_{直} + \sum L_{弯曲} \qquad (5-39)$$

式中:$L_{总}$——弯曲件展开长度,mm;

$L_{直}$——直边部分的长度,mm;

$L_{弯曲}$——弯曲部分长度,mm。

各弯曲部分长度按下式计算:

$$L_{弯曲} = \pi\rho\alpha/180 \approx 0.17\alpha\rho \qquad (5-40)$$

式中:α——弯曲中心角,(°);

ρ——应变中性层曲率半径,$\rho = r + Kt$;

K——中性层系数,可按表 5 - 8 确定。

表 5 - 8　中性层系数 K

r/t	$0 \sim 0.5$	$0.5 \sim 0.8$	$0.8 \sim 2$	$2 \sim 3$	$3 \sim 4$	$4 \sim 5$
K	$0.16 \sim 0.25$	$0.25 \sim 0.30$	$0.30 \sim 0.35$	$0.35 \sim 0.40$	$0.40 \sim 0.45$	$0.45 \sim 0.50$

(2)无圆角半径或 $r/t < 0.5$ 的弯曲。一般根据变形前后体积不变条件确定这类弯曲件的毛坯长度,但要考虑到弯曲处材料变薄的情况,一般按下式计算弯曲部分的长度:

$$L_{弯曲} = (0.4 \sim 0.8)t \qquad (5-41)$$

需要说明,式(5 - 41)只适用于形状简单、弯曲数少和精度要求一般的弯曲件。对于形状复杂、精度要求较高的工件,近似计算后,要经多次试压,才能最后确定合适的毛坯尺寸。

3. 弯曲件的回弹

1)弯曲回弹现象

塑性弯曲总伴随有弹性变形,所以在卸载后,总变形中的弹性部分立即恢复,引起零件的回弹,其结果表现在弯曲件曲率和角度的变化,如图 5 - 44 所示。图中 ρ_0 和 ρ_0' 分别为卸载前后的中性层半径;α_0 和 α_0' 分别为卸载前后的弯曲角。

2)影响回弹量的因素。

(1)材料的力学性能。材料屈服极限愈高,弹性模量愈小,则弯曲后回弹角 $\Delta\alpha = \alpha - \alpha_0$ 愈大。

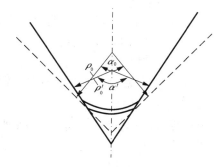

图 5 - 44　弯曲件卸载后的回弹

(2)相对弯曲半径 r/t 值。相对弯曲半径越小,弯曲回值越小。

(3)弯曲角中心角 α 值。中心角 α 越大,弯曲后回弹角 $\Delta\alpha$ 也愈大。

（4）零件形状。形状复杂的弯曲件，弯曲后回弹角 $\Delta\alpha$ 较小。

（5）弯曲方式。校正弯曲的回弹较自由弯曲的小。

弯曲件的回弹除与上述因素有关外，还与模具结构有密切的关系。

3）减少回弹的措施

（1）改进弯曲件设计和合理选材。改进弯曲件结构，如在弯曲件变形处压制加强筋，可使回弹角减小，并提高弯曲件的刚度。对于一些硬材料，弯曲前采用退火处理，也可减少回弹。

（2）校正法。在弯曲终了时，对板料施加一定的校正压力，迫使弯曲处内层金属产生切向拉伸应变。这样，卸载后内、外层都要缩短，使它们的回弹趋势相反，从而可减小回弹量（图 5 - 45）。校正压缩量一般为板料厚度的 2% ~ 5%。

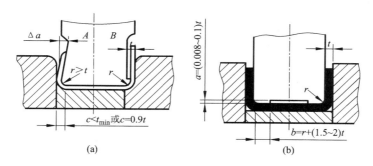

图 5 - 45　用校正法减小回弹

（3）补偿法。补偿法是消除弯曲件回弹的最简单方法，因而应用广泛。它是根据弯曲件的回弹趋势和回弹量大小，修正凸模或凹模工作部分形状和尺寸，使零件的回弹量得到补偿。例如单角弯曲时使用压料板，使其和凹模共同压住板料的固定端；双角弯曲时使用斜度模具或加凸型顶料板（图 5 - 46）。

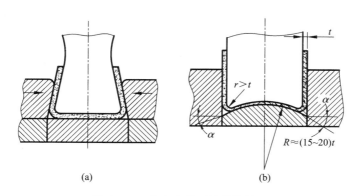

图 5 - 46　多角弯曲时的补偿情况

（4）拉弯法。板料在拉力作用下进行弯曲，使整个板料剖面上都作用有拉应力。卸载后，因内、外层纤维的回弹趋势相互抵消，从而可减少回弹。拉弯工艺既可在专用的拉弯机上进行,也可用模具实现。

除上述几种减少弯曲件回弹的方法以外,也可采用减少模具间隙和用橡胶或聚氨酯软凹模代替金属刚性凹模等方法。

4. 弯曲模工作部分尺寸计算

1)凸、凹模圆角半径(图 5 - 47)

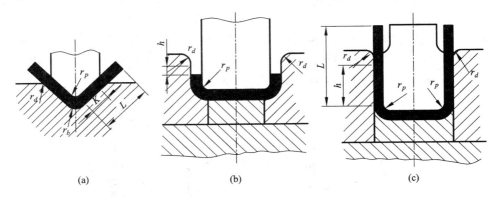

(a)   (b)   (c)

图 5 - 47   弯曲模工作部分形状与弯曲件尺寸标注
(a)V 形弯曲;(b)短臂 U 形弯曲;(c)长臂 U 形弯曲

凸模圆角半径 r_p 应等于弯曲件内侧的圆角半径 r,但不能小于表 5 - 9 所规定的材料允许最小弯曲半径 r_{min}。如果 $r < r_{min}$,应取 $r_p \geqslant r_{min}$。在以后的校正工序中,$r_p = r$。

表 5 - 9   最小相对弯曲半径 r_{min}/r

材料	正火或退火状态		加工硬化状态	
	弯曲线方向			
	与轧纹垂直	与轧纹平行	与轧纹垂直	与轧纹平行
铝			0.3	0.8
紫铜			1.0	2.0
黄铜 H68	0	0.3	0.4	0.8
05,08F			0.2	0.5
08 ~ 10,A1,A2	0	0.4	0.4	0.8
15 ~ 10,A3	0.1	0.5	0.5	1.0
25 ~ 30,A4	0.2	0.6	0.6	1.2
35 ~ 40,A5	0.3	0.8	0.8	1.5
45 ~ 50,A6	0.5	1.0	1.0	1.7
55 ~ 60,A7	0.7	1.3	1.3	2.0
硬铝(软)	1.0	1.5	1.5	2.5
硬铝(硬)	2.0	3.0	3.0	4.0

续表

材料	正火或退火状态		加工硬化状态	
	弯曲线方向			
	与轧纹垂直	与轧纹平行	与轧纹垂直	与轧纹平行
镁合金	300℃热弯		冷弯	
MA1 – M	2.0	3.0	6.0	4.0
MA8 – M	3.0	2.0	5.0	6.0
钛合金	300 ~ 400℃		冷弯	
TA3	1.5	2.0	3.0	4.0
TC5	3.0	4.0	5.0	6.0
钼合金 BM1,BM2 (t≤2mm)	400 ~ 500℃		冷弯	
	2.0	3.0	4.0	5.0

注：本表用于板厚小于 10mm，弯曲角大于 90°，剪切断面良好的情况。

凹模圆角半径 r_d 一般可按下列数据选取：

当 $t \leqslant 2$ mm 时，$r_d = (3 \sim 6)t$；

当 $t = 2 \sim 4$ mm 时，$r_d = (2 \sim 3)t$；

当 $t > 4$mm 时，$r_d = 2t$。

2）凸、凹模间隙

对于 V 形件，模具间隙可通过调节压力机闭合高度得到，因而在设计和制造模具时不需考虑。

对于 U 形件，凸、凹模间隙按下式确定：

$$C = kt_{min} \tag{5-42}$$

式中：C——凸、凹模间隙；

　　　k——系数。对于钢板，$C = 1.05 \sim 1.15$；对于有色金属 $C = 1.0 \sim 1.1$。

（3）凸、凹模宽度尺寸设计

1）尺寸标注在外侧时，应以凹模为基准（图 5 – 48）。凹模宽度尺寸按下式确定：

$$b_d = (b - 0.75\Delta)^{+\delta_d} \tag{5-43}$$

式中：b_d——凹模宽度，mm；

　　　δ_d——模具制造偏差，mm，按 IT6 级选取；

　　　Δ——零件的公差，mm。

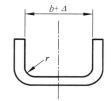

图 5 – 48　弯曲件尺寸标注

2）尺寸标注在内侧时，应以凸模为基准。凸模宽度尺寸按下式确定：

$$b_p = (b + 0.25\Delta)_{\delta_p} \tag{5-44}$$

式中：b_p——凸模宽度尺寸，mm；

　　　δ_p——模具制造偏差，mm，按 IT6 ~ 8 级选取。

相应的模具宽度尺寸需配制,并保证单边间隙 C。

此外,弯曲模的模具长度和凹模深度等工作部分尺寸,应根据弯曲件边长和压机参数合理选取。

5.3.3 拉深

1. 圆筒形件的拉深

1) 拉深变形过程

拉深开始时,凸模对毛坯中心部分施加压力,使板料产生弯曲,随着凸模下降,凸、凹模对板料所施加压力的作用点将沿径向移动,构成的力矩在突缘部分引起径向拉应力 σ_ρ。由于板料外径减小,在突缘部分的切线方向产生压应力 σ_θ,在应力 σ_ρ 和 σ_θ 的共同作用下,突缘材料发生塑性变形,并不断地拉入凹模内,形成筒形零件(图 5 – 49)。

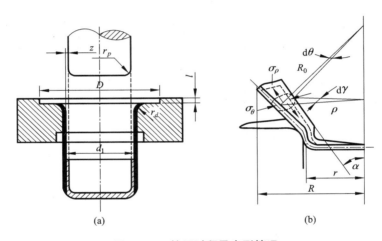

图 5 – 49　拉深过程及变形情况

(a)拉深过程;(b)开始拉深时的变形情况

2) 拉深时的应力 – 应变状态。

根据毛坯各部分的应力 – 应变状态,可将其分为五个区域(图 5 – 50)。

(1)突缘部分。突缘部分材料受径向拉应力和切向压应力,同时在径向和切向分别产生伸长和压缩变形,使板厚稍有增大,在突缘外缘厚度增加最多。

(2)凹模圆角处。此处材料除径向拉伸外,同时产生塑性弯曲,使板厚减小。材料离开凹模圆角后,产生反向弯曲(校直)。

(3)筒壁部分。此部分受轴向拉应力,为传力区;其变形大致为轴向拉伸、径向压缩的弹性应变状态。

(4)筒底部分。此处处于双向拉应力状态。

(5)凸模圆角处。此处板料产生塑性弯曲和径向拉伸。

3) 拉深件的起皱与破裂。

(1)起皱。起皱是指在拉深过程中毛坯边缘形成沿切向高低不平的皱纹。起皱与压杆失稳相类似。是否起皱取决于 σ_θ 和突缘的相对厚度 $t/(D_w - d_p)$(D_w 为突缘直径;d_p 为凸模直

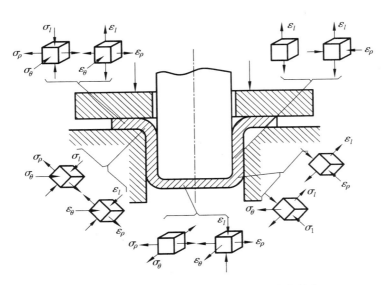

图 5 - 50 圆筒件拉深时各区的应力 - 应变状态

径）。起皱会影响拉深件表面质量，严重时会使坯料不能通过凸、凹模间隙而被拉断。常用的防止起皱方法是采用压边圈。

压边力大小的选取十分重要。一般取压边力 Q 为第一道拉深力 P_l 的 1/4。压边装置有刚性和弹性两种。刚性压边装置利用双动压机的外滑块压边。弹性压边装置一般用于单动压床，其压边力由气垫、弹簧或橡胶产生，其中以气垫为最好；以弹簧或橡胶产生压边力的弹性压边装置，虽然结构简单，制造方便，但只适用于拉深高度不大的零件。

采用拉深筋和在多道拉深时采用反拉深，也可以防止起皱。

（2）拉裂。筒壁底部内圆角稍上的部位，是拉深件最薄弱部位，因为此处参与变形的金属较少，冷作硬化程度小，变薄又最严重。此部位称为危险断面。若此处径向拉应力大于板料的抗拉强度，拉深件就会破裂。除此之外，压边力太大和突缘起皱均会导致拉深零件断裂。

采用适宜的拉深比（D/d）和压边力，增加凸模端面的粗糙度均可防止拉深零件产生拉裂。此外，材料的屈服极限与强度极限比值小，加工硬化指数和各向异性指数大，也有利于避免拉裂。

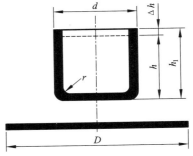

图 5 - 51 拉深件毛坯尺寸计算

2. 圆筒形件拉深工艺计算

1）拉深件毛坯尺寸的计算

对于旋转体零件，采用圆形板作坯料（图 5 - 51）。其直径按面积相等的原则计算（不考虑板料的厚度变化）。图 5 - 51 中所示的板料直径可按下式计算：

$$D = \sqrt{(d-2r)^2 + 2\pi r(d-2r) + 8r + 4d(h_1 - r)} \quad (\text{mm}) \quad (5-45)$$

拉深零件一般需要修边。圆筒形件的修边余量 Δh 按表 5 - 10 确定。计算板料直径，应考虑修边余量。

表 5 - 10　圆筒形件拉深的修边余量 Δh　　　　　　单位：mm

零件高度	修边余量 Δh	零件高度	修边余量 Δh
10 ~ 50	1 ~ 4	100 ~ 200	3 ~ 10
50 ~ 100	2 ~ 6	200 ~ 300	5 ~ 12

2）拉深系数和拉深次数的确定

制定拉深工艺时，必须预先确定该零件是一次拉成还是多次才能拉成。拉深的次数与拉深系数有关。

圆筒形件的拉深系数为

$$m = d/D \tag{5 - 46}$$

圆筒形件第 n 次拉深系数为

$$m_n = d_{n-1}/d_n \tag{5 - 47}$$

式中：d_{n-1}，d_n——分别为第 $(n-1)$ 次和第 n 次拉深后的圆筒直径，mm。

在制订拉深工艺时，如果拉深系数取得过小，就会使拉深件起皱、断裂或严重变薄。因此，拉深系数有一个界限，这个界限叫做极限拉深系数。每次拉深系数应大于极限拉深系数。极限拉深系数与板料成形性能、相对厚度 (t/D)、模具间隙及其圆角半径等因素有关。它与相对厚度的关系示于表 5 - 11。其中，m_1、m_2 分别为第 1、2 次拉深工序的极限拉深系数。

表 5 - 11　极限拉伸系数

拉伸系数	板料的相对厚度 $t/D \times 100$					
	0.08 ~ 0.15	0.15 ~ 0.30	0.15 ~ 0.60	0.60 ~ 1.0	1.0 ~ 1.5	1.5 ~ 2.0
m_1	0.63	0.60	0.58	0.55	0.53	0.50
m_2	0.82	0.80	0.79	0.78	0.76	0.75
m_3	0.84	0.82	0.81	0.80	0.79	0.78
m_4	0.86	0.85	0.83	0.82	0.81	0.80
m_5	0.88	0.87	0.86	0.85	0.84	0.82

圆筒形件需要的拉深系数 $m > m_1$，则可一次拉深成形。

3）拉深力和拉深功计算

常用下列公式计算拉深力：

$$P_1 = \pi d_1 t \sigma_b K_1 \tag{5 - 48}$$

式中：P_1——第一次拉深时的拉深力，N；

K_1——修正系数，可按表 5 -12 确定。

$$P_n = \pi d_n t \sigma_b K_2 \tag{5 - 49}$$

式中：P_n——第二次及以后各次拉深时的拉深力，N；

K_2——修正系数。其值示于表 5 -12。

表 5 – 12　修正系数 K_1，K_2 和 λ_1、λ_2 值

拉伸系数 m_1	0.55	0.57	0.60	0.62	0.65	0.67	0.70	0.72	0.75	0.77	0.80	—	—	—
K_1	1.00	0.93	0.86	0.79	0.72	0.66	0.60	0.55	0.50	0.45	0.40	—	—	—
λ_1	0.80	—	0.77		0.74		0.70		0.67		0.64	—	—	—
拉伸系数 m_2	—	—	—	—	—	—	0.70	0.72	0.75	0.77	0.80	0.85	0.90	0.95
K_2							1.00	0.95	0.90	0.85	0.80	0.70	0.60	0.50
λ_2							0.80		0.90		0.75		0.70	

当拉深行程大时，有可能使电机因超载损坏。因此，还应对电机功率进行检算。

第一次拉深的拉深功

$$A_1 = \frac{\lambda_1 P_1 h_1}{1000} \quad （\text{N·m}） \tag{5-50}$$

以后各次拉深的拉深功

$$A_n = \frac{\lambda_2 P_n h_n}{1000} \quad （\text{N·m}） \tag{5-51}$$

式中：λ_1，λ_2——系数，可按表 5 – 12 确定；

　　　h_1，h_n——拉深高度，mm。

拉深所需电机功率为

$$N = \frac{A\xi n}{60 \times 75 \times \eta_1 \eta_2 \times 1.36 \times 10} \quad （\text{kW}） \tag{5-52}$$

式中：A——拉深功(N·m)；

　　　ξ——不均衡系数，一般取 1.2 ~ 1.4；

　　　η_1——压机效率，取 0.6 ~ 0.8；

　　　η_2——电机效率，取 0.9 ~ 0.95；

　　　n——压机每分钟行程次数。

所选压机的电机功率应不小于式(5 – 53)的计算值。

3. 模具工作部分尺寸设计

(1)模具圆角半径

第一次拉深的凹模圆角半径 r_{d1} 按表 5 – 13 选取。

表 5 – 13　第一次拉深凹模圆角半径 r_{d1}　　　　　　单位：mm

料厚	2.0 ~ 1.5	1.5 ~ 1.0	1.0 ~ 0.6	0.6 ~ 0.3	0.3 ~ 0.1
无突缘拉深	$(4 ~ 7)t$	$(5 ~ 8)t$	$(6 ~ 9)t$	$(7 ~ 10)t$	$(8 ~ 13)t$
有突缘拉深	$(6 ~ 10)t$	$(8 ~ 13)t$	$(10 ~ 16)t$	$(12 ~ 18)t$	$(15 ~ 22)t$

注：材料性能好，且使用适当润滑剂时可取小值。

对于以后各次拉深，凹模圆角半径可按下式确定：

$$r_{dn} = (0.6 \sim 0.9) r_{d(n-1)} \qquad (5-53)$$

式中：r_{dn}，$r_{d(n-1)}$——分别为第（$n-1$）次和 n 次拉深凹模圆角半径，mm。

2）模具间隙

若不用压边圈，模具间隙可按下式确定：

$$C = (1.0 \sim 1.1) t_{max} \qquad (5-54)$$

式中：C——模具间隙，mm；

t_{max}——板料最大厚度，mm。

若采用压边圈，则模具间隙

$$C = t_{max} + Kt \qquad (5-55)$$

式中：K——系数，可按有关手册确定；

t——板料名义厚度，mm。

当拉深件精度要求较高时，最后一道拉深工序的间隙应按下式确定：

$$C = Kt \qquad (5-56)$$

式中：K——系数，对于黑色金属，取 1.0；对于有色金属，取 0.95。

3）模具尺寸及制造公差

最后一道拉深模的尺寸公差决定零件的尺寸精度。因此，其尺寸、公差应按零件要求确定。

当零件外形尺寸有要求时［图 5 - 52（a）］，模具尺寸及制造公差按（5 - 57）和（5 - 58）式计算；当零件内形尺寸有要求时［图 5 - 52（b）］，模具尺寸按（5 - 59）和（5 - 60）式计算。

$$D_d = (D - 0.75\Delta)_0^{+\delta_d} \qquad (5-57)$$

$$D_p = (D - 0.75\Delta - 2c)_{-\delta_p} \qquad (5-58)$$

$$D_p = (d + 0.4\Delta)_{-\delta_d} \qquad (5-59)$$

$$D_d = (d + 0.4\Delta + 2c)^{+\delta_d} \qquad (5-60)$$

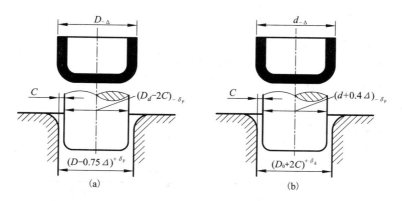

图 5 - 52　零件尺寸与模具尺寸

（a）外形有要求时；（b）内形有要求时

5.3.4　胀形

胀形是利用模具对板料或管状毛坯的局部施加压力，使变形区内的材料厚度减薄和表面积增大,以获取制件几何形状的一种变形工艺。其变形情况如图 5 - 53 所示。在凸模力的作用下,变形区内的金属处于两向(径向和切向)拉应力状态(忽略料厚方向的应力)。其应变状态为两向(径向和切向)受拉、一向受压(厚向)的三向应变状态。其成形极限将受到拉裂的限制。材料的塑性愈好,硬化指数值愈大,则极限变形程度就愈大。胀形一般分为起伏成形和圆柱形空心件胀形。

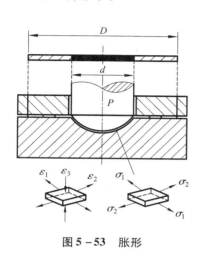

图 5 - 53　胀形

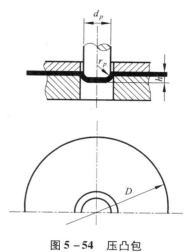

图 5 - 54　压凸包

1. 起伏成形

板料在模具作用下,通过局部胀形而产生凸起或凹下的冲压加工方法叫做起伏成形,起伏成形主要用来增强制件的刚度和强度,也可用作表面装饰或标记。常见的起伏成形有压加强筋、压凸包、压字和压花等。

1)压加强筋

常用的加强筋型式和尺寸见表 5 - 14,加强筋能否一次冲压成形,与筋的几何形状和材料性质有关。如果变形区纤维的相对伸长不超过材料延伸率的 0.70 ~ 0.75 倍,则可一次冲压成形。若不能一次成形,则应采用多道工序。

2)压凸包

如图 5 - 54 所示。如果毛坯直径 D 和凸模直径 d_p 的比值小于 4,成形时毛坯凸缘将会收缩,属于拉深成形;若大于 4,则毛坯凸缘不容易收缩,则属于胀形。

冲压凸包时,凸包高度受材料塑性限制。表 5 - 15 列出了在平板上局部冲压凸包时的许用成形高度。凸包成形高度还与凸包形状及润滑有关。采用球形凸模时,凸包高度可达球径的 1/3,而换用平底凸模时,高度就会减小,原因是平底凸模的底部圆角半径 r_p 对凸模下面的材料变形有约束作用。一般情况下润滑条件较好时,有利于增大球形凸包的成形高度。

如果制件要求的凸包高度超出表 5 - 14 所列的数值,则可采用类似于多道工序压筋的方法冲压凸包。

表 5 – 14　加强筋的形式和尺寸

名　称	简　图	R	h	B 或 D	r	α
半圆形筋		$(3 \sim 4)t$	$(2 \sim 3)t$	$(7 \sim 10)t$	$(1 \sim 2)t$	–
梯形筋		–	$(1.5 \sim 2)t$	$\geqslant 3$	$(0.5 \sim 1.5)t$	$30°$

表 5 – 15　平板局部冲压凸包的许用成形高度

图　形	材　料	许用凸包成形高度/mm
	软铝	$\leqslant (0.15 \sim 0.2)d$
	硬铝	$\leqslant (0.1 \sim 0.15)d$
	黄铜	$\leqslant (0.15 \sim 0.22)d$

2. 圆柱形空心毛坯胀形

将圆柱形空心毛坯向外扩张成曲面空心制件的冲压加工方法叫做圆柱形空心毛坯胀形。用这种方法可以制造多种形状复杂的制件。如图 5 – 55 所示。

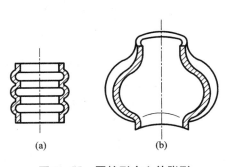

图 5 – 55　圆柱形空心件胀形

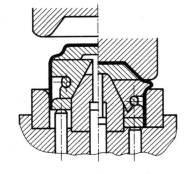

图 5 – 56　刚体分瓣凸模胀形

胀形方法一般分为刚性模具胀形和软模胀形两种：图 5 – 56 为刚性模具胀形。工作时凹模 1 下压，通过压板 2 和锥形芯柱 5 使分瓣凸模 3 张开，进行凸肚胀形。回程时顶板 6 上顶，同时拉簧 4 使凸模块收缩，取出制件。

这种胀形方法凸模需要分瓣，结构比较复杂。其变形均匀程度差，很难得到精度较高的旋转体制件。所以生产中常用软模对这类毛坯进行胀形。其原理是用聚氨酯橡胶、高压液体等代替刚性凸模，使材料的变形更为均匀，容易保证制件的精度，便于成形复杂的空心件，所以在生产中广泛采用。图 5-57 是采用橡胶凸模胀形，图 5-58 是采用液压胀形。在双动曲柄压力机上使用，刚性凹模是可分的。

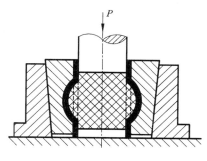

图 5-57　橡胶凸模胀形

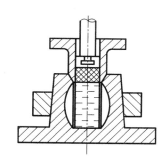

图 5-58　液压胀形

液压胀形的优点是传力均匀，生产成本低，制件表面质量好。

胀形时，材料切向受拉伸，其极限变形程度受最大变形处材料许用延伸率的限制。生产中对圆柱形空心毛坯的变形程度常以胀形系数 K 表示。

$$K = d_{max}/d_0 \qquad (5-61)$$

式中：d_{max}——胀形处的最大直径，mm；

　　　d_0——毛坯原来直径，mm。

通常，胀形系数与坯料的许用延伸率 $[\delta]$ 的关系为：

$$[\delta] = K - 1 \qquad (5-62)$$

胀形力的计算：软模胀形圆柱形空心毛坯时，所需的胀形力

$$P = pA \qquad (5-63)$$

式中：p——胀形单位压力，$p = 1.15\sigma_b$；

　　　A——胀形面积；

　　　σ_b——材料的强度极限。

5.3.5　翻边

翻边是在模具的作用下，将制件的内孔或外缘翻成有竖直边缘的一种成形工艺。图 5-59 均为翻边后的零件。

1. 内缘翻边

圆孔翻边。圆孔翻边即把预先加工在平面上的圆孔周边翻起扩大，成为有一定高度的直壁孔部。在图 5-59 中 (a)、(c)、(d) 和 (e) 所示的翻边均为圆孔翻边。在圆孔翻边过程中，变形区内金属受单向或双向拉应力作用，圆孔不断胀大，处于凸模下面的材料向侧面转移，直到与凹模侧壁贴合，形成直立的竖边。圆孔翻边时，如果孔口处的拉伸变形量超过了材料的允许范围，就会破裂，因而必须控制翻边的变形程度。该变形程度是用翻边系数 m 来表示的，即翻边前孔径 d_0 与翻边后孔径 d_m 之比：

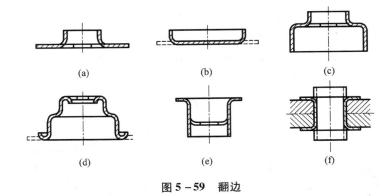

图 5 - 59　翻边

$$m = d_0/d_m \qquad\qquad (5-64)$$

一些材料的翻边系数见表 5 - 16。

表 5 - 16　翻边系数 m、$m_{\min}$

退 火 材 料	m	$m_{\min}$
白铁皮	0.70	0.65
碳钢	0.74 ~ 0.87	0.65 ~ 0.71
合金结构钢	0.80 ~ 0.87	0.70 ~ 0.77
软铝	0.71 ~ 0.83	0.63 ~ 0.74
紫铜	0.72	0.63 ~ 0.69
黄铜	0.68	0.62

m 值越小，变形程度就越大。工艺上必须使实际的翻边系数大于或等于材料所允许的极限翻边系数。

2. 外缘翻边

1）内凹外缘翻边

如图 5 - 60 所示，沿着具有内凹形状的外缘翻边称为内凹外缘翻边，属于拉伸类平面翻边。其变形情况近似于圆孔翻边。变形区主要是切向受拉，边缘处变形最大，容易开裂。内凹外缘翻边的变形程度 E_s 用下式表示

$$E_s = b/(R-b) \qquad\qquad (5-65)$$

式中：b——翻边的外缘宽度；

　　　R——翻边的内凹圆半径。

内凹外缘翻边的极限变形程度见表 5 - 17。

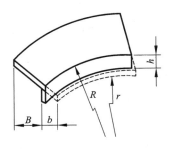

图 5 - 60　内凹外缘翻边

表 5 – 17　外缘翻边的极限变形程度

材料	E_s		E_e	
	橡皮成形	模具成形	橡皮成形	模具成形
L4M	25	30	6	40
L4Y1	5	8	3	12
LF21M	23	30	6	40
LF21Y1	5	8	3	12
LY12M	14	20	6	30
LY12Y	6	8	0.5	9
H62 软	30	40	8	45
H62 半硬	10	14	4	16
H68 软	35	45	0	55
1 – 168 半硬	10	14	4	16
10 钢		38		10
20 钢		22		10
1Cr18Ni9Ti 软		15		10
1Cr1SNi9Ti 硬		40		10
2Cr18Ni9		40		10

　　内凹外缘翻边区各处的切向拉伸变形不如圆孔翻边的均匀，两端变形程度小于中间部分。如果采用宽度 b 一致的坯料形状，即如图 5 – 61 所示的半径为 r 的弧实线，则翻边后制件的竖边高度就不平齐，而是两端较中间的高。竖边的两端线也不垂直，而是向内倾斜成一定的角度。为了得到平齐一致的高度，有必要对坯料轮廓线进行修正。图 5 – 61 中的虚线形状即为修正后的坯料形状。r/R 和 α 越小，修正值 $R - r - b$ 就越大，坯料端线修正角 β 也越大。β 通常取 $25° \sim 45°$ 之间。

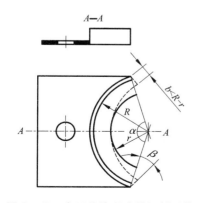

图 5 – 61　内凹外缘翻边的坯料形状

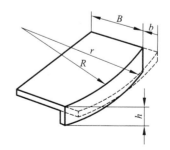

图 5 – 62　外凸外缘翻边

2）外凸外缘翻边

　　如图 5 – 62 所示，沿着具有外凸形状的不封闭外缘翻边称为外凸外缘翻边，属于压缩类平面翻边。其变形情况近似于浅拉延，变形区主要为切向受压和由此产生的径向受拉，材料最外边缘压缩变形最大，易失稳起皱。外凸外缘翻边的变形程度 E_e 用下式表示

$$E_e = b/(R + b) \qquad\qquad (5 - 66)$$

式中：b——翻边的宽度；

　　　R——翻边的外凸圆半径。

外凸外缘翻边的极限变形程度 E_e 见表 5 – 17。

同拉深相比，外凸外缘翻边是沿不封闭的曲线边缘进行的局部非轴对称的变形，因而翻边区中切向压应力和径向拉应力的分布是不均匀；在中间部位上较两端部位上大。如果采用图 5 – 63 所示的半径为 r 构成的圆弧实线坯料轮廓，翻边后制件的高度不平齐，竖边的两端线向外倾斜一定的角度而不垂直。为了得到平齐的高度和垂直的端线，应按图 5 – 63 中的虚线修正坯料的形状。修正的方向恰好与内凹外缘翻边相反。

压缩类平面翻边模所考虑的问题是防止坯料的起皱。当制件翻边高度较大时，模具应设有压紧装置，所压紧的部位则是坯料的变形区。

3. 非圆孔翻边

图 5 – 64 为沿非圆形的内缘翻边，称非圆孔翻边。具有竖边的非圆形开孔多用于减轻制件的重量和增加结构的刚度，翻边高度一般不大，同时精度要求也不高。

翻边前预制孔的形状和尺寸根据孔形分段处理，按图 5 – 64 分为圆角区 a、直边区 b、外凸内缘区 c 和内凹内缘区 d，它们分别参照圆孔翻边、弯曲、外凸外缘翻边和内凹外缘翻边计算。转角处的翻边高度略有降低，因而此处翻边前宽度应比直边部增大 5% ~ 10%。还应根据各段变形的特点对各段连接处适当修正，使之有相当平滑的过渡。进行变形程度核算时，应取最小圆角区，由于此段相邻部分能转移一些变形，因而其极限变形系数为相应圆孔翻边的 85% ~ 90%。

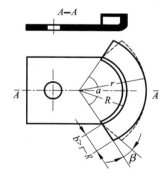

图 5 – 63　外凸外缘翻边的坯料

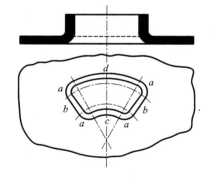

图 5 – 64　非圆孔翻边

5.4　冲压件的工艺性

5.4.1　冲压件的形状和尺寸

对于冲裁件：①要求外形简单、对称、圆角过渡；外形应能使排样合理，废料最少，以提

高材料利用率,如图 5 - 65 中(a)图比(b)图更为合理,材料利用率可达 75%。②冲裁件的形状应尽量简单对称,凸、凹部分不能太窄太深,孔间距离或孔与零件之间的距离不可太小,这些值的大小与板料厚度有关,如图 5 - 66,t 为板料厚度。③冲孔尺寸不能太小,否则冲裁时,凸模易折断或压弯。

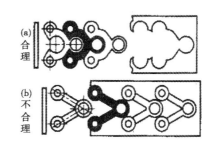

图 5 - 65　冲裁件的排样

对于弯曲件:①弯曲件形状应尽量对称,弯曲半径不能小于材料允许的最小弯曲半径。②弯曲边过短不易成形,故应使弯曲边的平直部分 $H > 2t$(图

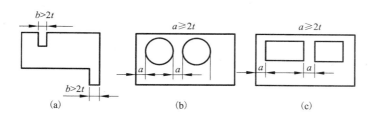

图 5 - 66　冲裁件凸、凹部分与孔的位置

5 - 67)。如果要求 H 很短,则需先留出适当的余量以增大 H,弯好后再切去增加的金属。③弯曲带孔时,为避免孔的变形,孔的位置应如图 5 - 68 所示,图中 L 应大于$(1.5 \sim 2)t$。④在弯曲半径较小的弯边交接处,易产生应力集中而开裂。可在弯曲前钻出止裂孔,以防裂纹产生。⑤尽量采用冲口工艺,以减少组合件的数量。有些零件是两个以上零件组合而成的,如果采用冲口工艺制成整体零件,则可以节省材料,简化工艺过程。

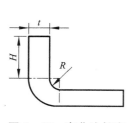

图 5 - 67　弯曲边长度

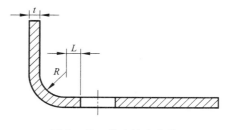

图 5 - 68　带孔的弯曲件

对于拉深件:①拉深件的形状应力求简单、对称。拉深件的形状有回转体形、非回转体对称形和非对称空间形三类,其中以回转体形,尤其是直径不变的杯形件最易拉深,模具制作也方便。②拉深件应尽量避免直径小而深度过深,否则不仅

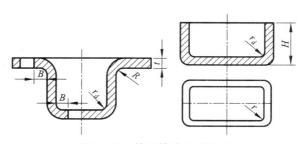

图 5 - 69　拉深件的尺寸要求

需要多副模具进行多次拉深,而且容易出现废品。③拉深件的底部与侧壁、凸缘与侧壁应有足够的圆角,一般应满足 $R > r_d$,$r_d \geqslant 2t$,$R \geqslant (2 \sim 4)t$,方形件 $r \geqslant 3t$。拉深件底部或凸缘上的孔边到侧壁的距离,应满足 $B \geqslant r_d + 0.5t$ 或 $B \geqslant R + 0.5t$,见图 5 - 69 所示。另外,带凸缘拉深件的凸缘尺寸要合理,不宜过大或过小,否则会造成拉深困难或导致压边圈失去作用。④不对称拉深件有过高的精度和表面质量要求。拉深件直径方向的经济精度一般为 IT9 ~ IT10,经整形后精度可达到 IT6 ~ IT7,不变薄拉深件的壁厚在拉深后有少量增厚与变薄,因此,拉深件厚度处不注公差。拉深件的表面质量一般不超过原材料的表面质量。

5.4.2　冲压件精度

一般冲裁件精度分别示于表 5 - 18 和表 5 - 19,弯曲件精度示于表 5 - 20。圆筒形拉深件精度示于表 5 - 21。

表 5 - 18　冲裁件内外形所能达到的经济精度

材料厚度/mm \ 基本尺寸/mm	≤3	3 ~ 6	6 ~ 10	10 ~ 18	18 ~ 500
≤1	T12 ~ IT13			IT11	
1 ~ 2	IT14	IT12 ~ IT13			IT11
2 ~ 3	IT14			IT12 ~ IT13	
3 ~ 5	–	IT14			IT12 ~ IT13

注:1. 表中所列孔距公差,适用于两孔同时冲出的情况。

    2. 一般精度指模具工作部分达 IT8,凹模后角为 15′ ~ 30′ 的情况,较高精度指模具工作部分达 IT7 以上角不超过 15′。

    本表适用于先落料再进行冲孔的情况。

表 5 - 19　一般冲裁件剪断面粗糙度

材料厚度 t/mm	≤1	1 ~ 2	2 ~ 3	3 ~ 4	4 ~ 5
粗糙度 R_a/μm	3.2	6.3	12.5	25	50

注:如果冲压件剪断面粗糙度要求高于本表所列,则需要另加整修工序。各种材料通过整修后的粗糙度:黄铜 $R_a = 0.4 (\mu m)$,软钢 $R_a = 0.8 \sim 0.4 (\mu m)$,硬钢 $R_a = 1.6 \sim 0.8 (\mu m)$。

表 5 - 20　弯曲件角度公差

角短边长度/mm	非配合角度偏差	最小的角度偏差	角短边长度/mm	非配合角度偏差	最小的角度偏差
< 1	±7°	±4°	80 ~ 120	±1°	±25′
1 ~ 3	±6°	±3°	120 ~ 180	±50′	±20′
3 ~ 6	±5°	±2°	180 ~ 260	±40′	±18′
6 ~ 10	±4°	±1°45′	260 ~ 360	±30′	±15′
10 ~ 18	±3°	±1°30′	360 ~ 500	±25′	±12′
18 ~ 30	±2°30′	±1°	500 ~ 630	±22′	±10′
30 ~ 50	±2°	±45′	630 ~ 800	±20′	±10′
50 ~ 80	±1°30′	±30′	800 ~ 1000	±20′	±8′

表 5 – 21　圆筒形拉深件径向尺寸偏差值

材料厚度/mm	拉深件直径/mm			材料厚度/mm	拉深件直径/mm		
	< 50	50 ~ 100	> 100 ~ 300		< 50	50 ~ 100	> 100 ~ 300
0.5	±0.12	—	—	2.0	±0.40	±0.50	±0.70
0.6	±0.15	±0.20	–	2.5	±0.45	±0.60	±0.80
0.8	±0.20	±0.25	±0.30	3.0	±0.50	±0.70	±0.90
1.0	±0.25	±0.30	±0.40	4.0	±0.60	±0.80	±1.00
1.2	±0.30	±0.35	±0.50	5.0	±0.70	±0.90	±1.10
1.5	±0.55	±0.40	±0.60	6.0	±0.80	±1.00	±1.20

总复习题

第 1 章　有色金属材料塑性加工方法

1. 简单概括材料塑性成形的特点。

2. 简述五种基本塑性成形方法的概念、分类方法、优缺点及主要特点。

3. 何谓超塑性？超塑性成形应用于哪些方面？

4. 何谓旋压？旋压成形有哪些特点？

5. 试说明高能率成形的应用情况。

6. 除了本书介绍的几种特殊塑性成形工艺外，你还了解哪些？

第 2 章　有色金属板带箔材加工

1. 如何推导平辊轧制的咬入条件？如何改善咬入？

2. 轧制的变形参数有哪些？

3. 简要说明轧制过程的基本特点。

4. 轧制时薄轧件与厚轧件变形有何不同？

5. 轧制时影响金属流动与变形的因素有哪些？在实际生产中如何考虑前滑的影响？

6. 摩擦力对前滑与后滑的作用有何异同？

7. 影响前滑和宽展的因素各有哪些？

8. 轧机传动力矩包括哪些？

9. 综合分析冷轧成品表面缺陷产生的主要原因以及防止方法。

10. 说明冷轧时采用中间退火的作用，如何确定退火工艺？

第 3 章　有色金属管棒型材加工

1. 简述正反挤压时挤压力的变化以及金属的流动情况。

2. 简述挤压制品组织的基本特点。

3. 何谓挤压效应？其产生的原因是什么？

4. 简述挤压缩尾的产生原因与减少挤压缩尾的措施。

5. 挤压制品缺陷包括哪些？各自的形成原因又有哪些？

6. 试述粗晶环的形成机理及影响因素。

7. 试述挤压条件的变化对挤压组织不均匀性的影响规律。

8. 试述挤压力计算公式的推导思路及影响挤压力大小的因素。

9. 挤压工艺参数对制品质量的影响如何？

10. 空心材料拉拔有哪些方法？各有何特点？

11. 实现拉伸的条件是什么？

12. 说明圆棒拉拔变形区内的应力沿轴向和径向的分布规律。

13. 管材空拉时有何变形特点？影响空拉时壁厚变化的因素有哪些？

14. 空拉为什么对管材有纠偏作用？

15. 实现游动芯头拉拔稳定的条件是什么？

16. 简述拉制品内存在残余应力的危害及消除措施。

17. 影响拉拔力的因素有哪些？如何计算拉拔力？

18. 拉拔配模包括哪些主要内容？怎样确定其主要参数？

第 4 章　有色金属线材加工

1. 孔型的要素包括哪些？
2. 与平辊轧制相比，孔型轧制有何特点？
3. 何谓孔型的侧壁斜度？其意义是什么？
4. 何谓孔型系统？常用的孔型系统有哪些？各自有何特点？
5. 型材、线材加工除一般型辊轧制外，还有哪些方法可以加工？
6. 与线杆的传统生产方法相比，连铸连轧有何好处？
7. 实现线材拉拔的条件是什么？拉拔时工件如何变形？
8. 线材拉拔时，如何计算拉拔力？并对拉拔力的四个计算式加以对比和评价。
9. 反拉力从何而来？有何影响？如何计算？
10. 试分析造成铜杆和铜线表面质量不好的原因及克服的措施。

第 5 章　有色金属锻造与冲压成形

1. 锻造分为哪几种基本类型？
2. 为什么重要的巨型锻件必须采用自由锻造的方法制造？
3. 重要的轴类锻件为什么在锻造过程中安排有镦粗工序？
4. 拔长时变形如何计算？
5. 两个尺寸完全相同的带孔毛坯，分别套在两个直径不同的芯轴上扩孔时，会产生什么效果？
6. 如何计算锻压比及锻压力？
7. 模锻件图设计时要注意哪些问题？
8. 简单分析开式模锻与闭式模锻时的应力应变及金属流动特点。
9. 锻造时对锻件的结构工艺性有何具体要求？
10. 冲压基本工序分为哪几大类？它们各可完成哪些工作？
11. 冲压时影响金属流动的主要因素有哪些？
12. 冲裁的变形过程如何？冲裁间隙大小对制品质量有何影响？
13. 简述影响弯曲回弹量的因素及减少回弹的措施。
14. 何谓拉深系数？它有何作用？如何确定拉深系数？
15. 翻边件的凸缘高度尺寸较大而一次翻边实现不了时，应采取什么措施？
16. 冲压时对冲压件的形状和尺寸有何要求？

综合题

1. 金属材料基本塑性成形工艺包括哪些主要参数？确定冷热变形工艺的主要依据有哪些？
2. 影响金属塑性和抗力的因素各有哪些？
3. 可以采取哪些措施来改善材料的加工性能？
4. 金属制品的质量包括哪些方面？各用什么方法检验？
5. 为获得硬态、半硬态、软态制品可通过哪些方法来实现？
6. 对各种常用的塑性加工方法，哪些最有利于发挥金属的塑性？哪些最能获得精确的尺寸和更好的表面质量？哪些可以冷热变形？哪些只能冷变形？哪些生产率较高？
7. 产品出现各种裂纹的主要原因是什么？
8. 概括影响变形力大小的因素。
9. 如何用力平衡的原理分析研究力学问题？
10. 为改善产品内、外质量可从哪些方面采取措施？

专业词汇中英文对照

aluminum alloys	铝合金
aluminum tube, bar, profile, wire	铝管、棒、型、线材
aluminum plate, strip, foil	铝板、带、箔材
anisotropy	各向异性
axi – symmetry	轴对称
backward slip	后滑
bauschinger effective	包辛格效应
bending	弯曲
blank holding force	压边力
blanking	冲裁
blanking die	落料模
blanking clearance	冲裁间隙
boundary conditions	边界条件
brittle fracture	脆性断裂
bulging	胀形
case hardening	表面硬化
casting	铸造
direct casting	直接铸造
continuous casting and rolling	连铸连轧
centerline cracking	中心线开裂
coining	压印
cold heading	冷镦
compression	压缩
constructive equation	本构方程
copper and copper alloys	铜及铜合金
copper – clad steel wire	铜包钢线
copper – clad aluminum wire	铜包铝线
cup drawing	杯形拉深
cupping tests	杯突试验
deformation extent	变形程度
deformation temperature	变形温度
deformation texture	变形织构
deformation velocity	变形速度
deformation zone	变形区
density changes	密度变化

deep drawing	深拉延
die angle	模角
die casting	拉模铸造
die lubricant	模具润滑剂
dip forming	浸涂法
drawing	拉拔
drawing without mandrel	空拉
drawing with mandrel	衬拉
drawing with floating plug	游动芯头拉拔
drawing die	拉拔模具
ductile fracture	延性断裂
ductility	延性
earing	制耳
eccentricity	偏心
efficiency	效率
electro – hydraulic forming	电液成形
electromagnetic forming	电磁成形
elongation	延伸率
equilibrium equation	平衡方程
expanding	扩孔
explosive forming	爆炸成形
extrusion	挤压
forward extrusion	正挤压
backward extrusion	反挤压
combined extrusion	复合挤压
continuous extrusion	连续挤压
hydrostatic extrusion	静液挤压
radial extrusion	径向挤压
extrusion die	挤压模具
extrusion cylinder	挤压筒
finite element method（FEM）	有限单元法
flanging	翻边
outward fringe flanging	外缘翻边
flaring	扩口
flexible die forming	软模成形
flow rules	流动规律
forging	锻造
die forging	模锻
closed die forging	闭式模锻
open die forging	开式模锻

electric upset forging　　　　　　　电热镦

free forging　　　　　　　　　　　自由锻

powder metal forging　　　　　　　粉末锻造

radial forging　　　　　　　　　　径向锻造

roll forging　　　　　　　　　　　辊锻

rotary swaging forging　　　　　　旋锻

formability　　　　　　　　　　　成形性

forming limit diagrams(FLD)　　　成形极限图

forming limits　　　　　　　　　　成形极限

forward slip　　　　　　　　　　　前滑

fracture　　　　　　　　　　　　断裂

friction　　　　　　　　　　　　摩擦

friction efficiency　　　　　　　　摩擦因子

sliding friction　　　　　　　　滑动摩擦

sticking friction　　　　　　　黏着摩擦

frictional Work　　　　　　　　　摩擦功

friction hill　　　　　　　　　　摩擦峰

hencky stress equation　　　　　　汉盖应力方程

hodograph　　　　　　　　　　　矢端图(速端图)

hot working　　　　　　　　　　热加工

hydraulic forming　　　　　　　　液压成形

hydrodynamic deep drawing　　　　充液拉深

ideal work　　　　　　　　　　　理想功

inclusions　　　　　　　　　　　夹杂

indentation　　　　　　　　　　缺口

isotropy　　　　　　　　　　　各向同性

in – homogeneity　　　　　　　　不均匀性

in – homogenous deformation　　　不均匀变形

instability　　　　　　　　　　　不稳定性

internal damage　　　　　　　　　内部损伤

ironing　　　　　　　　　　　　变薄拉深

lubrication　　　　　　　　　　润滑

melted metal squeezing　　　　　　液态模锻

mises yield criterion　　　　　　　米塞斯屈服准则

mohr circle　　　　　　　　　　摩尔圆

necking　　　　　　　　　　　　缩颈

normal　　　　　　　　　　　　法向

orange peel　　　　　　　　　　橘皮

pass system　　　　　　　　　　孔型系统

phase diagram　　　　　　　　　相图

pipe formation	管材成形
plane strain	平面应变
plastic Deformation	塑性变形
plastic potential	塑性势
plastic work	塑性功
plasticity Chart	塑性图
pneumatic forming	气压成形
processing ratio	加工率
punching	冲孔
punching die	冲孔模
redrawing	二次拉深
reduction of cross section	断面收缩率
redundant work（deformation）	多余功(变形)
relative reduction	相对压下量
residual stresses	残余应力
roller	轧辊
rolling	轧制
cross rolling	横轧
longitudinal rolling	纵轧
cold rolling	冷轧
hot rolling	热轧
flat roll rolling	平辊轧制
powder rolling	粉末轧制
asymmetrically rolling	不对称轧制
composite rolling	复合轧制
rolling pass	轧制道次
roll bending	辊弯
roll forming	辊形
rotary forging	摆动辗压
r – value	R 值
sheet metal properties	金属薄板性能
slab analysis	切块分析法
slip – line field theory	滑移场线理论
spinning forming	旋压成形
spread	宽展
spring – back	弹性回复
strain	应变
normal strain	法向应变
principal strain	主应变
shear strain	切应变

strain tensor	应变张量
strain aging	应变时效
strain distribution	应变分布
strain hardening exponent	应变硬化指数
strain rate sensitivity	应变速率敏感性指数
strain ratio	应变率
strength	强度
strength coefficient	强化系数
stress	应力
allowable stress	许用应力
residual stress	残余应力
stress tensor	应力张量
biaxial(plane) stresses	平面应力
effective stress	等效应力
stress invariants	应力不变量
normal stress	法向应力
principal stress	主应力
shear stress	切应力
yield stress	屈服应力
stretching strain	拉伸应变
surface appearance	表面形貌
surface crack	表面裂纹
super – plasticity	超塑性
super – plastic forming	超塑性成形
tensile test	拉伸试验
tensile strength	抗拉强度
texture	织构
torsion	扭转
tresca yield criterion	屈斯卡屈服准则
up – cast	上引法铸造
upsetting	镦粗
upper boundary method	上限元法
upper bound analysis	上限分析法
vacuum forming	真空成形
wiredrawing	拉丝
work hardening	加工硬化
wrinkling	起皱
yield criterion	屈服准则

参考文献

1. 马怀宪. 金属塑性加工学——挤压、拉拔与管材冷轧. 北京：冶金工业出版社，2002
2. 傅祖铸. 有色金属板带材生产. 长沙：中南大学出版社，2002
3. 娄燕雄. 有色金属线材生产. 长沙：中南大学出版社，2001
4. 曹乃光. 金属塑性加工原理. 北京：冶金工业出版社，1983
5. 王祖唐等. 金属塑性成形原理. 北京：机械工业出版社，1989
6. 汪大年. 金属塑性成形原理. 北京：机械工业出版社，1986
7. 万胜狄. 金属塑性成形原理. 北京：机械工业出版社，1995
8. 赵志业. 金属塑性变形与轧制原理. 北京：冶金工业出版社，1980
9. 陈森灿，叶庆荣. 金属塑性加工原理. 北京：清华大学出版社，1991
10. 杨觉先. 金属塑性变形物理基础. 北京：冶金工业出版社，1991
11. 王仁等. 塑性力学基础. 北京：科学出版社，1982
12. 彭大暑. 金属塑性加工力学. 长沙：中南工业大学出版社，1989
13. 赵志业. 金属塑性加工力学. 北京：冶金工业出版社，1991
14. 何景素，王燕文. 金属的超塑性. 北京：科学出版社，1986
15. Rowe. G. W. 工业金属塑性加工原理. 张子公译. 北京：机械工业出版社，1984
16. Slater. R. A. C. 工程塑性理论及其在金属成形中的应用. 王仲仁等译. 北京：机械工业出版社，1983
17. Thomsen. E. G. 金属塑性加工力学. 陈适先译. 北京：知识出版社，1989
18. Hoffman. O and Sacgs. G. 工程塑性理论基础. 乔端等译. 北京：中国工业出版社，1964
19. C·N·古布金. 金属塑性变形（第一、二、三卷）. 高文馨译. 北京：中国工业出版社，1963
20. 日本材料学. 塑性加工学. 陶永发等译. 北京：国防工业出版社，1983
21. ［日］白井英治等. 金属加工力学. 康元国译. 北京：国防工业出版社，1984
22. M·B·斯德洛日夫等编. 金属压力加工原理. 哈工大锻压教研室译. 北京：机械工业出版社，1980
23. W. F. Hosford, R. M. Caddell, Metal Forming：Mechanics and metallurgy, Preatile - Hall. Englewood Cliffs, N. j. 1983
24. T. Altan, S. Loh, H. L. Gegel, Metal Forming：Foundaments and Applications, ASM, 1983
25. B. Avituzr, handbook of Metal Forming, Willey Inter - science Publication, 1983
26. ［德］马图哈·K·H. 非铁合金的结构与性能. 丁道云等译. 北京：科学出版社，1999
27. 郑子樵. 材料科学基础. 长沙：中南大学出版社，2005
28. William D Callister. Jr. Materials Science and Engineering：An Introduction. New York：John Wiley & Sons, Inc. , 1994
29. Davis J R. Aluminum and Aluminum Alloys, Ohio：ASM International, 1998
30. Michael M. Avedesian and Hugh Baker, Magnesium and Magnesium Alloy, Ohio：ASM International, 1999
31. Kainer K U. Magnesium Alloys and Technologies, WILEY - VCH GmbH & Co. KGaA, 2003
32. Konrad J, Kunding A. Copper. Ohio：ASM International, 1999
33. Fujishiro S, Eylon D, Kishi T. Metallurgy and Technology of Practical Titanium Alloys, 1999
34. Zhou L, et al. Titanium'98 (Proceedings of Xi'an International Titanium Conference), Beijing：International Academic Publishers, 1999

35. 陈存中. 有色金属熔炼与铸锭. 北京：冶金工业出版社，1988

36. 周尧和等. 凝固技术. 北京：机械工业出版社，1998

37. 王仲仁等. 特种塑性成形. 北京：机械工业出版社，1995

38. 傅杰等. 特种冶炼. 北京：冶金工业出版社，1982

39. 洪伟. 有色金属连铸设备. 北京：冶金工业出版社，1987

40. 王振东等. 感应炉熔炼. 北京：冶金工业出版社，1986

41. 王祝堂，田荣璋. 铝合金及其加工手册. 长沙：中南大学出版社，2005

42. 田荣璋，王祝堂. 铜合金及其加工手册. 长沙：中南大学出版社，2002

43. 轻合金材料加工手册编写组. 轻合金材料加工手册. 北京：冶金工业出版社，1980

44. 稀有金属手册编辑委员会. 稀有金属手册（下册）. 北京：冶金工业出版社，1995

45. 稀有金属材料加工手册编写组. 稀有金属材料加工手册. 北京：冶金工业出版社，1984

46. 安继儒等. 中外常用金属材料手册. 西安：陕西科学技术出版社，1998

47. 杨守山. 有色金属塑性加工学. 北京：冶金工业出版社，1982

48. 吕炎. 锻造工艺学. 北京：机械工业出版社，1995

49. 中国机械工程学会锻压学会. 锻压手册. 北京：机械工业出版社，2002

50. 王廷溥. 金属塑性加工学——轧制理论与工艺. 北京：冶金工业出版社，1988

51. 谢建新，刘静安. 金属挤压理论与技术. 北京：冶金工业出版社，2001

52. 吴诗惇. 挤压理论. 北京：国防工业出版社，1994

53. 郑璇. 民用铝板、带、箔材料生产. 北京：冶金工业出版社，1992

54. 金兹伯格·V·B. 板带材轧制工艺学. 马东清等译. 北京：冶金工业出版社，1998

55. 丁修方. 轧制过程自动化. 北京：冶金工业出版社，1986

56. 张才安. 无缝钢管生产技术. 重庆：重庆大学出版社，1997

57. 李硕本. 冲压工艺学. 北京：机械工业出版社，1982

58. 卢险峰. 冲压工艺模具学. 北京：机械工业出版社，1998

59. 李寿萱. 钣金成形原理与工艺. 西安：西北工业大学出版社，1985

60. 张志文. 锻造工艺学. 北京：机械工业出版社，1985

61. 冶金百科全书编辑部. 冶金百科全书（金属塑性加工卷）. 北京：冶金工业出版社，1999

62. 肖亚庆. 铝加工技术实用手册. 北京：冶金工业出版社，2005

63. 钟卫佳. 铜加工技术实用手册. 北京：冶金工业出版社，2007

64. 谢建新. 材料加工新技术与新工艺. 北京：冶金工业出版社，2004

65. 洛阳铜加工厂. 游动芯头拉伸铜管. 北京：冶金工业出版社，1988

66. 日本塑性加工学会. 押出レ加工. 东京：日本东京コロナ社，1990

67. ［日］五弓勇雄. 金属塑性加工技术. 陈天忠，张荣国译. 北京：冶金工业出版社，1987

68. 刘静安. 铝合金挤压模具设计、制造、使用及维修. 北京：冶金工业出版社，2002

69. 吴锡坤. 铝型材加工实用技术手册. 长沙：中南大学出版社，2006

70. 彭大暑. 金属塑性加工原理. 长沙：中南大学出版社，2002

71. 黎文献. 有色金属材料工程概论. 北京：冶金工业出版社，2007

图书在版编目（ＣＩＰ）数据

有色金属材料加工／刘楚明主编. -- 长沙：中南大学出版社，2010
ISBN 978 - 7 - 81105 - 862 - 8

Ⅰ. 有… Ⅱ. 刘… Ⅲ. 有色金属—金属加工 Ⅳ. TG146

中国版本图书馆 CIP 数据核字（2010）第 006501 号

有色金属材料加工

主编 刘楚明

□责任编辑	周兴武		
□责任印制	易红卫		
□出版发行	中南大学出版社		
	社址：长沙市麓山南路	邮编：410083	
	发行科电话：0731 - 88876770	传真：0731 - 88710482	
□印　　装	长沙鸿和印务有限公司		

□开　　本	787×1092　1/16	□印张 17	□字数 418 千字
□版　　次	2010 年 2 月第 1 版	□2019 年 1 月第 2 次印刷	
□书　　号	ISBN 978 - 7 - 81105 - 862 - 8		
□定　　价	52.00 元		